功能型色素的提取及其应用

刘波 著

中国纺织出版社有限公司

内 容 提 要

本书主要以果蔬等园艺植物为研究对象,系统地介绍了常见天然植物色素的种类、化学结构、化学特性、化学作用、提取方法及其在实际中的应用,并对小浆果各类加工制品、副产品的综合利用(提取色素等)也作了相关介绍。

本书可为化工、食品、印染等相关行业的技术人员研究新工艺、开发新产品提供借鉴,也可供相关专业的高校师生阅读参考。

图书在版编目（CIP）数据

功能型色素的提取及其应用/刘波著. --北京 ：
中国纺织出版社有限公司, 2022.9
ISBN 978-7-5180-9875-0

Ⅰ.①功… Ⅱ.①刘… Ⅲ.①色素－提取－研究
Ⅳ.①Q586

中国版本图书馆 CIP 数据核字（2022）第 173046 号

责任编辑：范雨昕　特约编辑：周真佳
责任校对：寇晨晨　责任印制：王艳丽

中国纺织出版社有限公司出版发行
地址：北京市朝阳区百子湾东里 A407 号楼　邮政编码：100124
销售电话：010—67004422　传真：010—87155801
http://www.c-textilep.com
中国纺织出版社天猫旗舰店
官方微博 http://weibo.com/2119887771
三河市宏盛印务有限公司印刷　各地新华书店经销
2022 年 9 月第 1 版第 1 次印刷
开本：710×1000　1/16　印张：14.25
字数：256 千字　定价：88.00 元

前　言

从古至今，人类一直在应用天然色素。如晋代张华的《博物志》中记载了用红花作胭脂的方法，北魏贾思勰的《齐民要术》中记述了红花栽培和制备染料的方法，明代宋应星的《天工开物》中记述了红花饼的制作方法等，还有诸多书籍都记载了人们利用天然植物色素的案例。

近年来，开发天然色素已成为我国食品、印染、保健及医药等行业的发展趋势。我国每年生产的色素中天然色素占90%以上。其中辣椒红、栀子黄、红曲等色素均已实现规模化生产，并进入国际市场。然而天然色素由于稳定性差、着色弱以及加工水平滞后等原因，使我国还处在合成色素与天然色素并存且同时发展的状态。同时，我国色素行业面临着色素质量问题频发等严峻形势，与行业发展需求存在一定的差距。因此，提高我国天然色素质量和加工水平是当前亟待解决的问题。

天然色素具有品种多样、原料资源丰富、安全性高、功能性强等优点，发展十分迅速，市场潜力巨大，具有广阔的发展前景。然而，天然色素因其稳定性差、着色弱、加工水平低等缺点，限制了天然色素加工的快速发展。针对天然色素的加工现状，必须坚持现代加工理念，利用先进的加工技术改进传统加工工艺，更新和研发新的加工设备，加快天然色素的加工进程，提高加工效率，降低生产成本，改善产品质量，争取做到加工过程零排放，并提高副产品的综合利用率，增加产品的附加值。

由于天然色素功能性强，对天然色素的研究、开发和应用越来越受到人们的关注。充分利用丰富的原料资源，培植"天然、营养、多功能"的天然色素具有十分重要的意义。随着这种应用趋势的发展，一方面要依靠天然色素提取技术的提高，推出更多可供各行业选用的天然提取物产品。另一方面，深入了解各种天然色素的化学组成、主要活性成分及相关功能也显得尤为重要，对各种天然产物提取技术的发展能起到积极的推动作用。天然植物色素种类多样，每一种类中含有多种成分，化学结构不同，性质各异，天然色素在食品、日化、印染等行业的应用涉及无机化学、有机化学、胶体化学及物理化学等学科的内容。深入研究和探讨天然植物色素的提取及各种化学方面的问题，将有助于推动天然色素在各领域的成功应用。

在植物天然色素原料中，水果、蔬菜及花卉等占了很大一部分，人们也逐渐意识到，从果蔬和花卉等中提取出颜色鲜艳的色素其实也是非常有价值的"营养品"和"保健品"。这些色素除了可作为食品、药品及化妆品的着色剂外，在保健食品应用中,也发挥着增强人体免疫机能、抗氧化、降低血脂等辅助作用。由于作者多年来一直从事园艺产品采后储藏和加工的教学与科研工作,发现利用园艺产品加工的副产物(各种果渣)可以提取出很多天然色素,既可充分利用副产物,同时又提高了产品附加值。

本书共七章,包括天然色素的发展历史、现状和趋势;天然色素的分类、结构和性质;天然色素提取的工艺和设备;主要常见天然色素的生产技术;相关色素的分析方法和质量标准等。本书可供高等院校食品工程、轻化工程等相关专业的师生参考,也可供从事化工、食品、印染等行业的工程技术人员、产品开发人员以及管理人员阅读。

在本书的撰写过程中,参考了近年出版的相关著作、国内外发表的论文及科研成果,由于篇幅所限,参考文献未能一一列举,在此向所有原作者表示感谢。本书凝结本人多年的教学、科研实践经验,并结合我国生产实际情况编写而成。由于作者水平有限,书中难免存在疏漏和不妥之处,热忱欢迎同行和专家批评指正。

辽东学院　农学院

刘波

2022 年 5 月

目　　录

第一章　概述

随着经济的发展和社会的进步,绿色、环保等理念逐渐深入人心,近年来人工合成色素的安全性问题日益受到重视,世界各国对此出台了各类政策进行严格限制。随着消费者对人工合成色素的健康安全出现担忧以及人工合成色素在生产应用中的逐渐减少,天然色素在食品、印刷和医药等行业中的应用越来越受欢迎。

第一节　天然色素的发展历史

在19世纪中叶以前,科技尚不发达,合成色素不存在,人们均使用天然色素着色。早在公元10世纪前,大不列颠的阿利克撒人会用茜草汁液做成玫瑰色糖果,这是古人最早使用天然色素的记录。在古埃及,商人会利用植物天然提取物和葡萄酒来改善糖果的色泽;秘鲁居民开始利用寄生于当地特有的一种仙人掌的胭脂虫雌虫虫体制取天然胭脂虫红,至今仍是优良的红色食用着色剂,而且胭脂虫红产品每年都为秘鲁创收大量外汇。

在中国,同样具有使用天然色素的悠久历史,其在纺织品染色、食物着色、化妆品制作等方面应用广泛。大约在公元前770年至256年的东周时期,《史记》卷一二九《货殖传》中记载,"及名国万家之城,带郭千亩亩锺之田,若千亩厄茜,千畦姜韭。此其人皆与千户侯等"。意思是说名都大邑,城郊亩产一锺的千亩良田,还有千亩的栀子、茜草和千畦生姜、韭菜,拥有以上某项产业的人,他们的财富可与千户侯相当。可见当时栀子和茜草种植规模之大。当地栀子和茜草除药用外,主要用作染料。

宋朝时期,我国福建、浙江一带人民就用红曲霉菌发酵酿造红曲米和酒。宋朝胡仔撰写的《苕溪渔隐丛话》中就有"江南人家造红酒,色味两绝"。宋朝初年的《清异录》中有"以红曲煮肉"的记载。说明我国早在一千年前就开始用微生物发酵技术制造红酒和红曲米供人食用。据明朝宋应星所著的《天工开物》上篇·彰施(即染色)第三卷记载,"世间丝、麻、裘、褐皆具素质,而使殊颜异色得以尚焉",并记载了天然染料染出的各种颜色,它们是大红色、莲色、桃红色、银红色、水红色、木红色、紫色、赭黄色、鹅黄色、金黄色、茶褐色、大红宫绿色、豆绿色、油绿色、天青色、葡萄青色、翠蓝色、天蓝色、玄色、象牙色、藕褐色等,真是姹紫嫣红。据此可以推测出当时的人们已能利用天然色素的红、黄、蓝三基色调配出很多色调。此卷中还记载了人们用靛蓝植物制备出茶蓝色、藕蓝色、马蓝色、兔蓝色等,还记载有从红花中提取颜色制得供食用的红花饼,用天然色素制得胭脂的技术。《本草纲目》中记载了自古以来人们就用紫苏来染食物。

1880 年,美国在对糖果的检查中发现,很多糖果中添加了矿物质有色染料。当时发现许多矿物质染料是有很强毒性的,遂下令禁止使用。后来,世界各国相继开始重视食用染料的安全性,不许矿物染料用于食品。自从英国人发明了第一个合成有机染料苯胺紫以后,人们又相继合成出许多有机色素,由于这类色素色泽鲜艳、性质稳定、成本低廉,因此很快就改写了使用天然色素着色的历史,进一步几乎取代了天然色素。后来,随着一门新的学科食品毒理学的出现,人们对合成色素有了新的认识,发现许多合成色素有致命的弱点,对人体有毒、有害,有的甚至有致癌、致畸作用。可想而知,这类合成色素必然要被禁止。据统计,世界各国曾作为食用的合成色素品种有近 90 种,现在各国仍在使用的仅有 10 余种,有的国家如丹麦、挪威已完全禁止使用合成色素。因天然色素不仅安全性好,而且还具有一定的营养价值,而重新受到了消费者的欢迎,这也是事物发展的必然规律。其发展主要包括以下几个阶段:

一、注重颜色的早期阶段

1856 年以前,此阶段是从人类文明的早期至 1856 年 3000 多年的漫长历史过程。大约在 3000 多年前,人类已经开始从植物、动物、矿物质中取得有色物质,用于食物、衣服、皮肤等的染色。当时对这些植物、动物、矿物质来源的有色物质主要着眼于有效性,即有颜色即可,对它们的安全性,特别是潜在的安全危害性所知甚少。此阶段暂称注重颜色的早期天然色素阶段。据《三国志·魏志·倭人传》中记载,我国倭人(当时居住在我国东南沿海的居民)于公元前 17 世纪初的夏朝时,浙江、江苏一带沿海人民就开始使用植物制取天然染料,并用于文身且终生不褪色。公元前 1500 年,古埃及的墓碑上绘有精美的染色糖果的图画。据日本《天然着色料手册》记载,人类染发的历史可追溯到公元前 12 世纪,那时人们从植物中获取红、黑、绿、蓝等多种染料用于染发。

二、化学合成染料应用为主的阶段

1856～1900 年是以化学合成染料为主的阶段,该阶段是欧洲工业革命的发展阶段。在 1856 年,英国的威廉·亨利·帕金用煤焦油做原料,用化学方法合成了人类第一个合成染料——苯胺紫。随后,欧洲许多种合成染料问世。合成染料一经问世,与天然色素相比显示出许多优点:不受生物资源、季节、栽培条件、气候等限制,可随时在化学反应器中生产;成本低、价格便宜、纯度高、质量均一、溶解性好、染着性好、可调整色调;色泽鲜艳、稳定性好。由于当时医学毒理学尚不发达,人们尚未顾及化学合成染料用于食品安全的严肃性,因此,在欧洲很快将化学合成染料用于食品着色,一时间,化学合成染料用于食品着色几乎替代了过去的天然色素,并漫延到世界各地。此阶段对化学合成染料用于食品着色,主要基于有效性,而对化学合成染料的安全性及潜在的危险性、继代的安全性尚未顾及。

三、关注安全性的阶段

1900~1990 年,此阶段是人类进一步关注自身生命与健康,关注和评价食品的安全性阶段。德国科学家开始了化学合成染料安全性评价工作,他从世界上 37 家化工厂生产的近 700 种合成染料中选出用于食品着色的 80 种进行安全性评价。这 80 种染料中,有 30 种未经毒理学试验,确认为安全性不明,另有 26 种虽然进行过毒理学试验,但试验结果自相矛盾,说明安全性也存在问题,另有 8 种可以认为就是不安全的。这样,用于食品着色的 80 种合成染料中已经有 64 种被确认为安全性存在问题。剩下的 16 种进行严格系统的毒理学试验,试验模型从兔、狗,一直到人体。经过毒理学试验和安全性评价后,最终确定只有 7 种是安全的。

我国于 1958 年对食品合成色素进行全面检查,由中科院上海生化所对当时使用的食用合成色素进行毒理试验和安全性评价,结果证明当时使用的不少合成色素有不同程度的毒性,国务院当即下令停止使用安全性有问题的合成色素。1960年,国务院颁布《食用合成染料管理暂行办法》,其中规定食品和饮料应当尽可能不使用染料着色。1959~1961 年,我国天然色素的开发、生产、使用研究进展缓慢,仍维持着红曲米、焦糖色等传统品种的使用。

1975 年,日本天然色素的使用量已超过合成色素。1976 年,美国食用天然色素的用量为 4544 吨,是合成色素用量的 5 倍。我国天然色素的开发也较快,改革开放以后,中国的天然色素产业已开始与国际接轨,不少天然色素品种在国际市场已有一席之地,如中国高粱红、萝卜红、栀子黄、红曲米、辣椒红等。

四、更注重安全性与功能性的阶段

1990 年以后,此阶段食用着色剂一直是以安全性为原则的。这一百年间,人类一方面在不断筛选那些更安全、更有效的合成色素,同时也在大力开发天然色素。因为天然色素不但具有天然、安全、有效等优点,而且有些天然色素品种还具有某种或某几种调节人体正常代谢的生理功能。1994年,我国正式宣布中国食品添加剂发展方向是"天然、营养、多功能",这个方针指引着我国食用天然色素产业走上了国际食用着色剂发展的轨道。1999年,欧洲国际食品配料和食品添加剂展览在巴黎举行,这是世界上最大规模的食品配料及食品添加剂展览。2003年,我国天然色素的产量是食用合成色素的21倍多。经过近20年的发展,我国对天然食用色素产品除了进行严格的卫生和质量管理外,还对新的产品审批程序有严格要求。可见我国天然色素产业发展的强劲势头。

目前我国政府批准允许使用的功能性天然色素有天然β-胡萝卜素、姜黄素、辣椒红、红米红、栀子黄、黑豆红、高粱红、玉米黄、萝卜红、红曲米、葡萄皮红、茶黄素、茶绿素等。这些天然色素除有着色作用外,还具有各自特有的生理功能。目前食用着色剂的发展趋势是天然色素,天然且兼具生理功能的天然色素必将是今后优先快速发展的方向。

第二节　天然色素的概念与分类

一、天然色素的概念

人类最初使用的色素基本上都是天然色素。天然色素(natural pigments)是指从自然界动物、植物组织及微生物(培养)中分离提取,并经过人工纯化、精制而成的色素,其中植物性着色剂占多数。天然色素不仅具有着色的作用,而且相当部分天然色素还具有一定的生理活性,从而具有某些特定的功能。

天然色素在大自然界中来源广泛、种类众多,不同来源的同类天然色素也可能存在较大的差异化分子结构,应用天然色素的首要条件就是要对天然色素的结构进行探索、归类与总结。在实践环节,如何在保持天然色素原有颜色和功能的条件下实现高效率、低成本地提取成为天然色素实际应用的首要难题。

二、天然色素的分类

天然色素按色素来源可分为植物色素(也称植物源天然色素)、动物色素、微生物色素和矿物色素。动物和微生物色素主要来源于昆虫和微生物,大多数矿物色素对人体有害,不能用于食品工业着色。通常所说的天然色素大部分来源于植物性原料。从应用场景来看,天然色素主要替代人工合成色素应用于食品、日化、印染等行业,除此之外,部分天然色素由于具备促进人体健康、抗癌、适宜制备光敏剂以及在不同环境下颜色出现变化等特性,也常被特殊处理后应用于医疗保健、新能源等行业。

(一)按原料来源分类

1. 植物色素

植物色素是指由植物自身代谢生成的天然色素。不同种类的色素在植物体内的分布部位也不同,主要分布于植物的花、果实、叶、茎和种子等组织器官。如早在1815年,德国科学家 Vogel 和 Pelletier 就已经从姜黄的根茎处分离出姜黄素分子(curcumin)。在植物天然色素中,花青素是花卉和水果显色的重要活性物质,它包含了黄酮类家族中700多种多酚颜料。Zhang 等利用乙醇溶液从紫薯和红叶卷心菜中提取了花青素,与玉米淀粉、PVA 混合制备新鲜度指示薄膜,该薄膜以颜色变化的形式检测虾的新鲜度。

这些在植物体内的一系列生物合成产生的植物色素,主要包括类黄酮类、类胡萝卜素类、卟啉类、含氮杂环类等,分别具有不同的化学性质。这些色素不仅带给植物不同的颜色,也为植物体的生命活动提供了重要作用,如光合作用、向外界传递信号、对天敌的防御以及与外界的热交换等。通常所说的天然色素大部分来源于植物性原料,其涉及的植物种类遍及众多科属。据不完全统计,目前已知的天然色素有80多种,已被用于天然色素开发与研究的植物有30多种。由于植物天然色素安全无毒,常用于改善食品、药品、化妆品等的外观色泽。

2. 动物色素

动物天然色素是动物为了满足自身正常生理需求和保护作用而产生的,如作为传递信号的媒介、吸引异性配偶,同时还具有抗氧化活性,通过消除有害自由基保护细胞组织免受损伤等。动物中的色素以卟啉色素、多烯色素、吲哚色素三种形式为主。常见的有卟啉类色素、含酚类或吲哚类色素的黑色素、蝶呤、血红素、多烯类色素、黄酮类、蒽醌类及虾青素等。

3. 微生物色素

微生物色素可以自身合成,也可以在培养过程中通过转化某些成分而形成,是一种次生代谢产物。如真菌、细菌和微藻等常见的微生物也会产生天然色素,不同微生物产生的天然色素在化学成分、稳定性、溶解性和功能性等方面都有显著区别。已报道的主要微生物来源的色素有核黄素、类胡萝卜素、角黄素、灵菌红素、藻胆素、黑色素、紫色杆菌素、虾青素、番茄红素和醌类等,多应用于食品色素(表1-1)。微生物色素生产是目前研究的新兴领域之一,它在各种工业应用中具有巨大的潜力。

表 1-1　微生物天然色素明细表

色素种类	性质	来源菌种
核黄素	黄色、水溶性维生素	棉囊阿舒氏酵母和枯草芽孢杆菌
角黄素	橙色、脂溶性酮类类胡萝卜素	戈登氏菌、丝状蓝藻细菌 CCNU1
灵菌红素	红色、三吡咯环结构	沙雷氏菌属、链霉菌属、假单胞菌属、河氏菌属、弧菌属
藻胆素	存在红色、蓝色、黄色和紫色的同分异构体、线型四吡咯结构	红藻、蓝藻、隐藻
紫色杆菌素	蓝黑色,不溶于水,吲哚类色素	詹森氏菌

4. 矿物质色素

矿物质色素是由地质作用形成的结晶元素或化合物,在食品、化妆品以及艺术品中的应用有着悠久的历史。矿物质色素会根据其化学成分或物理结构呈现不同的色调,如绿色的铬酸盐、白色的二氧化钛等。

(二)按化学结构分类

天然色素的溶解性和颜色由它们自身的结构所决定,而它们的化学结构也决定了其理化性质。自然界中的天然色素按化学结构可分为异戊二烯类、吡咯类、类黄酮类及多酚类等。按化学结构分类,常见的有以下几种。

1. 异戊二烯类色素

类胡萝卜素属于脂溶性天然色素,归属于异戊二烯类衍生物,具有生物活性。它们广泛存在于高等植物、藻类、真菌、细菌、鸟类中等。类胡萝卜素分为两大类:一类是胡萝卜素,由碳和氢组成;另一类是叶黄素类,由碳、氢和氧组成。据报道,类胡萝卜素能够合成维生素 A 的前体(α-胡萝卜素和 β-胡萝卜素),同时类胡萝卜素具有一定的抗氧化活性,对人类的生命活动有至关重要的作用。但是,由于类胡萝卜素中含有丰富的不饱和的化学结构,会导致在加工和储存过程中很容易被氧化和异构化。其中氧化对类胡萝卜素的影响比异构化更为严重,前者会使其活性及颜色完全丧失,而后者只会引起活性和颜色饱和度的降低。植物中大部分的类胡萝卜素是反式异构体,在加工和储存过程中会出现反式异构体向顺式异构体转变的异构化现象,其中温度、光、酸是导致类胡萝卜素从反式异构体转向顺式异构体的主要因素。

2. 吡咯类色素

在植物界中,叶绿素是分布最为广泛的绿色色素,属于吡咯类的衍生物。吡咯的结构特征是由 4 个碳原子和 1 个氮原子组成的五元环。叶绿素主要分为叶绿素 a 和叶绿素 b,它们在结构中的第 7 号位置不同,叶绿素 a 的分子结构由 4

个吡咯环通过 4 个甲烯基(═CH─)连接形成环状结构。叶绿素 b 的结构比叶绿素 a 多一个羰基。叶绿素对温度、氧、酸、光和酶比较敏感,它们在一定程度上会引起叶绿素的降解和颜色的变化。相关研究报道,常规加热会导致猕猴桃叶绿素含量减少 42%~100%,因此,温度是影响叶绿素稳定性的一个非常重要的因素。对叶绿素研究发现,它也可作为一种除口臭剂,且口服叶绿酸可有效预防因黄曲霉。

3. 类黄酮类色素

花青素归属于类黄酮类色素,它们在植物中是以 C6C3C6 碳骨架为特征的二级代谢产物。花青素广泛存在于水果和蔬菜中,包括许多浆果类水果、红甘蓝、紫薯、石榴等。它们在果蔬中能够产生红色、蓝色和紫色。花青素的颜色取决于很多因素,如 pH、浓度、温度、光、酶、其他类黄酮类及金属离子等。在这些影响其稳定性的因素中,pH 和温度是最重要的因素。花青素在酸性条件下更加稳定,pH 为 1时,花青素表现出强烈的红色调;pH 达到 3.5 时,颜色显示的强度开始降低,整体还显示为红色调;pH 继续升高,颜色逐渐褪色,显现出蓝色调;当 pH>7 时,花青素开始发生降解。花青素的糖基化作用以及结构中的甲氧基和羟基的数量都会影响其颜色,羟基含量较高时呈蓝色调,含有较多的甲氧基时呈红色调。研究表明,酰化花青素的颜色强度在 pH 为 4.5~5 时仍能够得到保持;对于花青素的糖基化,糖分子通常附着在花青素分子的 3-羟基位置上。在自然界中,花青素会有不同程度的酰基化和糖基化,这会使它们以较高的稳定性存在。

4. 多酚类天然色素

多酚类色素是植物中水溶性色素的主要成分。主要包括花青素、花黄素、儿茶素和鞣质类等,在自然界中最常见的有花青素、儿茶素和黄酮类色素。

(1)花青素。多以糖苷的形式(称为花青苷)存在于植物细胞液中,并构成花、叶、茎及果实的美丽色彩,属于水溶性色素,也存在于玫瑰茄色素、葡萄皮提取物中。花青苷经酸水解后,生成糖与非糖部分,非糖部分就是产生颜色的花青素。花青素由苯并吡喃环与酚环组成,以黄洋盐的氯化物形式存在。花青素不太稳定,由于花青素分子中吡喃环上氧原子具有两对孤对电子,具有碱性,而酚羟基具有酸性,所以花青素随介质 pH 的变化而改变结构,从而同一种花青素在可见光下的颜色随环境的 pH 改变而变色。花青素一般在 pH 为 7 时显红色,pH 为 8.5 左右时显紫色,pH>11 时则显蓝色。

花青素易受氧化剂、还原剂、温度等影响而变色。目前我国使用的葡萄皮红与玫瑰茄红就是花青素类色素。可溶于水、乙醇及丙二醇,不溶于油脂,溶液在酸性时显红色,碱性时显暗蓝色,耐光性较好。葡萄皮红的耐热性稍差,遇铁离子呈暗紫色。它们都可用于饮料、果酱等食品着色,用量为 0.3%~1%(粉剂)。最新研究证实,花青素类色素有较好的抗氧化功能,有益于预防冠心病和动脉硬化。其中多数色素(如紫苏色素,主要成分为紫苏青 $C_{36}H_{29}O_{15}$ 和紫苏宁 $C_{36}H_{28}O_{20}$ 等)有解毒、散寒、和胃等功效。

(2)儿茶素。它是一种黄烷衍生物。儿茶素是白色结晶,易溶于水、乙醇、甲醇、丙酮及乙酐,部分溶于乙酸乙酯及乙酸,难溶于三氯甲烷和无水乙醚。儿茶素分子中的酚羟基在空气中易氧化生成黄棕色胶状物质,尤其在碱性溶液中更易氧化。在高温、潮湿条件下也容易氧化成各种有色物质,也能被多酚氧化酶和过氧化酶氧化成各种有色物质。

(3)黄酮类色素。食用天然高粱色素、洋葱皮色素和可可壳色素是黄酮类的天然色素。黄酮类色素属于水溶性色素,常为浅黄或橙黄色。此类色素分布于植物的花、果、茎、叶中,包括各种衍生物,已发现数千种。在自然界中常见的黄酮色素是芹菜素、橙皮苷、皂草苷、芳香苷、椒皮苷等。黄酮类色素具有酚类化合物的通性,分子中助色团羟基的数目和位置对显色有密切关系。黄酮类色素类化合物的pH 特性比较差,在 pH 不同的溶液中,有的显出不同的颜色。以橙皮苷为例,当 pH 在 11~12 时为金黄色,在酸性条件下颜色消失。

(4)氮杂环类色素。甜菜色素是一种氮杂环类的水溶性色素。甜菜色素又分为两类:一类是由环多巴和甜菜醛氨酸缩合而生成的红紫色的甜菜红素;另一类是由胺类与甜菜醛氨酸缩合而生成的黄橙色的甜菜黄素。甜菜醛氨酸是甜菜色素形成过程中的一种中间产物。在自然界中,甜菜红素更为常见。它们主要出现在乌卢库薯(具有重要经济作用的块茎作物,在南美洲安第斯山脉地区种植广泛)、马拉巴尔菠菜、仙人掌果实(分布在拉丁美洲、南非和地中海地区)、红火龙果(分布在马来西亚、中国、日本、以色列和越南等地)、苋菜中。其中,红甜菜和红心火龙果是富含甜菜素的作物。甜菜色素易受到外部环境的影响,在加工和储藏过程中受到一定的限制。在众多影响因素中,温度对甜菜色素的影响最大。同花青素相比,pH 对甜菜色素的影响不是很大,甜菜色素在 pH 为 3~7 时是稳定的;而 pH>3 时,花青素的颜色就开始发生变化。研究表明甜菜色素除了作为着色剂外,还具有抗氧化、抗癌、降脂、抗菌等药理作用,在人类健康中发挥着重要作用。

(5)其他色素。

①蒽酮类色素主要有胭脂虫红和紫胶红。胭脂虫红色素是从雌性胭脂虫中提取的一种红色色素,其主要成分为胭脂虫红酸。该色素不易溶于冷水,而溶于热水、乙醇等溶液中,具有一定的稳定性和安全性。紫胶红又称虫胶红,是从紫胶虫分泌的紫胶中经碱水萃取精制而得的产品,紫胶红外观呈鲜红色或紫红色液体或

粉末,呈酸性,不易溶于水、乙醇和丙二醇中,易溶于碱性溶液。

②茶黄素是从茶叶中提取的一种多酚类色素,易溶于水和乙醇水溶液,不溶于氯仿和石油醚。它具有抗氧化、防癌抗癌、抗菌抗病毒、抗炎症、防治心脑血管疾病以及减肥降脂等多种保健功效。

③红曲色素是通过红曲霉菌发酵而成的天然食用色素,归类于酮类色素。是一种安全性较高的天然色素,具有降血压、降血脂等生理活性,深受国内外使用者的喜爱。

(三)按溶解性分类

天然色素按溶解性质可分为水溶性色素、脂溶性色素和醇溶性色素。水溶性色素能够溶于水中,目前允许在食品药品中使用的基本都是水溶性色素,生产商为提高水溶性色素的稳定性,避免迁移,将水溶性色素沉淀在氧化铝上形成铝色淀。铝色淀既不溶于水,也不溶于有机溶剂。脂溶性色素不溶于水,能够溶于植物油脂中。由于脂溶性色素毒性较大,现已基本不允许在食品药品中使用。醇溶性色素只能溶于体积分数为70%以上的乙醇等醇溶液。天然色素的溶解性质是实际应用中重要的参考指标之一,见表1-2。

表1-2　主要天然色素的溶解性质

类型	常见色素		溶解性质
水溶性色素	花青素		易溶于水、醇、酮、冰醋酸、乙酸乙酯等极性溶剂;不溶于石油醚、氯仿等弱极性溶剂
	甜菜色素		易溶于水和含水溶剂;难溶于醋酸、丙二醇;不溶于无水乙醇、丙酮、氯仿、油脂、乙醚等有机试剂
	红曲红		易溶于中性及偏碱性水溶液;极易溶于乙醇、丙二醇、丙三醇及它们的水溶液;不溶于油脂及非极性溶液
	栀子黄		易溶于水、乙醇和丙二醇;不溶于油脂,水溶液呈弱酸性或中性,其色调受环境 pH 值的影响较小
脂溶性色素	类胡萝卜素	辣椒红	不溶于水,难溶于甘油,易溶于非挥发性油,具有较高的生物利用度
		玉米黄	溶于乙醚、丙酮、石油醚、酯类等非极性溶剂,可被磷脂、单甘酯等乳化剂乳化,不溶于水和甘油
		番茄红素	不溶于水,难溶于强极性溶剂,如甲醇、乙醇等;易溶于氯仿和苯,可溶于脂类和非极性溶剂
	叶绿素		不溶于水,可溶于乙醇、丙酮、乙醚、氯仿等有机溶剂

类型	常见色素	溶解性质
醇溶性色素	醇溶红曲	只能溶于乙醇等醇类,不溶于水
	醇溶栀子蓝	醇溶性的栀子蓝能够溶于80%的乙醇和无水乙醇中,但不溶于丙酮、氯仿、乙酸乙酯及水

目前允许在食品药品中使用的基本都是水溶性色素或其铝色淀。然而,合成色素的超范围超量使用受到广泛诟病。大多数合成色素使用的原料、合成中间体和产物,在体内经代谢可能生产 β-萘酚、α-氨基-1-萘酚等强致癌性的物质;而种类最多的偶氮类色素,在人体偶氮还原酶的作用下可能分解产生芳香胺类化合物,同样存在致突变、致癌的可能。

(四)按色调分类

色素按色调可分为暖色调、冷色调和其他色调,在食品中多以暖色调和冷色调为主。其中暖色调主要有红色、黄色和橙色等,冷色调主要有绿色、蓝色和紫色等,其他色调主要有黑色、白色等。

1. 暖色调色素

(1)红色调色素。红色调的来源比较广泛,主要包括番茄红素、胭脂虫红、花青素等。番茄红素是一种天然存在于植物中的具有生物活性的红色色素,大量存在于红色水果和蔬菜中,如西红柿、木瓜、粉红葡萄柚、粉红番石榴和西瓜等,是一种不饱和的无环类胡萝卜素。胭脂虫红同样是一种天然的红色素,它是从干燥的雌性胭脂虫体内提取的,在食品着色剂、医药和化妆品等领域应用广泛。花青素在低 pH 值的情况下会呈现红色调,因此被广泛应用于食品工业作为合成色素的替代品,如取代人工色素诱惑红等。

(2)橙黄色调色素。暖色调的一种,广泛分布于自然界的动植物之中,如栀子黄色素是从栀子果实中提取的一种天然着色剂,其主要成分为藏花素,藏花素具有清热去火、利胆护肝、降低胆固醇等功效。姜黄素是从食用香料姜黄中提取的疏水性多酚类化合物,具有多种药理作用,包括抗炎、抗氧化和抗血管生成活性等。传统上,姜黄被用于多种疾病的治疗,特别是作为消炎药。姜黄素已被确定为姜黄的有效成分。

2. 冷色调色素

(1)绿色调色素。天然的绿色素主要为叶绿素,它不仅被用作医药和化妆品的添加剂,也被用作食品的绿色着色剂。叶绿素能够选择性地吸收红色和蓝色区域的光。叶绿素生产成本昂贵,工业生产较为困难,因此对于叶绿素的探讨还需进一步研究。

（2）蓝色调色素。天然的蓝色素应用较少，一些色素在特定的 pH 下表现出蓝色色调，如花青素，pH 越高花青素的颜色越蓝。花青素在酸性条件下比较稳定，在弱酸性和中性条件下不稳定，在自然界中需要通过糖基化和酰化作用来提高其稳定性。栀子蓝是东亚地区广泛使用的一种天然食品蓝色着色剂。在历史上，栀子蓝被用作食品和化妆品的着色剂，也用于棉花、丝绸和羊毛等织物的染色。目前，它被广泛应用于亚洲的冷冻甜点、糖果、烘焙食品、果酱、面条、饮料、葡萄酒和农产品等。

（3）紫色调色素。紫色调色素是一种介于红色和蓝色之间的色素，紫色调的天然色素多为花青素。据相关报道，紫色的花青素主要存在于紫色甘薯、紫色玉米和紫色胡萝卜等植物中，还存在于产紫色色素的一些微生物中，如紫色杆菌等。

3. 其他色调

（1）黑色调色素。当前天然黑色素使用最多的是植物炭黑，其主要由树干、壳类等材料燃烧炭化精制而成。植物炭黑为黑色粉末，无毒无害，不溶于水和有机试剂。在我国，植物炭黑主要应用于糖果、饼干、米制品等。植物炭黑还可赋予食品多种特性，DING 等将植物炭黑与明胶结合形成明胶可食膜，赋予其抗紫外和抗氧化等特性。

（2）白色调色素。目前可选择的天然白色素一般是矿物质，如二氧化钛。由于二氧化钛溶解度很低，它也被认为是较为安全的可食用色素。在食品配方中，二氧化钛以微粒形式分散在食品中。

（3）棕褐色色素。对于棕褐色色素，焦糖色素被广泛应用于市场中。焦糖也被称为烧焦糖，是通过对各种糖进行热处理而产生的。焦糖通过不同的加工处理方式可产生多种棕色系列的颜色，如红棕色、黑棕色等。

第三节　天然植物色素的特点和性质

植物源色素是指由植物自身代谢生成的天然色素。这些色素不仅带给了植物不同的颜色，也为植物体的生命活动提供了重要作用。

一、植物源天然色素的特点

1. 植物源天然色素的优点

植物源天然色素的产生是植物组织自然生长和新陈代谢的结果，具有一些人工合成色素无法相比的优点：

（1）大部分植物源天然色素无毒、无副作用，一些安全性高的植物源天然色素可作为药品或食品添加剂广泛使用。

（2）植物源天然色素呈现的是植物本身的色彩，因此色调很自然，作为食品添加剂或着色剂可使色调接近天然物的颜色，让人更容易接受。

（3）许多可食用的植物源天然色素含有人体自身不能合成的必需营养物质，所以这类植物源天然色素在改善食物色泽的同时还能补充人体必需的营养，甚至对某些疾病具有预防与治疗作用。如 β-胡萝卜素在人体内可转化成维生素 A，而维生素 A 具有治疗干眼症和预防夜盲症等功效。

2. 植物源天然色素的缺点

虽然植物源天然色素具有许多优点，但仍然存在一些缺点：

（1）纯化难度较大。植物源天然色素是存在于植物体中的化合物，常与植物体内其他复杂物质共存，因此导致其提取工艺复杂，所得的色素提取物常掺杂其他物质成分，纯度比较低。而且，由于目前植物源天然色素的生产过程中经常存在工艺不够成熟，设备不够先进等主要问题，使植物源天然色素的提取率低，价格昂贵。

（2）植物源天然色素色调不稳定，常因光照、温度、氧气、pH、金属离子等外界环境因素的变化而变化，稳定性较差。而且，由于植物源天然色素易被氧化，使得其使用周期缩短，需要经常添加抗氧化剂或色素稳定剂，使用烦琐。

（3）植物源天然色素种类很多，性质复杂，尤其是受到自身理化特性的影响，导致其应用范围狭窄，专用性较强。

二、天然植物色素的性质

（一）稳定性

天然色素因较差的自身稳定性，限制了其在食品中的应用。影响天然色素稳定性的因素主要有温度、pH、光照、氧、金属离子、酶等。近些年来，学者加强了对天然色素稳定化的研究力度，针对不同种类的天然色素开发了大量的稳定化技术，为天然色素的实际应用提供了技术支持。

1. 异戊二烯衍生物类色素

异戊二烯衍生物类色素，因分子间含有大量 C＝C 的共轭体系，在光照条件下，极易发生顺反异构和氧化降解，使色素不稳定。以番茄红素为例，番茄红素的分子组成中含有 11 个共轭双键和 2 个非共轭双键，理论上应有 211 个顺反异构体，但由于链上甲基引起的位阻，大幅限制了重排的数目，实际仅有 72 个顺反异构体，部分异构化番茄红素的结构如图 1-1 所示。

（1）热稳定性。加热并未导致番茄红素发生可见的异构化，而高温会促使其分子断裂为小分子物质，温度越高番茄红素的降解速率越快，在加热过程中番茄红素的结构变化如图1-2所示。同时，反式向顺式的转化将导致番茄红素的光学性质发生显著变化，在短波长处（350~365nm）形成新特征吸收峰，致使番茄红素在溶液中的呈色能力和稳定性明显下降。

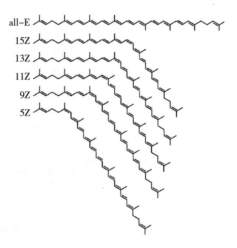

图1-1　番茄红素的几何异构体

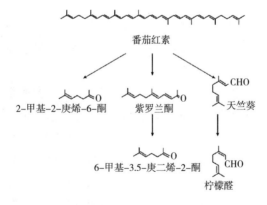

图1-2　番茄红素的结构变化及其氧化物

（2）光稳定性。在光辐照情况下，番茄红素及其顺式异构体的异构化和氧化降解是同时进行的，光氧化降解的机制首先在光学辅助下发生氧化作用，随后发生降解反应，从而裂解为小分子量的短链化合物结构，并且光照的降解作用会随温度的增高和氧气的存在而增强。

（3）pH 稳定性。相关研究表明,酸类物质（如HC)对番茄红素具有明显的破坏作用,随着 pH 值的增加,番茄红素的吸光值略有增加,可能是在碱性条件下生成了其他有色物质,因此番茄红素耐碱性较强。

（4）金属离子稳定性。Mg^{2+}、Zn^{2+} 和 Ca^{2+} 对番茄红素均表现出一定的保护作用,可能是由于这类元素具有较强的还原性,能防止番茄红素的共轨电子对失去电子,从而起到保护作用。此外,这类元素可能与番茄红素形成特殊的螯合物从而使溶液吸光度增强,起到较强的增色作用。但 Cu^{2+} 和 Fe^{3+} 等金属离子对番茄红素具有较强的破坏作用。胡云峰等对与番茄红素结构类似的辣椒红素的稳定性进行测试实验,发现金属离子 K^+、Ca^{2+}、Na^+、Mg^{2+} 和 Zn^{2+} 对辣椒红素无影响,高浓度的 Al^{3+}、Cu^{2+} 和 Fe^{2+} 对其有显著影响。

2. 多酚类色素

多酚类色素是一类自然界广泛存在的色素,以花青素(anthocyan) 和类黄酮(flavonoid) 化合物为代表,这类色素分子结构的特点是含有 2-苯基苯并吡喃。另外,以儿茶素(catechin) 为代表的多酚化合物的分子结构特点是 2-苯基苯并吡喃环上具有多个酚羟基。

（1）光稳定性。光照对花青素的影响主要是由于花青素通过中间产物 C_4 羟基环在光照下被裂解而转化为查尔酮,随着时间的推移进一步氧化成一些裂解产物,如 2,4,6-三羟基苯甲醛,使花青素降解变色。Chin-Chia Chen 对紫薯花青素在 4℃、25℃、37℃和 55℃下,分别进行了 15 天的光照和黑暗对比实验。结果显示,花青素储存在 4℃和 25℃下,无论光照或黑暗,均没有发生颜色的重大变化,花青素含量的变化小于 5%。相比之下,储存在 37℃和 55℃下,花青素的颜色外观和含量发生了显著变化。

（2）热稳定性。花色苷的热稳定性与其结构、pH、氧及体系中其他化合物的反应有关。花色苷的 2-苯基苯并吡喃阳离子 AH^+ 的失电子过程:$AH^+ \longrightarrow A$ 是一个放热反应,且水解反应 $AH^+ \longrightarrow B$ 和开环反应 $B \longrightarrow C$ 都是放热反应,并且都伴随着熵的增大而增大。因此,当温度升高时,平衡向着无色的查尔酮和甲醇假碱形式转化。冷却后,醌式碱和甲醇假碱可转变成红色的花色烊阳离子,但是查尔酮很难再转化为花色烊阳离子。以常见的矢车菊素葡萄糖苷为例,其热降解途径如图1-3所示。

蒋新龙对黑米花色苷的热降解特性进行研究,将降解用黑米花色苷溶液分别置于温度为 50℃、60℃、70℃、80℃和 90℃的恒温水浴中 10h,每隔 2h 测定溶液在 520nm 处的吸光度。结果显示,温度越高,加热时间越长,花色苷降解率越高,花青素的热降解遵循一阶反应动力学,用公式表示如下:

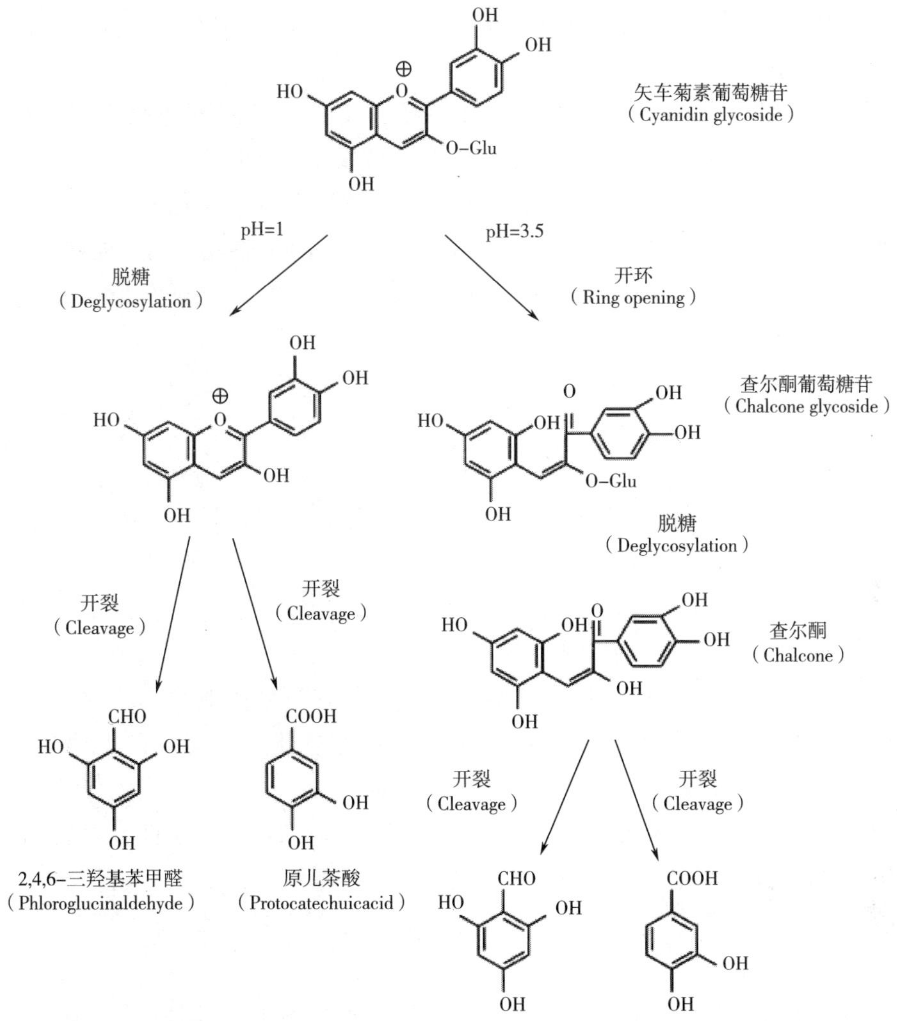

矢车菊素葡萄糖苷
（Cyanidin glycoside）

pH=1

脱糖
（Deglycosylation）

pH=3.5

开环
（Ring opening）

查尔酮葡萄糖苷
（Chalcone glycoside）

脱糖
（Deglycosylation）

开裂
（Cleavage）

开裂
（Cleavage）

查尔酮
（Chalcone）

开裂
（Cleavage）

开裂
（Cleavage）

2,4,6-三羟基苯甲醛
（Phloroglucinaldehyde）

原儿茶酸
（Protocatechuicacid）

图1-3　pH=1和pH=3.5条件下矢车菊素-3,5-二葡萄糖苷的两条热降解途径

$$\ln(C_t/C_0) = -k \times t \tag{1-1}$$

$$t_{1/2} = -\ln(0.5k^{-1}) \tag{1-2}$$

式中：C_0 为起始花青素含量；C_t 为时间 $t(h)$ 后的花青素含量；$t_{1/2}$ 为半衰期。

降解速率常数与温度的关系用 Arrhenius 方程表示如下：

$$\ln k = \ln k_0 - E_a/RT \tag{1-3}$$

式中：k 为速率常数（$\min^{-1}$）；k_0 为频率因子（$\min^{-1}$）；E_a 为活化能（kJ/mol）；R 为通用气体常数[8.314J/（mol·K）]；T 为绝对温度。

梁泽明等以玫瑰茄花色苷为原料研究其热稳定性，结果表明，玫瑰茄红色素在

80℃和100℃条件下,色素降解速率常数分别为 0.2539/h 和 0.6547/h,半衰期分别为 2.73h 和 1.06h。

(3)氧稳定性。花色苷在酸性和中性条件下的氧化降解途径不同。在 pH 值为 1~3 的酸性溶液中,H_2O_2 对花色苷的 C_2 位发生亲核攻击,C_2 和 C_3 之间共价键断裂,形成苯甲酰苯基乙酸酯,该酯极易在碱性条件下水解形成酚酸,如苯甲酸和 2,4,6-三羟基苯乙酸。而在 pH 为 6~7 的中性溶液中,加热使锦葵素-3,5-二葡萄糖苷先转化为醌式碱,醌式碱进而生成香豆素衍生物,如图 1-4 所示。

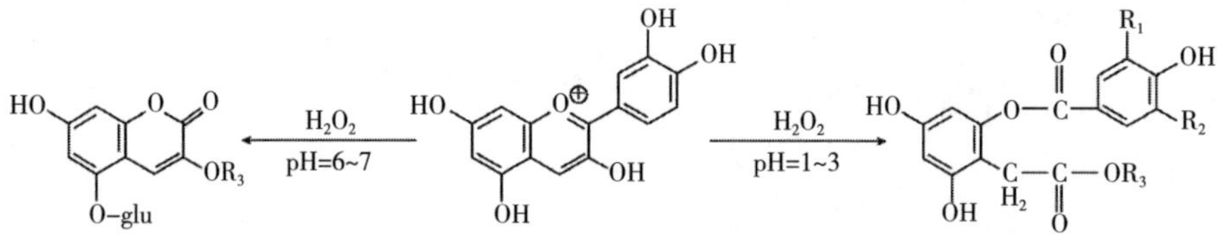

图 1-4 花色苷的 H_2O_2 氧化降解途径

(4)金属离子稳定性。张晓圆对黑豆红花色苷分别配制含 Na^+、Zn^{2+}、Ca^{2+}、Cu^{2+}、Fe^{2+}、Fe^{3+}、Mg^{2+} 和 Al^{3+} 八种不同金属离子的花色苷溶液,在 513nm 处测定溶液的吸光度,继而判断金属离子的影响。结果显示,Na^+ 和 Mg^{2+} 对花色苷溶液有一定的增色效果,但效果不大;Cu^{2+}、Fe^{2+} 和 Al^{3+} 对花色苷溶液的稳定性有明显的破坏作用,降低了黑豆红花色苷的稳定性,尤其是 Fe^{2+},低浓度的 Fe^{2+} 对花色苷的稳定性破坏更大;Fe^{3+} 的加入会使花色苷与其络合形成沉淀;Zn^{2+} 和 Ca^{2+} 对黑豆红花色苷的稳定性有很大的增强作用。

(5)pH 稳定性。花青素在溶液中存在三种水合平衡,不同 pH 下,花色烊阳离子、甲醇假碱以及醌示碱之间的转化,使其呈现不同的颜色。在 pH<3 的水溶液中,花色苷呈红色,黄酮核主要以非常稳定的花色烊阳离子(AH^+)的形式存在。pH 的增加导致两个反应之间产生动力学和热力学竞争。当 pH 增加时,黄酮阳离子通过脱质子反应与紫色/蓝色醌式碱(A)达到平衡,从而在高 pH 下呈现蓝色。此外,pH 在 2 以上时,黄酮阳离子易于进行水加成(水合)生成无色甲醇假碱(B),该假碱可开环形成顺式或反式查尔酮假碱,具体转化过程如图 1-5 所示。

3. 酮类衍生物色素

常见的酮类衍生物色素有姜黄素、红曲色素等。赵欣等对姜黄植物中的姜黄素、去甲氧基姜黄素和双去甲氧基姜黄素,在自然光和避光条件下进行光稳定性分

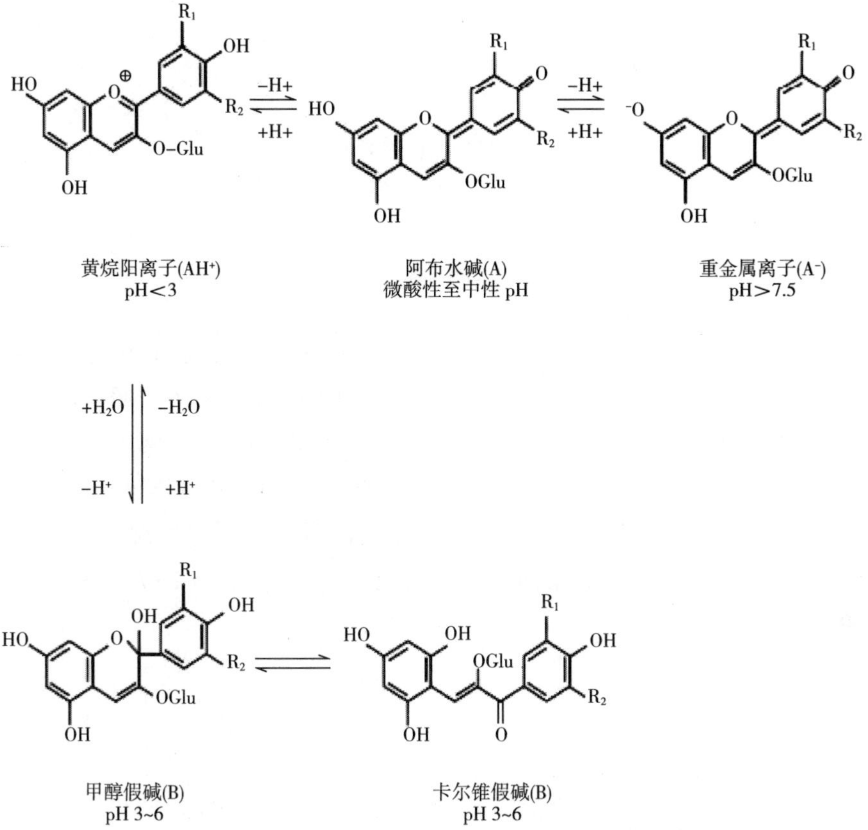

图 1-5 室温下花色苷 pH 溶液的三种平衡

析,结果显示,双去甲氧基姜黄素在光照 1h 后出现分解,转化为具有一定稳定性的六元环烯醇结构。红曲色素的发色机制是共轭双键的产生,主要是 π—π 跃迁和 n—π 跃迁,包含三类色素:红曲素、红斑素以及 L-红色素。连喜军在对红曲色素的光稳定性研究中发现,红曲色素中的三类色素在紫外线照射下,首先脂肪族侧链断开生成两个自由基,三类色素变化不同,红曲素发色环的 2 位原子是 O,属于吸电子团,与之相连的 3 位碳原子上的共轭双键吸收光能后,电子由基态转变为激发态,极易与羟基自由基、质子、超氧阴离子等自由基发生光化学反应,色素褪色时间比较短;L-红色素由于 2 位的原子是 N,属于给电子基团,所以色素中电子吸收光能转变为可发生光化学反应的激发态电子需要更长的时间,色素褪色时间相对会短一些;红斑素共轭双键比较少,色素吸收光能后,苯环上的双键不容易发生转变,性质相对稳定,所以色素褪色所需时间最长。在光照过程中,红曲素产生游离羟基,同时分子中分子间缔合羟基,在侧链断裂的同时,羟基结合到双键上,红曲素褪色后的结构式如图 1-6 所示。

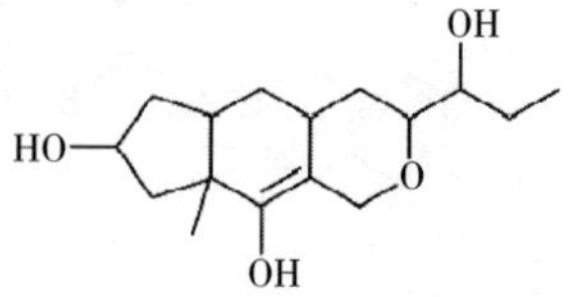

图 1-6 红曲素褪色后的结构式

脂肪族侧链在红曲素褪色后从色素体上断开,侧链断开的同时别的基团结合到色素分子上。根据光化学理论,红曲素在甲醇水溶液中受紫外线照射后,首先发生 Norrish I 型分解,即红曲素的脂肪族侧链与苯环体断开,形成两个自由基,苯环上的自由基引起羰基电子重新分布,形成双键和羟基,同时其他位置的双键因吸收光能而发生分子重排,苯环分子中双键减少,最后,含双键的苯环侧链在羟基和质子作用下发生加成反应,红曲素的黄颜色消失,具体过程如图 1-7 所示。L-红色素褪色后的分子结构如图 1-8 所示。

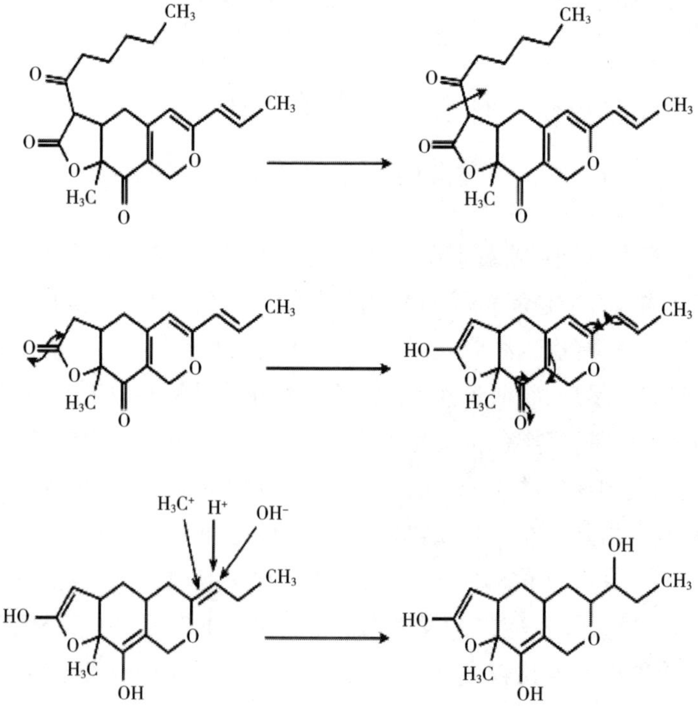

图 1-7 红曲素的光照褪色过程示意图

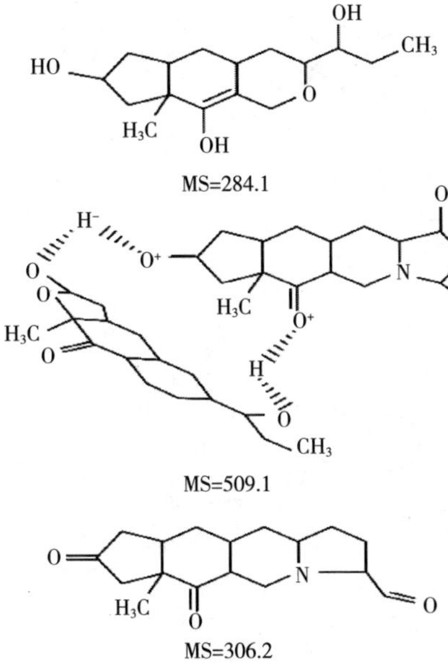

MS=284.1

MS=509.1

MS=306.2

图 1-8　L-红色素褪色后的三种分子结构图

该色素光褪色首先发生 Norrish Ⅰ 型分解,断开脂肪族侧链和氨基酸侧链,在光照作用下,水溶液解离产生超氧阴离子、羟自由基和质子等,这些物质作用于 L-红色素中的共轭双键,结合到双键的两端,使 L-红色素的发色团结构发生变化,失去颜色,色素的分子量由 768.4 减少到 590.1。在色素液中存在大量自由基的情况下,失去颜色的物质进一步分解,8 位和 10 位的缔合羟基解离,生成相对分子质量为 306.1 和 284.1 的两种物质,这两种物质对光稳定,不再发生光化学反应,其具体反应过程如图 1-9 所示。

红斑素与红曲素褪色机理类似,在甲醇水溶液中红斑素受紫外光线照射,首先发生 Norrish Ⅰ 型分解,脂肪族侧链与苯环体断开,形成两个自由基,苯环上自由基引起羰基电子重新分布,形成双键和羟基,其他位置的双键因吸收光能发生分子重排,与此同时,甲醇水溶液在紫外光照射下产生大量超氧阴离子、质子和羟自由基等,这些自由基与双键上激发态电子发生反应,使双键断开,苯环中的共轭体系被打破,发色团结构发生变化,最后含双键的苯环侧链在羟自由基和质子作用下发生加成反应,红斑素颜色消失。其褪色后的分子结构和褪色过程如图 1-10 和图 1-11所示。

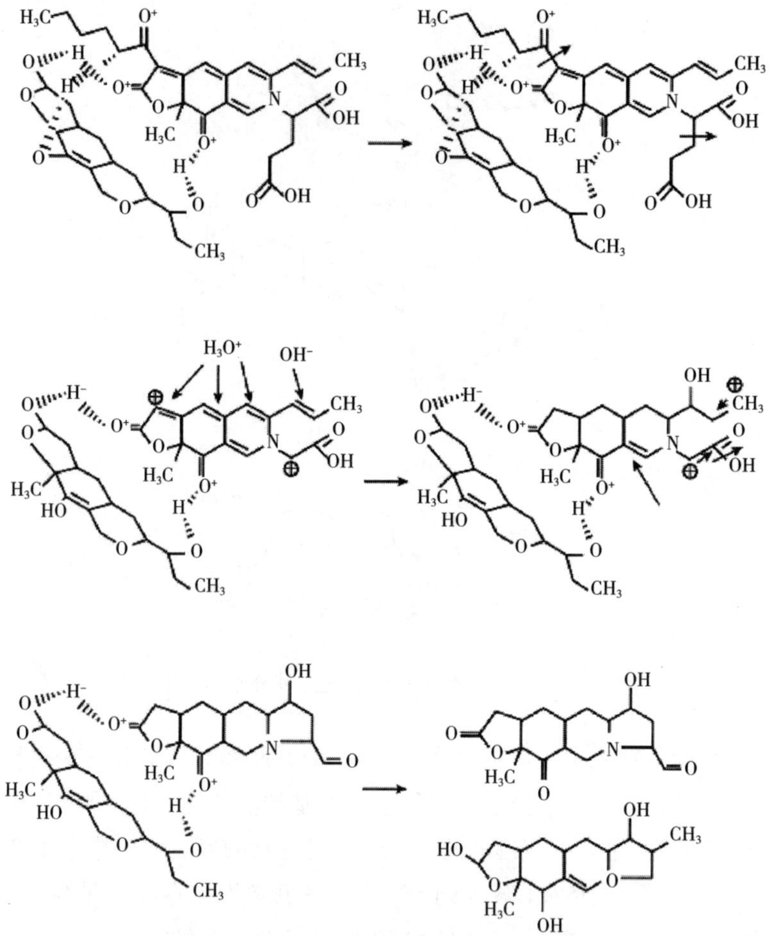

图 1-9　L-红色素光褪色过程示意图

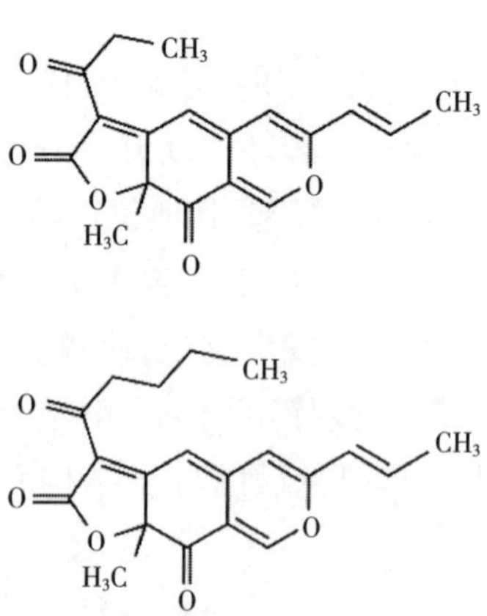

图 1-10　红斑素褪色后的分子结构图

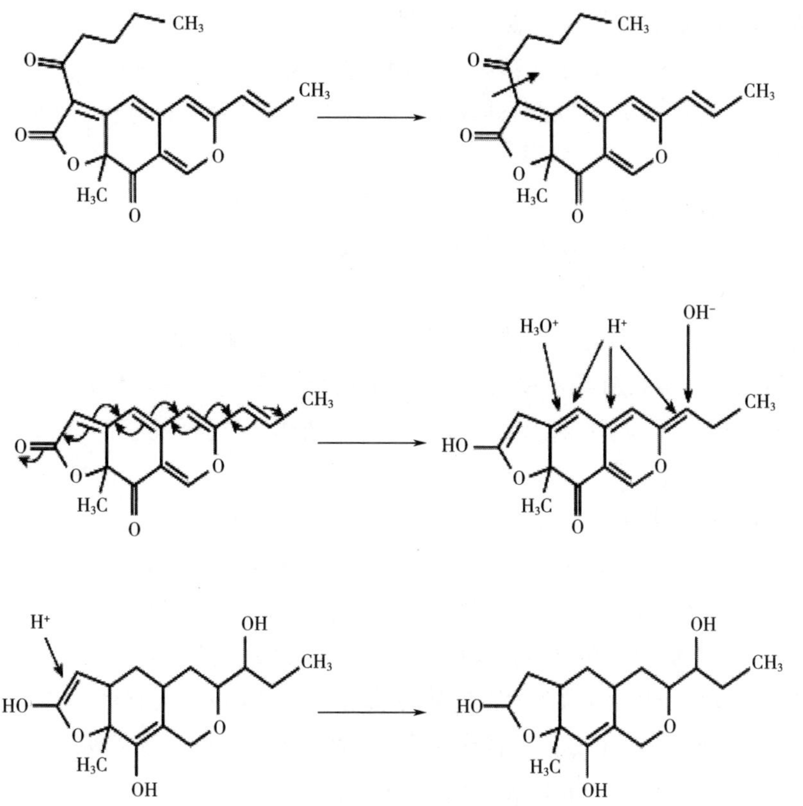

图 1-11　红斑素光褪色过程示意图

4. 四吡咯衍生物类色素

叶绿素的光降解主要是由于卟啉环内的电子共轭通过脱镁叶绿酸 a 单加氧酶脱去吡咯环中心的 Mg^{2+} 后,将中间产物(RCC)的共轭双键还原。在酸性环境中,叶绿素经长时间加热会转化为一种灰褐色的衍生物脱镁素。为了方便叶绿素的储存,通常将具有较高活性的叶绿素制成叶绿素铜钠,这是一种蓝绿色着色剂,在高温和低 pH 环境下更稳定,其中 Mg^{2+} 被 Cu^{2+} 取代,酯链被裂解以去除叶绿醇侧链。Lone Jespersen 等对藻蓝蛋白的稳定性进行实验分析,研究表明藻蓝蛋白在水溶液中不稳定,在酸性溶液(pH=3)中不溶解,在 pH=5 和 pH=7、45℃以上温度下的水溶液中变性,导致颜色变化。在 pH=5 和 pH=7 的水溶液中,暴露于 $3×105lx$,光照 24h 后,降解程度可达 80%。

5. 醌类衍生物色素

(1)光稳定性。紫胶红色素在常温下对光表现出高度的稳定性,光氧化是其褪色的主要途径,而光氧化的第一步便是生成羟胺化合物。因此,一般来讲蒽醌分子结构的碱性越强,其发生光氧化的活性就越高,而紫胶红色素为紫胶色酸,其分子结构中均含有羧基,呈酸性,因此对光稳定性较高。Emilio Marengo 利用 ATR-FTIR 对茜草色素的混合物在紫外线照射下的光降解产物进行分析,紫外线将导致色素芳香环上的 C=C 键断裂。

(2)氧稳定性。紫胶红色素为多羟基蒽醌羧酸的混合物,其中蒽醌环上存在较大的共轭双键,大 π 共轭键在温和条件下较稳定,在较强的还原剂存在时依然能表现出一定的活性。

(3)热稳定性。温度引发紫胶红色素主要变化的途径是分解和重排,胭脂虫红色素对温度有着良好的耐受性。M. W. KEARSLEY 对叶绿素铜盐、甜菜粉和胭脂虫红进行加热实验,结果表明胭脂虫红的热稳定性远远优于叶绿素铜盐和甜菜粉。

(4)金属离子稳定性。K^+、Na^+、Mg^{2+}、Zn^{2+} 和 Mn^{2+} 等金属离子使紫胶红色素水溶液的吸光度均有不同程度的增加,表明这些金属离子对紫胶红色素有一定的增色效益;Al^{3+} 和 Cu^{2+} 的存在使紫胶红色素溶液由玫瑰红变为紫红色;而 Fe^{2+}、Fe^{3+}、Ca^{2+} 和 Sn^{2+} 等离子的存在,可与紫胶红色素发生紫胶色酸反应,生成沉淀,并引起水溶液颜色变化,这是因为在紫胶色酸的蒽醌母环 3、4 位上均有羟基,可作为多基配体与 Fe^{2+}、Fe^{3+}、Ca^{2+} 和 Sn^{2+} 等离子络合,形成环状螯合物。与紫胶红色素略有不同,胭脂虫红色素对 K^+、Ca^{2+}、Na^+、Mg^{2+}、Mn^{2+}、Zn^{2+}、Fe^{2+} 和 Pb^{2+} 的稳定性高,对 Fe^{3+} 和 Cu^{2+} 的稳定性较差。

(5)pH 稳定性。紫胶红色素在碱性条件下稳定性变差,仅适合在酸性范围内保存和着色。在酸性条件下,紫胶红色素 9 位、10 位的醌羰基的氧原子,因为分别与 1 位、4 位的羟基形成分子内氢键,不能质子化,所以在酸性区域对 pH 变化不敏感。在碱性条件下,蒽醌类染料组分中的酚和羧酸基团会被脱质子化,在酚类阴离子中产生的电荷离域将导致激发态的稳定和跃迁能量的降低,从而引起明显的色移,且极易发生重排反应,重排后的分子结构反应活性急剧提高,当受到光照、氧化剂和还原剂等因素的影响时极易发生反应,导致褪色。随着酸性的增加,胭脂虫红色素的吸光度逐渐降低,但是最大吸收波长几乎不变,可能是由于随着酸性的增加,溶液中的色素成分逐渐析出,从而浓度降低的缘故。随着碱性的增加,胭脂虫红色素的吸光度逐渐降低,而且最大吸收波长也在发生变化,在强碱性条件下彻底失去染色效果,这可能是在强碱性条件下色素成分结构遭到破坏。当 pH<7 时,茜素的紫外吸收光谱以 430nm 为中心,茜素溶液呈黄色;pH=8 时,茜素溶液呈红色,吸收峰分别为 430nm 和 530nm,当 pH 继续增大时,茜素溶液的吸收峰迅速移动到 530nm,溶液呈紫色;当 pH 增加到 13 时,茜素的吸收光谱在 530nm、573nm 和

616nm 处出现峰值,溶液呈深蓝色。

(二)天然色素稳定性的影响因素

1. pH

pH 对天然色素稳定性的影响较为复杂,随着 pH 的增大,色调也会发生很大的变化。陈雅妮等研究发现,玫瑰花色素在 pH<3 时,溶液的红色会加强,因为在强酸环境中玫瑰花色素中所含的 2-苯基苯并吡喃阳离子显红色;pH 在 4~5 时,溶液颜色会变浅,这是由于随着 pH 的增加,无色的醇型假碱和查尔酮结构起到了一定的作用;当 pH>6 时,颜色逐渐变为蓝色。在冯靖等对葡萄皮色素的研究中发现,酸性环境中,随着 pH 的降低,溶液显红色并逐渐加深,但在碱性环境时,溶液会变为蓝色,表明葡萄皮色素在酸性环境中稳定性较强。由此可见 pH 对天然色素稳定性的影响很大,因此,大部分天然色素应在酸性条件下进行储存。

2. 光照

在光照条件下,随着时间的延长,天然色素会发生氧化作用,颜色降解并逐渐褪色,因此天然色素应避光保存。在罗璇等对葡萄皮色素稳定性的研究中发现,葡萄皮在光照条件下会迅速褪色。在邢宏博等对红曲橙、黄色素稳定性的研究中发现,光照条件下,部分红曲橙色素变为红曲黄色素,表明红曲色素对光照较为敏感。高波等研究发现,萝卜红色素在强光条件下会发生分解。

3. 温度

天然色素对高温很敏感,因此在储存色素时,应注意低温保存。许先猛等在桑葚色素稳定性的研究中发现,低温条件下,色素稳定性变化不大,而当温度超过 80℃时,色素含量大幅度下降。李琳娜等在桑葚色素稳定性的研究中发现,温度低于 40℃时,溶液色度未发生明显变化,当温度超过 60℃后,色素损失率明显增大。

4. 氧化剂

天然色素在加工处理过程中,要注意避免接触氧化剂和具有氧化性的物质,从而减少氧化剂对天然色素稳定性的影响。无法避免的情况下,可以加入一定量的抗坏血酸、异抗坏血酸钠等食品级抗氧化剂。张素敏等研究发现,在黑米色素的浸提液中加入过氧化氢溶液,色素含量明显减少。

5. 食品添加剂的浓度

不同类型的食品添加剂对天然色素的影响不同。黄延春等对辣椒红色素的稳定性进行研究,结果发现添加不同浓度的柠檬酸和葡萄糖溶液对辣椒红色素的影响很小,而添加高浓度的苯甲酸钠溶液和柠檬酸钠溶液时出现了絮状物,说明高浓度的苯甲酸钠和柠檬酸钠溶液对辣椒红色素的稳定性影响较强。

6. 金属离子

不同金属离子对天然色素的影响也不同。罗桂杰等对红葡萄色素的稳定性进行研究,实验表明低浓度的 Ca^{2+} 对葡萄色素的吸光度影响较小,而在溶液中加入高浓度的 Ca^{2+}、Zn^{2+} 时,吸光值快速增加,说明高浓度金属离子可加强红葡萄色素的稳定性。冯文婕在枸杞食用色素的研究中发现,加入 Zn^{2+},枸杞色素的吸光值不变,而添加 Na^+、Al^{3+} 时吸光度值也只是下降了一点,说明金属离子对枸杞色素的稳定性影响较小。

第四节　天然植物色素的功能

开发及推广应用天然色素是我国发展食用色素的主要方向。与合成色素相比,天然色素的安全性较高。有的天然色素本身就是一种营养素,具有营养效果,有些还具有一定的药理作用,同时天然色素能更好地模仿天然物的颜色,着色时的色调比较自然。因此,开发具有一定营养价值或药理作用的功能性天然色素是色素工业发展的重中之重。

一、花色苷类色素

花色苷类色素存在于植物的花、叶、果中,由糖苷配基和糖组成。一般情况下为水溶性,但受 pH 的影响会变色,对光、温度、氧均敏感。花色苷能强烈吸收紫外光,在体内起紫外屏障的作用,使细胞分化和其他生命过程正常进行,同时对预防冠心病和心肌缺损,治疗循环紊乱和心绞痛有一定功效。从紫色甘薯中提取的紫心甘薯花色素,能清除氧自由基、抗脂质过氧化以及抗由 H_2O_2 引发的红细胞溶血作用;从压榨葡萄汁的残留物葡萄皮中提取的葡萄皮红色素有较好的抗氧化功能,抗自由基抑制率为 82.1%,有益于预防冠心病和动脉硬化;从我国食药两用的紫苏中提取的紫苏色素,有解毒、散寒、行气和胃的功效。

(一)抗氧化及消除自由基

多酚类中的类胡萝卜素具有抗氧化作用已是常识,而多酚类中的花色苷具有抗氧化作用是近 10 年才发现的。Igarashi 等研究了山葡萄、红芜菁及茄属的抗氧化作用。山葡萄的主要色素为锦葵色苷(malvin mal vidin-3,5-diglucoside),红芜菁中含有的主要花色苷为红蔓菁苷(rubrobrassicin cyanidin-3-digucoside-5-mono-glucoside),茄属的主要花色苷为花翠苷{nasunin,delphinidin-3-[4-p-conaroyl rh-amnosyl(1→6)glucoside]-5-glucoside}。其中,花翠苷的活性最高,红蔓菁苷与锦葵色素苷的抗氧化活性差不多。另外花翠苷的活性比没配基时要高得多,同一分子中存在 p-香豆酸,花翠苷会显出较强的抗氧化性。在其他花色苷中,结合有 p-香豆素类等芳香族有机酸,同样会显出较强的活性。而且通过 ES 测定,证明 nasunin 的消除氧自由基活性比部分脱除了 p-香豆酸的乙酰化的 nasunin 也要高。此外,四季豆种皮中含有的花青苷(cyanidin-3-O-glucoside)对兔红血球膜及肝脏微粒体也显示出一定的抗氧化功能。因此通过肠管腔摄入花色苷来防御体内的氧化作用是可能的。

(二)降低血清及肝脏中的脂肪含量

在白鼠的投食实验中,添加胆固醇的同时,添加花翠苷(nasunin)或花翠素(delphinidin),能使血清中的胆固醇浓度下降,使 HDL-胆固醇上升,可观察到动脉硬化指数明显下降。在花翠苷和花翠素的投放过程中,增加了粪中排泄的胆汁酸含量,而胆汁酸对肠肝循环有阻碍作用,色素降低了肝脏中胆固醇总量,因此色素起到间接改善肝脏的作用。

锦葵色苷改善血清脂质的作用引人注目,将锦葵色苷(malvidin)添加到有胆固醇的食品中,食用者除了可以保持血清中总胆固醇浓度低外,还可使三酰基甘油(中性脂肪)的含量下降。此外一些花色苷如锦葵花素、花青苷及天竺葵苷等,在铜触媒中能抑制脂蛋白质(LDL)的氧化。研究表明抑制 LDL 氧化的机制包括其羟基与金属的螯合作用和与蛋白质的结合作用等。

(三)抗变异及抗肿瘤

野生浆果(chokeberry)含有大量花香苷(cyanidin-3-galactoside、cyanidin-3-arabinoside)等花青配糖体果实中抽提出的花青苷,经 Ames 致癌试验,表明其具有抑制苯芘、氨基氟的变异活性,还具有修复人体血液中淋巴细胞的作用。花青苷还具有抑制人体内形成及游离出的超氧化自由基的作用。经研究考证,花青苷的抗异原活性是通过阻碍变异原前驱体(promutagens)的活性化酶而起作用的。有人研究了红色糯米中花青苷抑制肝瘤的作用,实验结果表明,摄食红色糯米的白鼠的寿命比摄食白米的更长。此外,还发现花青苷有利于人体对异物的解毒及排泄。

(四)防止人体内过氧化

由于多种因素,人体内能生成大量活性氧,从而使体内发生过氧化作用。大量研究表明,此过氧化作用与人的衰老及癌症等有关,于是如何抑制过氧化作用成了研究热点。相关动物实验表明,在饲料中加入如花翠苷(nasunin)之类的花色苷,能抑制动物肝脏硬化指数及脂质过氧化物(TBARS)的上升。Nasunin 在体内显示出较强的抗氧化及消除自由基的活性,然而其机制还不是很清楚,有必要做进一步研究。

(五)其他生理功能

从黑果木(Aronia melanocarpa)果实中抽提出的花色苷能抑制白鼠由盐酸/乙醇诱发的胃溃疡,还能抑制肺、肝脏、小肠中的过氧化作用。期待其在临床上可作为胃保护素材。此外,红葡萄的花色苷在体内除了抑制人体中 LDL 的过氧化外,还有延迟血小板凝集作用等功能。越橘中含有的花色苷具有明显提高视力的功能。曾有报道,通过给兔子静脉注射花色苷、花翠素、甲花翠素及锦葵花素的配糖体,在暗黑下的适应初期,可促进兔子视紫质的再合成,于是推测花色苷对视紫质的再合成体系具有活化作用,从而具有提高视力的功能。而在适应末期,视网膜中视紫质的量比对照兔子要高得多。此外,经常感觉眼睛疲劳的患者每日摄入花色苷 250mg,能明显缓解眼疲劳症状。总之,越橘中含有的花色苷具有的生理功能引人注目,除了能改善视觉功能外,还有改善微循环、预防癌症等生理作用。

二、类胡萝卜素类色素

类胡萝卜素按化学结构和溶解性,又可分为胡萝卜素和叶黄素两类,两者均是具有生理活性的功能性抗氧化剂,这与其本身的多烯烃结构有关。

类胡萝卜素是共轭烯烃,能有效防止自由基对脂质内侧生物膜的损害。8-胡萝卜素是维生素 A 的前体,可提高机体免疫功能,抵御紫外线辐射,预防维生素 A 缺乏症,且可防治中风、心肌梗死心血管疾病,并具有抗癌作用;番茄红素存在于成熟的红色果实中,清除自由基的能力在类胡萝卜素中最强,对预防前列腺癌、消化道癌有一定功效,还具有激活免疫细胞、预防心脑血管疾病的作用。

(一)抗氧化功能

类胡萝卜素分子中存在许多不饱和双键,多数人有很强的清除单线态氧的能力。类胡萝卜素吸收 $^1O_2$ 的能量使之回复到 $^3O_2$,自己成为吸收能量的类胡萝卜素,经放出能量后重新回至普通的类胡萝卜素,同时消除 $^1O_2$。研究认为虾青素可强烈抑制腐胺产生,并降低精胺和亚精胺等游离多胺的浓度,进一步研究发现类胡萝卜素中的色素猝灭分子氧的能力,番茄红素高于 γ-胡萝卜素,γ-胡萝卜素高于虾青素,虾青素高于胡萝卜素、β-胡萝卜素、胭脂树橙、玉米黄素、叶黄素、隐黄素、藏红素等,均表现为随类胡萝卜素共轭双键数目的增加而增强,番茄红素消除单线态氧的速率是维生素 E 的 100 倍,是 β-胡萝卜素的两倍多。

类胡萝卜素还具有消除自由基的能力。类胡萝卜素捕获自由基后,就终止了脂质的过氧化历程,从而保护脂质不受氧化作用的变性和破坏。研究表明,主要的类胡萝卜素色素对 DPPH 所产生的自由基的清除能力以番茄红素最强,分别为 α-胡萝卜素的 5.32 倍、β-隐黄素的 5.95 倍、β-胡萝卜素的 6.76 倍、玉米黄素的

1389 倍、叶黄素的 22.73 倍。但类胡萝卜素色素在低氧浓度条件下捕捉自由基的能力较高氧浓度下强。

(二)增强免疫功能

根据虾青素和 β-胡萝卜素对小鼠淋巴细胞体外组织培养系统的免疫调节效应研究,表明类胡萝卜素的免疫调节作用与有无 VA 活性无关,虾青素表现出更强的免疫调节作用,同时还发现虾青素等类胡萝卜素均能显著促进抗体产生。虾青素有艳丽的红色,可与肌动蛋白产生非特异结合,将其加入水产饲料中,可以改善养殖鱼类的皮肤和肌肉色泽,增加鱼类的抗病能力。

(三)抗癌变功能

根据虾青素等类胡萝卜素对黄曲霉毒素 B1(AFBI)引发肝癌作用的影响研究发现,虾青素、β-胡萝卜素在降低肝癌病灶的数目和大小方面效果显著,虾青素还能显著降低 MRL/L 鼠淋巴结病和蛋白尿的发生。番茄红素的抗癌作用主要是改善细胞间结合蛋白遗传密码的连接,以促进隙缝结合点信息的传递,番茄红素能有效预防前列腺癌,且对子宫癌、肺癌细胞的抑制作用显著高于 β-胡萝卜色素,对预防和治疗心血管疾病、动脉硬化和肿瘤以及增强免疫系统具有重要的意义。

(四)保护视力的功能

在类胡萝卜素色素中,叶黄素与玉米黄素能存储在眼睛内,吸收有害的蓝光,对眼睛起保护作用。玉米黄素在体内也可转化为维生素 A,具有保护视力、上皮组织的作用;叶黄素对防止或推迟因年老而导致眼睛部分或全部失明的视网膜黄斑变性起着重要作用,还可预防白内障。关于玉米黄素和叶黄素的作用机理,推测可能由于紫外线产生单分子氧对视力造成损害,而叶黄素和玉米黄素可以清除这种影响。

除上述生理功能外,类胡萝卜色素还具有一些其他的生理功能,如栀子黄色素有镇静、止血、消炎、利尿、退热等药效。

三、叶黄素

叶黄素是维生素 A 的一种,属共轭多烯烃的含氧衍生物,也是有效的氧自由基捕获剂。低浓度的维生素 A 及其代谢产物会导致神经突延伸失败、神经细胞凋亡和中枢神经系统发育缺陷。Olson 等研究表明,维生素 A 的主要代谢物视黄酸(RA)可与许多细胞表面受体(视黄酸和视黄酸受体)发生反应,这些受体调节基因转录的和细胞信号的传递,在神经元表型分化和维持过程中发挥各种作用。视黄酸诱导细胞分化和组织发育,被认为是早期神经形成的关键。在细胞水平,RA 可能通过调控未分化前体细胞的细胞周期而引导细胞分化。RA 诱导的 SY5Y 神经母细胞瘤细胞的神经元分化与其对细胞代谢功能的调控有关。这种"代谢重组"甚至可能是支持分化过程生理对话中的一个至关重要的因素,反映了成熟细胞不同的生物能量需求和细胞内代谢中间体的生物可利用度,而代谢中间体对基因的表达调控至关重要。

生物体内的氧化活性物质(ROS)包括一系列未被完全还原的氧化合物,通常它们是机体内的代谢反应生成的副产物。叶黄素良好的抗氧化作用主要是通过降低炎症因子的表达和增加超氧化物歧化酶来完成。Mariko 等使用内毒素诱导眼睛葡萄膜炎老鼠模型研究发现,叶黄素可以缓解老鼠眼睛的氧化活性物质浓度,降低炎症因子的表达,保护 Muller 神经胶质细胞的病理改变,提示叶黄素在葡萄膜炎症时可通过抗氧化作用保护视神经细胞。在另一个使用 3h 2000lx 蓝光损伤老鼠视网膜退化的实验中,Mamoru 等研究发现,食用叶黄素的老鼠可通过提高超氧化物歧化酶 SOD1 和 SOD2 的 mRNA 表达来提高它们的生物酶活性,从而降低 ROS 浓度,同时叶黄素还可降低巨噬细胞标记物的表达,提示降低蓝光损伤后的炎症反应,帮助修复蓝光造成的视力损伤。叶黄素不仅可以降低视神经细胞中 ROS 的浓度,而且对其他组织也有良好的抗氧化作用。Shi-Yu Du 等从对酒精肝损伤老鼠模型的研究中发现,叶黄素预处理后,老鼠肝脏中的 ROS 显著降低,抗氧化酶活性显著增加,表明叶黄素可通过增加抗氧化能力减缓酒精引起的肝细胞免损伤。对于缺血再灌注损伤的老鼠模型,叶黄素处理后,也可显著降低骨骼组织的氧化压力,蛋白质羰基化和巯基化,脂质过氧化等。叶黄素对保护脑组织也有重要作用,研究发现,严重创伤性脑损伤老鼠在经过叶黄素预处理后,炎症因子 IL-1β、IL-6 血清中 ROS 浓度等的表达显著降低,说明叶黄素可有效通过降低炎症反应和氧化反应来保护严重创伤性脑损伤。

如存在于玉米、辣椒、柑橘中的玉米黄色素,是单线态氧及自由基的清除剂,可与氧及由亚油酸氧化而产生的自由基快速反应,阻止脂质过氧化反应的链式传递,其抗氧化效果与 BH 相当,将成为新一代的营养抗氧化剂。存在于万寿菊属植物金盏花中的叶黄素,能清除膜内自由基,维持生物膜的完整性。近年发现,高摄入量的叶黄素还能减少发生年龄相关性视网膜黄斑退化和白内障的危险水平。叶黄素还可通过抗氧化功能而表现抗癌活性,可降低动脉粥样硬化和冠心病的发病率。从辣椒中提取的辣椒红素具有抗氧化作用,可用来治疗脑血管硬化症。从栀子果实中提取的栀子黄色素具有抗氧化能力和消炎、解热、利胆的作用。

四、黄酮类色素

黄酮类色素能捕捉生物体内的膜脂质过氧化自由基和超氧化物,切断体内导致衰老和疾病的脂质过氧化连锁反应,同时具有螯合金属离子、阻断氧化酶的作用,且有抗衰老的功能。黄酮类色素还可作血管保护剂,调节冠状、下肢血管的扩张,防止动脉硬化和栓塞。在黄酮类色素中,高粱红色素、可可色素、洋葱色素具有较强的抗氧活性;从黑米、黑豆、黑芝麻中提取的黑色素具有强的氧自由基清除能力;红花黄色素具有保护心肌、降血压的药理功能;花生衣红有凝血作用。

五、叶绿素:卟啉类色素

存在于高等植物叶、果和藻类中的叶绿素单体不稳定,通过稀酸分离法可除去其卟啉环中心的镁,形成脱镁叶绿素,用铜取代镁后可获得对光稳定的衍生物叶绿素铜钠,其具有补血、造血、活化细胞、抗菌消炎、抑制癌细胞生成的功效。

六、蒽酮类色素

蒽酮类色素具有抗菌、抗病毒、抗癌的作用。从中药紫草根中提取的紫草红色素系蒽醌类,具有消炎、促进肉芽生长和抗氧化活性的作用;从紫胶虫分泌的棕色树脂中提取的紫胶红色素系蒽醌类色素具有一定的抗氧化活性,这与结构中的多个酚羟基有关。

七、红曲色素

作为目前世界上唯一一种由微生物发酵产生的天然食用色素,红曲色素符合食品着色剂“天然、安全、营养、多功能”的发展方向,具有很好的开发前景。尽管我国目前对红曲色素的研究已取得较大进展,但存在产品成分不明确、质量不均一,生物活性作用机理不明确及产品安全性等问题。未来从分子水平上对红曲菌产色素的代谢产物进行调控,开发组分功能明确、性能优异、色调多样的红曲色素产品,建立各色素组分的检测方法,加强红曲色素安全性研究,将是红曲色素研究的发展方向,对于提高食品安全性、保障人民身体健康和提高农副产品的经济价值,均具有积极深远的现实意义。

(一)抑菌功能

关于红曲色素具有抑菌性在古代书籍中已有记载,近年来食品安全性问题不断涌现,红曲色素的抑菌性备受专家学者的关注,多项研究资料显示,红曲色素对枯草芽孢杆菌和金黄葡萄球菌有抑制作用,对黑曲霉、黄曲霉、青霉没有抑制作用,而对大肠杆菌具有抑制作用的报道结果不一。为了探寻红曲色素中的抑菌物及其抑菌功能,对抑菌物质进行更深一步的研究,专家学者们对红曲色素进行了大量抑菌试验及其各组分的抑菌性分析。屈炯选用金黄色葡萄球菌、大肠杆菌、李斯特菌、沙门菌和志贺菌等几种食品中常见的致病菌为研究对象,系统分析了红曲色素各组分对其的抑菌性。发现橙色素各组分对革兰氏阳性菌(如李斯特菌、金黄色葡萄球菌)具有很好的抑菌效果,并且浓度范围在 20~100μg/mL 内,随着浓度的增加抑制作用增强;对革兰氏阴性菌(如志贺菌、大肠杆菌和沙门菌)也具有一定的抑制作用。黄色组分对病原菌没有抑制作用。徐伟等也对红曲色素中的红曲红、红曲橙、红曲黄三种分离组分进行了大肠杆菌和枯草芽孢杆菌的抑菌性试验,试验结果表明橙色组分对两种菌的抑菌性最强,这与宫慧梅等发现的红曲橙色素具有一定的抑菌性,可抑制革兰氏阳性菌及大肠杆菌一致。

(二)抗氧化功能

CHI OP 等用不同的有机试剂提取红曲色素,证明用正己烷提取的红曲色素具有很强的自由基 DPPH 清除能力。AKIHISA T 等发现色素 xanthomonasinsA、B 组分具有较强的自由基 NO 的清除能力。连喜军等用化学发光法研究不同红曲色素组分对羟自由基的清除作用,发现红曲红、橙、黄三类色素中红色素的抗氧化性最强,其次为黄色素,橙色素最差。屈炯选用不同展开剂对红曲色素进行薄层分析,分离出 7 种红色素、4 种黄色素、2 种橙色素,共 13 个色素组分。采用 O_2^- 体系、·OH体系和 DPPH 体系 3 种抗氧化模型,分别测定了红曲色素不同组分的抗氧化活性。表明红色组分和橙色组分在上述 3 种抗氧化模型中均表现出较强的抗氧化活性。其中,红色 2 组分的抗氧化效果最佳,在 40μg/mL 质量浓度下,对 DPPH 与·OH 的清除率达64%、32%,比同浓度的维生素 C 高41%、20%,对 O_2^- 的清除率达34%;黄色组分表现出微弱的抗氧化功能。

(三)抗肿瘤功能

国内外学者对红曲色素进行了大量的药理试验,表明红曲色素具有广泛的生物活性。在国外,YASUKAWA K 等通过动物活体试验,证明了安卡红曲霉代谢的色素能抑制 TPA 诱发的小鼠癌变,而橙色红曲红素组分(monascorubrin)是最有效的。AKIHISAT 等发现黄色组分 monascin 对紫外光照射或过氧亚硝酸盐引发的并通过 TPA 诱发的小鼠皮肤癌变有抑制作用。SUN 等发现黄色组分 ankaflavin 对肝癌 HepG2 和肺腺癌 A549 细胞具有细胞毒性,其 IC_{50} 为 15μg/mL 左右,而对正常纤维细胞 WI-38 和 MRC-5 没有毒性。在国内,成晓霞等在红曲抗肿瘤活性研究进展中提到红曲黄色素及橙色素可以抗肿瘤,黄色组分为 ankaflavine 和 monascine,橙色组分为 monascorubrine 和 rubropunctatine。黄谚谚等在动物试验中发现红曲黄色素有选择细胞毒活性,能促进人的 A549 和 HepG2 癌细胞凋亡。林赞峰分析认为因橙色素 rubropncatin 及 monascorubin 具有活泼的羰基,易与氨基作用,可能为优良的防癌物质源。屈炯对红曲色素混合物及主要组分进行了较系统的体外抗肿瘤试验。发现橙色组分对 SPZ/0、Hela 和 HepG2 等肿瘤细胞有较强的抑制作用，在 72h 浓度范围为 0.05~100μg/mL 内，随着时间的延长及色素浓度的增加，抑制效果随之增强，但略低于同浓度的环磷酰胺。红色组分次之，黄色组分抑制效果较微弱，验证了 Yasukawa K 等的观点。

（四）其他功能

红曲色素还具有抗疲劳，降血脂、血压，抗炎症、抗突变，增强免疫力，抗抑郁症，预防动脉硬化等生理活性。疲劳、类风湿关节炎多因机体脂质过氧化反应引起，多项资料表明，红曲色素具有很强的清除自由基的作用，黄谚谚等用红曲色素的发酵液及菌丝体研究红曲色素对老鼠运动耐力的影响，发现两者均可使老鼠的运动能力提高，耐力增强，疲劳延迟。陈春艳证明了红曲红色素具有良好的抗疲劳活性。选用不同剂量的红曲红色素饲养小鼠，测定实验小鼠的游泳致死时间、血清尿素氮含量和肝糖原含量与对照组比较表明，实验小鼠游泳时间明显延长，运动后的血清尿素氮含量降低、肝糖原含量升高。

第五节 常见天然植物色素的主要成分与化学结构

一、水果类色素

（一）越橘红

1. 化学结构

越橘红（cranberry red）主要着色成分为含花青素和芍药素的花色苷，其化学结构如图 1-12 所示。

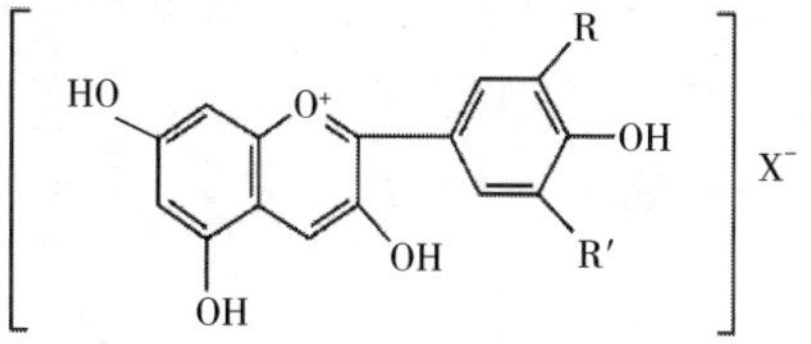

图 1-12 花色苷

花青素：R = OH，R′ = H

芍药素：R = OCH$_3$，R′ = H

X：酸部分

2. 使用注意事项

(1)该色素对环境的 pH 敏感,色调随 pH 的变化而变化,在酸性条件下呈玫瑰红色,适用于酸性饮料。

(2)该色素对高价阳离子敏感,特别是对铁离子敏感,遇铁离子变褐色,故配制溶液时最好用去离子水。

(3)按照我国 GB 2760—2014《食品添加剂使用卫生标准》规定,可在果汁、果味型饮料及冰激凌生产中按需适量使用。

(二)桑葚红

1. 化学结构

桑葚红(mulberry red)主要着色成分为含花青素的花色苷。相对分子质量为449.39,花青素-3-葡萄糖苷如图 1-13 所示。

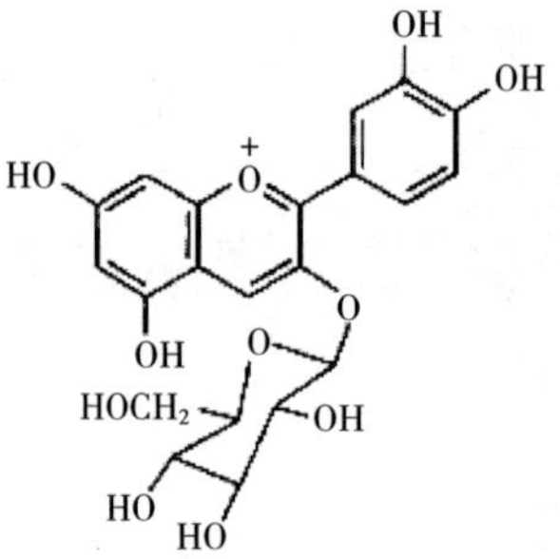

图 1-13　花青素-3-葡萄糖苷

2. 使用注意事项

第一,桑葚红为花色苷类色素,在 pH 小于 5 时,色泽较稳定。适宜偏酸性食物着色。第二,桑葚红遇铁、铜、锌等金属离子,颜色极不稳定,故在贮存或使用过程中,应避免与上述金属容器或设备接触。第三,根据我国 GB 2760—2014《食品添加剂使用卫生标准》规定,果酒果汁型饮料的最大使用量为 1.5g/kg,糖果的最大使用量为 2.0g/kg,果冻、山楂糕的最大使用量为 5.0g/kg。

(三)黑加仑红

1. 化学结构

黑加仑红别名黑加仑,其化学结构式如图1-14所示,主要着色成分为黄酮类化合物中的花色苷,主要花色素为翠雀素(delphinidin)和花青素(cyanidin)。

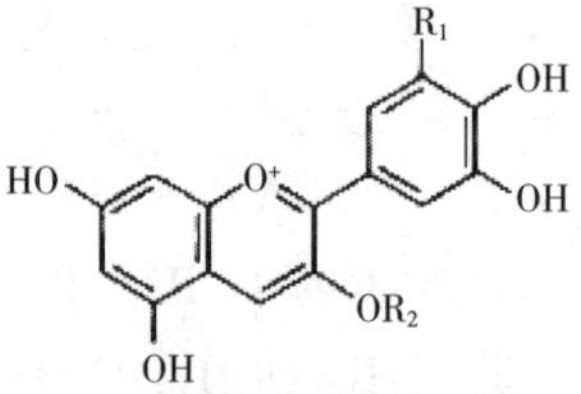

图 1-14　黑加仑红的化学结构式

翠雀素:$R_1 = R_2 = OH$;分子式:$C_{15}H_{11}O_7X$

花青素:$R_1 = OH$,$R_2 = H$;分子式:$C_{15}H_{11}O_6X$

X:酸部分

2. 使用注意事项

(1)该色素宜用于酸性食品及饮料中。

(2)按照我国 GB 2760—2014《食品添加剂使用卫生标准》规定,可按生产需要适量用于碳酸饮料、起泡葡萄酒、黑加仑酒、糕点上彩装。用于碳酸饮料中为0.04%,呈紫红色并有黑豆果香味;用于起泡葡萄酒小香槟中为 0.08%,呈棕红色;用于黑加仑琼浆酒中为 0.01%,呈红宝石样并有果香味;用于裱花蛋糕中为0.02%,色泽淡雅,呈浅粉红色。

(四)蓝靛果红

1. 化学结构

蓝靛果红(uguisukagnra color)为花色素苷类,主要着色成分为花青靛-3-葡萄糖苷,如图 1-15 所示,此外还含有少量其他组分。

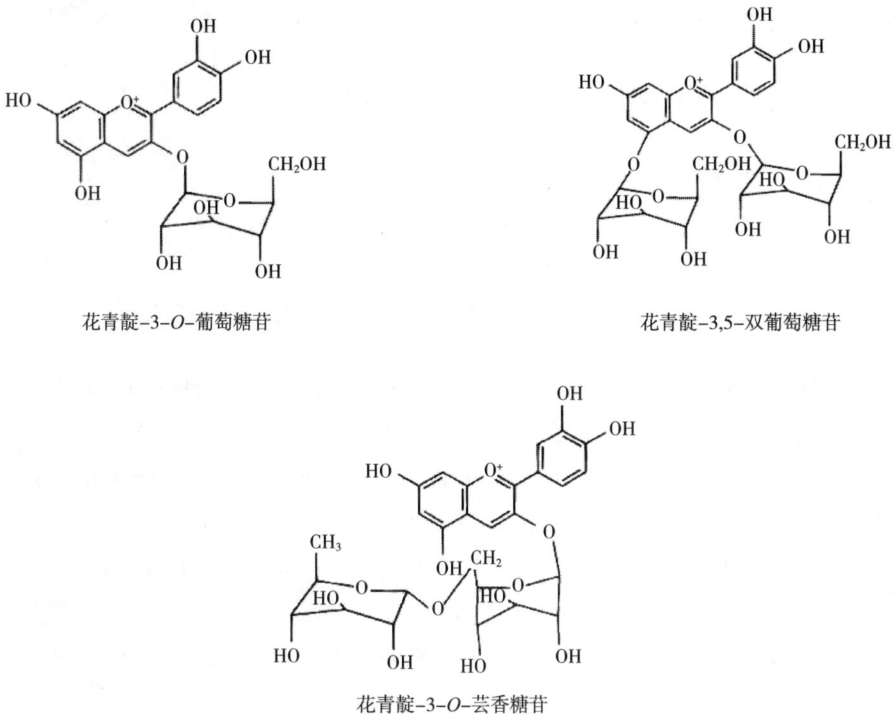

花青靛-3-O-葡萄糖苷

花青靛-3,5-双葡萄糖苷

花青靛-3-O-芸香糖苷

图 1-15　花青靛-3-葡萄糖苷

2. 使用注意事项

(1)蓝靛果色素溶液受 pH 影响较大,pH 不但影响色素溶液的颜色,而且也使溶液最大吸收波长发生变化,pH 为 3 时,最大吸收波为 510nm。蓝靛果色素最佳使用 pH 为 2~4。

(2)该色素对 70℃ 以下的温度热稳定性较好,吸光度变化很小,当温度超过 80℃,吸光度下降很快,因此对蓝靛果色素的加工处理应在 70℃ 以下进行。

(3)蓝靛果色素对光具有敏感性,光稳定性不好。所以蓝靛果色素在贮存和运输过程中要尽量避光。

(4)蓝靛果色素不耐氧化,极易被氧化剂氧化褪色。

(5)Fe^{2+} 明显导致该色素稳定性下降,加入 Mn^{2+} 会引起色素变黄,使用中应尽量避免与 Fe^{2+} 和 Mn^{2+} 接触。

(五)葡萄皮红

1. 化学结构

葡萄皮红(grape skin red)由多种花色素苷成分构成,如图 1-16 所示。其中锦葵定-3-O-葡萄糖苷和锦葵定-3-O-(对香豆酰)葡萄糖苷含量分别占 35% 以上,同时也包括咖啡酰的糖苷或乙酰的糖苷。

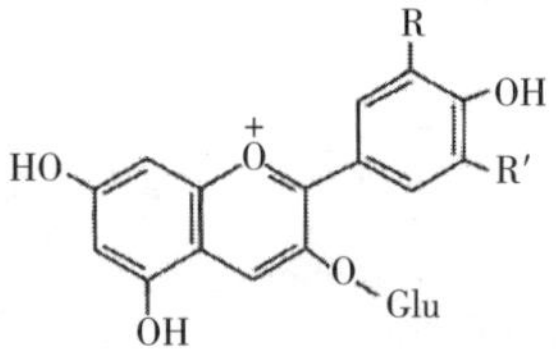

图 1-16 葡萄皮红色素的化学结构式

锦葵定-3-O-葡萄糖苷(malvidin-3-O-glucoside)或称二甲花翠素葡萄糖苷,R=R'=OCH_3;牵牛定-3-O-葡萄糖苷(petunidin-3-O-glucoside)或称 3'-甲基花翠素葡萄糖苷,R = OH、R' = OCH_3;翠雀定-3-O-葡萄糖苷(delphinidin-3-O-gluco),R=R'=OH;芍药定-3-O-葡萄糖苷(peonidin-3-O-gluco)或称甲基花青素葡萄糖苷,R=OCH、R'=H;花青定-3-O-葡萄糖苷(cyanidin-3-O-gluco),R=OH、R'=H。锦葵定-3-O-(6-O-对香豆酰)葡萄糖苷;芍药定-3-O-(6-O-对香豆酰)葡萄糖苷;锦葵定-3-O-(6-O-乙酰)葡萄糖苷;芍药定-3-O-(6-O-乙酰)葡萄糖苷。

2. 使用注意事项

(1)70℃ 以上的温度对该色素破坏加剧,因此应避免采取高温处理。

（2）光会对该色素产生破坏作用，葡萄皮红应避光保存。

（3）该色素溶液受 Fe^{3+} 影响最大，由此应注意在使用过程中应尽量避免和含铁、铜离子的器皿接触。

（4）根据我国 GB 2760—2014《食品添加剂使用卫生标准》规定，配制酒、碳酸饮料、果汁（果味）型饮料、冰棍时最大使用量为 1g/kg，果酱最大使用量为 1.5g/kg，糖果、糕点最大使用量为 2.0g/kg。

（六）酸枣色素

1. 化学结构

酸枣色素（jujube pigment）的主要成分是带有羟基的蒽醌类化合物，化学结构式尚未完全确定，其构型可能为 α-羟基蒽醌或 β-羟基蒽醌，如图 1-17 所示。蒽醌中羟基的位置与数量影响其本身酸度的大小，β 位酸度强于 α 位。羟基数量越多，酸度越强。此外色素成分中还含有一部分黄酮类化合物，如双氢黄酮、黄烷醇等。

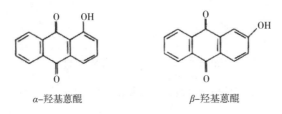

α-羟基蒽醌   β-羟基蒽醌

图 1-17　蒽醌的化学结构式

2. 使用注意事项

（1）酸枣色素在碱性条件下稳定，属碱性色素，适宜在 pH≥9 条件下使用。

（2）该色素不溶于体积分数大于 40% 的乙醇溶液及油脂。

（3）按照我国 GB 2760—2014《食品添加剂使用卫生标准》规定，用于果汁（果味）型饮料、酱油、酱菜时，最大使用量为 0.1g/kg，用于糖果、糕点时，最大使用量为 0.2g/kg。

（七）柑橘黄

1. 化学结构

柑橘黄（orange yellow）是以类胡萝卜素为主体的混合物，其主要着色成分为 7,8-二氢-γ-胡萝卜素。柑橘黄中油溶性部分的主要成分是类胡萝卜素类化合物，如柑橘黄素（citrox-anth）、叶黄素、玉米黄素、β-隐黄质、胡萝卜素等。水溶性部分的主要成分是水溶性黄酮类、黄烷酮、黄酮、黄酮醇及苷类。其中最重要的是橙皮苷和柚皮苷。柑橘黄中油溶性成分柑橘黄素和水溶性成分橙皮苷、柚皮苷的化学结构式，如图 1-18 所示。

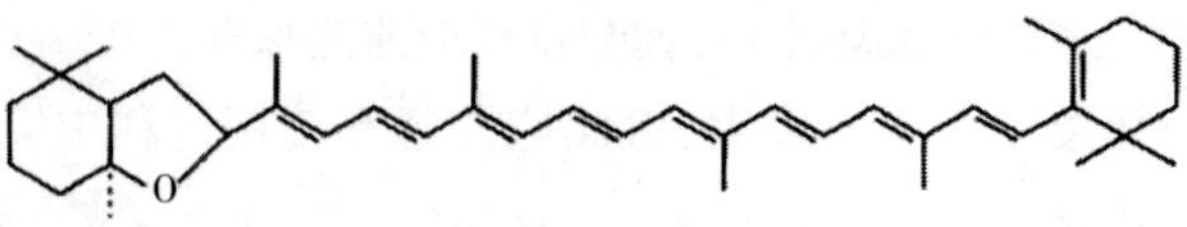

柑橘黄素$C_{40}H_{56}O$(5,8-环氧-胡萝卜素)，相对分子质量553.88

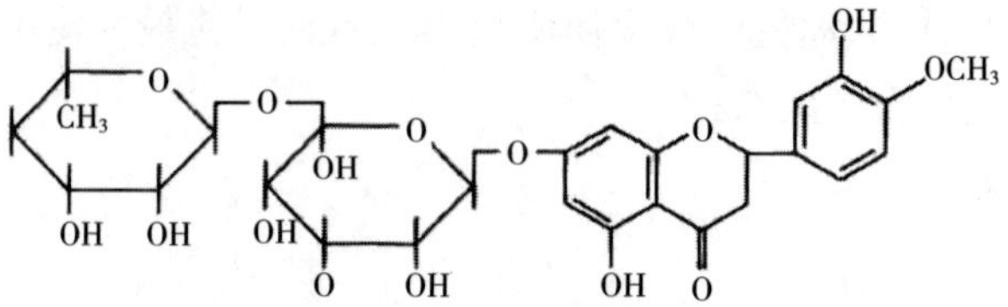

橙皮苷$C_{28}H_{34}O_{15}$，相对分子质量610.55

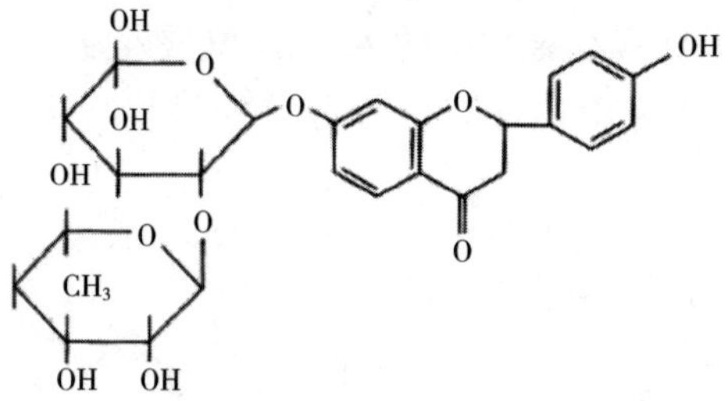

柚皮苷$C_{27}H_{32}O_{14}$，相对分子质量580.53

图1-18　柑橘黄中油溶性成分柑橘黄素和水溶性成分橙皮苷、柚皮苷的化学结构式

2. 使用注意事项

(1)柑橘黄为油溶性色素,但也可制成水分散型色素。市售品有两种规格,油溶性和水分散型柑橘黄。

(2)柑橘黄遇光逐渐褪色,应注意避光保存。

(3)适用范围及使用量,我国 GB 2760—2014《食品添加剂使用卫生标准》规定,可按生产需要适量用于面饼、饼干、糕点、糖果、果汁(果味)型饮料中。

(八)沙棘黄

1. 化学结构

沙棘黄的主要成分是黄酮类化合物及类胡萝卜素。色素中的黄酮类化合物主要是槲皮素(quercetin)、异鼠李素(isorhamnetin)和山柰酚(kaempferol)三种苷元及其所形成的苷。苷类包括异鼠李素-3-芸香糖苷(水仙苷)、异鼠李素-3-葡萄糖苷、槲皮素-3-葡萄糖苷、山柰酚-3-葡萄糖苷、黄芪苷(astragalin)等,结构如图1-19所示。沙棘黄属于黄酮类色素。

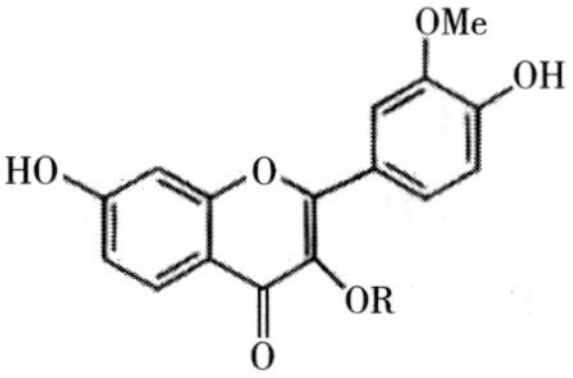

图 1-19　沙棘黄色素的化学结构式

异鼠李素:R＝H

异鼠李素-3-芸香糖苷:R＝Gle

异鼠李素-3-葡萄糖苷:R＝Rut

2. 使用注意事项

(1)该色素为油溶性,用于饮料着色时,需经乳化后再使用。

(2)该色素对 Fe^{3+}、Ca^{2+} 敏感,着色时应尽量避免这两种离子的存在。

(3)根据我国 GB 2760—2014《食品添加剂使用卫生标准》规定,糕点上彩装最大使用量为 1.5g/kg,氢化植物油最大使用量为 1.0g/kg。

二、蔬菜类色素

(一)辣椒红

1. 化学结构

辣椒红别名辣椒红色素、辣椒油树脂。主要着色成分为(Ⅰ)辣椒红素、(Ⅱ)辣椒玉红素。此外,还含有一定量非着色成分(Ⅲ)辣椒素。辣椒红色素化学结构如图 1-20 所示。

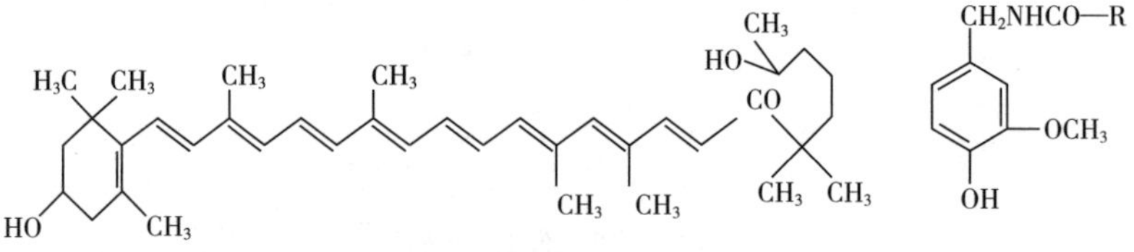

图 1-20　辣椒红色素与辣椒素的化学结构

辣椒素(capsaicin),又称辣素,目前所知呈辣味,组分有 14 种,其基本结构骨架相同,只有侧链的 R 基团有差异。

辣椒素:R＝$(CH_2)_4CH=CH(CH_3)_2$

分子式:$C_{18}H_{27}NO_3$

相对分子质量:305.40

二氢辣素:R=$(CH_2)_6CH_2(CH_3)_2$

降二氢辣素:R=$(CH_2)_5CH_2(CH_3)_2$

高二氢辣素:R=$(CH_2)_7CH_2(CH_3)_2$

高辣素:R=$(CH_2)_4CH=CH—CH_2—CH(CH_3)_2$

2. 使用注意事项

(1)该色素不耐光照,特别是285nm的波长光使之迅速褪色,因此,应尽量避光。L-抗坏血酸对该色素有保护作用,一般用量为0~0.5%。

(2)该色素经乳化后可制成水溶性或水分散型色素,如用于制作冰棍、冰激凌、雪糕等。

(3)用于冰激凌、糕点上彩装、雪糕、冰棍、饼干、熟肉制品、人造蟹肉、酱料等,要按我国GB 2760—2014《食品添加剂使用卫生标准》规定适量使用。

(4)用于加工干酪要按照FAO/WHO(1984)规定适量添加,用于黄瓜制品,计量为300mg/kg(单用或合用)。

(二)甜菜红

1. 化学结构

甜菜红(beet red)别名甜菜根红,主要着色成分为甜菜苷(betanine),化学结构如图1-21所示,分子式为$C_{24}H_{26}N_2O_{13}$,相对分子质量为550.48。

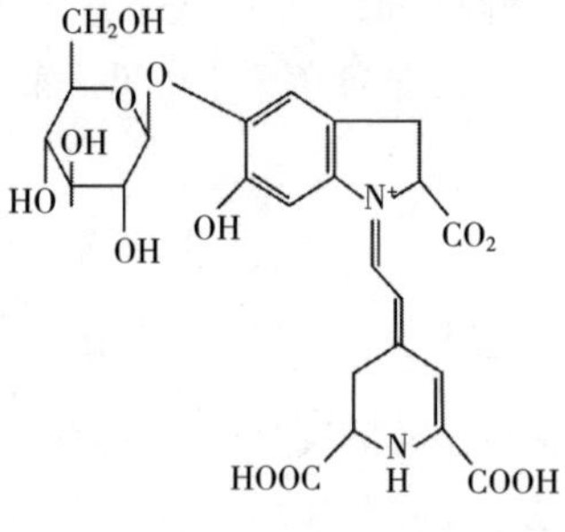

图1-21 甜菜红化学结构式

2. 使用注意事项

甜菜红耐热性差,不宜用于高温加工的食品,最好用于冰激凌等冷食。此色素稳定性随食品水分活性的增加而降低,故不适用于汽水等饮料。应用于婴幼儿食品的着色时,需严格控制硝酸盐含量。用于各类食品时,要按照我国GB 2760—2014《食品添加剂使用卫生标准》规定适量使用。

(三)天然苋菜红

1. 化学结构

天然苋菜红主要着色成分为(Ⅰ)苋菜苷和(Ⅱ)甜菜苷。

(1)苋菜苷。其化学结构式如图1-22所示,分子式为$C_{30}H_{34}O_{19}N_2$,相对分子质量为726。

(2)甜菜苷。其化学结构式如图1-23所示,分子式为$C_{24}H_{29}O_{13}N_2$,相对分子质量为550。

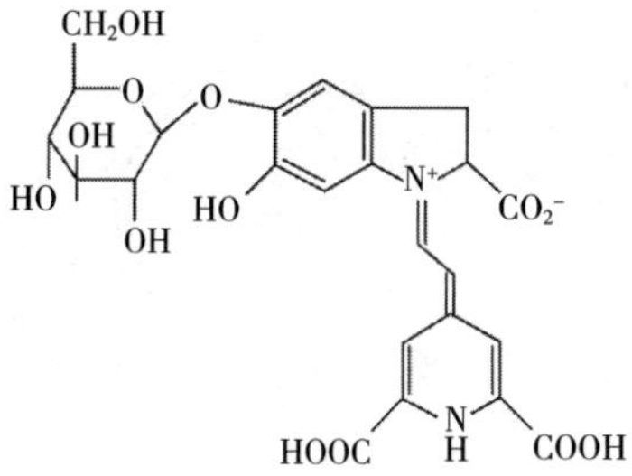

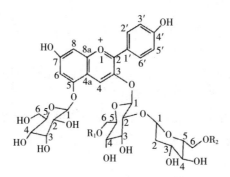

图1-22 苋菜苷化学结构式

图1-23 甜菜苷化学结构式

2. 使用注意事项

(1)使用时pH应小于7,且避免长时间受热。

(2)按照我国GB 2760—2014《食品添加剂使用卫生标准》规定,可用于高糖果汁或果汁型饮料、碳酸饮料、配制酒、糖果、糕点上彩装、红绿丝、青梅、山楂制品、染色樱桃罐头(不宜食用)、果冻,且最大使用量为0.25g/kg。

(四)萝卜红

1. 化学结构

萝卜红(radish red)主要着色成分是天竺葵素的花色苷类。萝卜红是由天竺葵素构成的衍生物,由于糖基连接的成分而形成不同的物质,是天竺葵素-3-槐二糖-5-葡萄糖苷的双酰基结构,如图1-24所示。据 HPLC 分析,共有 10 余种峰出现,目前已确定的主要有 8 种,从结构可看出萝卜红属于花青素类色素。

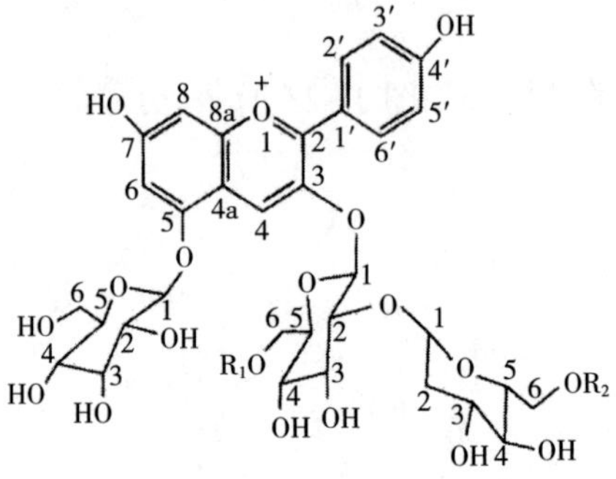

图1-24 天竺葵素-3-槐二糖-5-葡萄糖苷

2. 使用注意事项

(1)该色素对介质 pH 变化、金属离子(特别是 Ca^{2+}、Fe^{3+})、氧化剂、日光照射均不太稳定,使用时应特别注意。

(2)抗坏血酸对该色素有保护作用,在使用该色素时可适当加入一些抗坏血酸。

(3)该色素适用于酸性、低温加工的食品着色,尤其适用于冷饮、冷食等着色。若用于热加工的食品着色,应掌握好着色时机。

(4)按照我国 GB 2760—2014《食品添加剂使用卫生标准》规定,用于果味型饮料、糖果、配制酒、果酱、调味类罐头、蜜饯、糕点上彩装、糕点、冰棍、雪糕、果冻时需适量添加。

(5)实际使用参考用量:饮料为 0.002%~0.07%,糖果为 0.01%~0.06%,饼干、糕点为 0.04%~0.08%。

(五)姜黄素

1. 化学结构

姜黄素(curcumin,turmeric yellow)主要活性成分为姜黄素 $C_{21}H_{20}O_6$,相对分子质量为 368.39;脱甲基姜黄素的分子式为 $C_{18}H_{20}O_6$,相对分子质量为 354.35;双脱甲氧基姜黄素的分子式为 $C_{19}H_{16}O_4$,相对分子质量为 308.39。三种成分的含量一般为 3:1:1.7,产品有特殊臭味,熔点为 179~182℃。姜黄素:$R_1 = R_2 = OCH_3$;脱甲氧基姜黄素:$R_1 = H, R_2 = OCH_3$;双脱甲基姜黄素:$R_1 = R_2 = H$。

化学结构如图 1-25 所示。

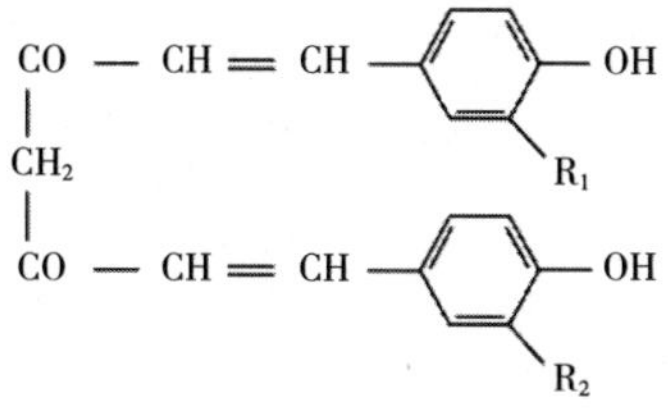

图 1-25 姜黄素化学结构式

2. 使用注意事项

(1)将该色素先用少量的 95%乙醇溶解,再加水配制成所需浓度的溶液使用。

(2)如用于透明饮料,需先将该色素乳化后再使用。

(3)该色素及其溶液耐光性差,注意避光保存。

(4)按照我国 GB 2760—2014《食品添加剂使用卫生标准》规定:可用于糖果、冰激凌、碳酸饮料、果冻,且最大使用量为 0.01g/kg。

(六)紫甘薯色素

1. 化学结构

紫甘薯色素(purple sweet potato color)由多种花色苷成分构成,其成分及化学结构如图 1-26 所示。

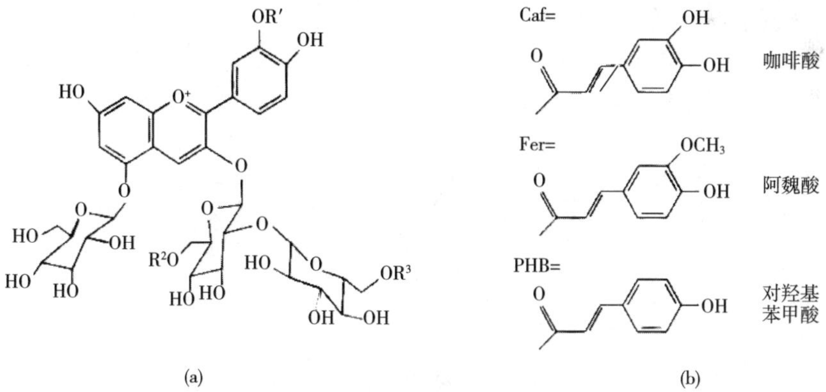

图 1-26 紫甘薯色素化学结构式

2. 使用注意事项

pH 对色素影响很大,使用时注意环境的 pH。低 pH 时,色素对温度稳定性较好,pH 提高会加速色素的分解,应避免在 pH 较高的环境中使用。

(七)天然β-胡萝卜素(Natural β-Carotene)

1. 化学结构

天然β-胡萝卜素是反式(主要为9-反式和13-反式)和顺式结构的混合体,而合成的β-胡萝卜素为全顺式结构,所以天然β-胡萝卜素具有更高的生理活性。β-胡萝卜素结构的核磁共振谱如图1-27所示。

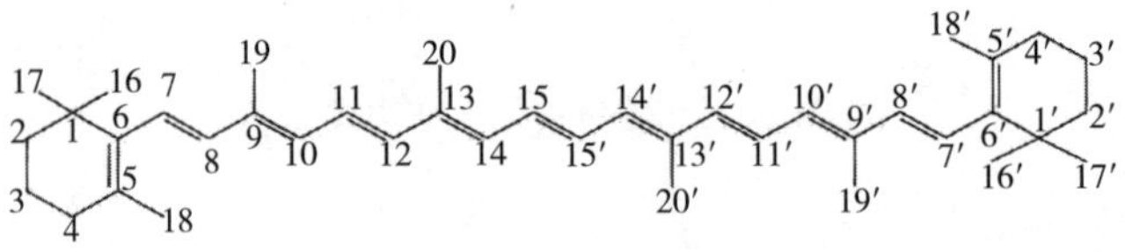

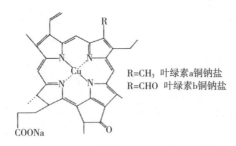

图1-27 β-胡萝卜素结构的核磁共振谱

2. 使用注意事项

(1)β-胡萝卜素在日光下十分敏感,光稳定性差,需避光保存。

(2)β-胡萝卜素在贮存和使用中应尽量避免与铜器和铁器接触。

(八)叶绿素铜钠盐

1. 化学结构

叶绿素铜钠盐中的主要成分是叶绿素 a 铜钠盐($C_{34}H_{36}O_5N_4CuNa_2$,相对分子质量为730.13)、叶绿素 b 铜钠盐($C_{34}H_{38}O_6N_4CuNa$,相对分子质量为744.11),其结构如图1-28所示。不同植物的叶绿体原料所制得的叶绿素铜钠盐中,上述两种成分的比例不同,一般是(2~3):1。

R=CH₃ 叶绿素a铜钠盐
R=CHO 叶绿素b铜钠盐

图1-28 叶绿素铜钠盐的化学结构式

2. 使用注意事项

(1)叶绿素铜钠盐在温度达100℃时,溶液就会褪色,吸光度剧烈下降。叶绿素铜钠盐应在90℃以下使用。

(2)光照对叶绿素铜钠盐有影响,无论哪种光源照射,都会使其吸光度下降。

而且直射光要比自然光的影响大得多,叶绿素铜钠盐应避光保存。

三、花卉类色素

(一)红花红素

1. 化学结构

红花红的成分主要是红花红素(carthamin),属于黄酮类色素。红花红素的结构是查尔酮类化合物,红花红素也能在红花苷分解酶的作用下分解失去红色。分子式为 $C_{43}H_{42}O_{22}$,相对分子质量为 910.79,其化学结构式如图 1-29 所示。

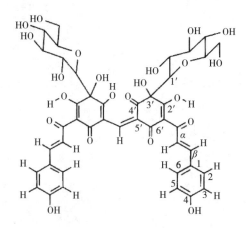

图 1-29　红花红素结构式

2. 使用注意事项

(1)提取红花红素大多采用 Na_2CO_3 水溶液,因为其在 Na_2CO_3 水溶液和 80%丙酮中的溶解性最好。

(2)提取色素时溶液的 pH 在 8~10 时显色较鲜艳。

(3)红花红素对光很敏感,光稳定性差,所以红花保存必须避光。

(二)红花黄

1. 化学结构

红花黄(safflomin)是多种成分的混合物,通过高效液相色谱就可分出 15 种不同成分,但目前已确定结构的有 7~8 种。其中红花黄 B 占黄色素的 50%~55%,红花黄 A 约占 20%,红花黄素 C 占 3%~4%,其他为红花黄素 A、羟基红花黄 A 等查尔酮类化合物。红花黄的分子式为 $C_{27}H_{32}O_{16}$,相对分子质量为 612.54,其各类结构如图1-30所示。

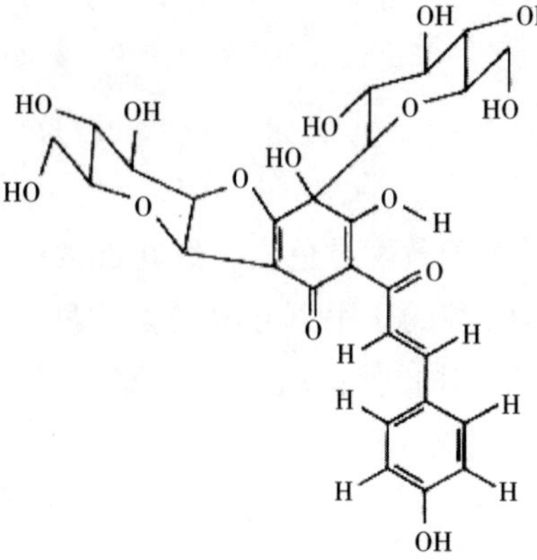

红花黄A
（$C_{27}H_{32}O_{16}$，相对分子质量612.53）

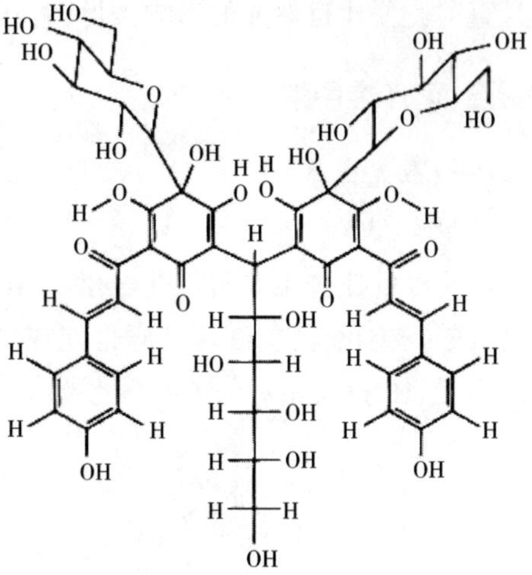

红花黄B
（$C_{48}H_{56}O_{27}$，相对分子质量1067）

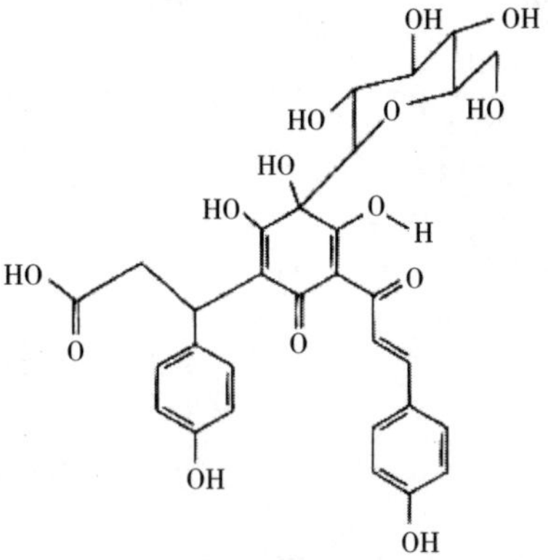

红花黄素C
（$C_{30}H_{30}O_{14}$，相对分子质量614.56）

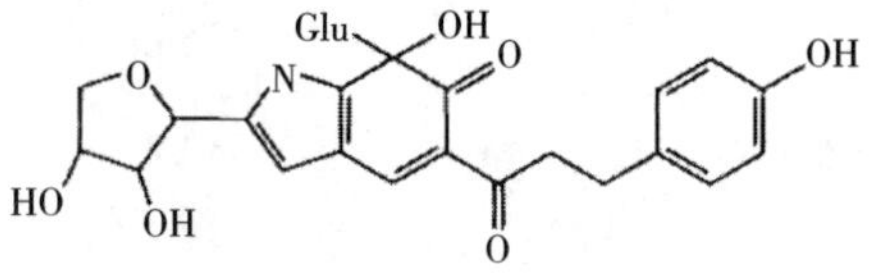

羟基红花黄A
（$C_{27}H_{32}O_{16}$，相对分子质量612）

图1-30　红花黄各组分的分子结构

2. 使用注意事项

（1）紫外线对色素稳定性影响很大，无论色素浓度大或小都受影响，生产中要尽量避光。

（2）可直接溶于水使用。

（3）用于液体饮料时，可与 L-抗坏血酸合用，以提高色素的耐光性和耐热性。

（4）我国 GB 2760—2014《食品添加剂使用卫生标准》规定，可加入高糖果汁（味）或果汁（味）型饮料、碳酸饮料、配制酒、糖果、糕点上彩装、红绿丝、罐头、青梅、冰激凌、冰棍、果冻、蜜饯中使用，且最大使用量为 0.2g/kg。

（三）菊花黄

1. 化学结构

菊花黄主要着色成分为（Ⅰ）大金鸡菊查尔酮苷、（Ⅱ）大金鸡菊查尔酮、（Ⅲ）大花金鸡菊酮苷、（Ⅳ）大花金鸡菊酮苷，其结构如图1-31所示。

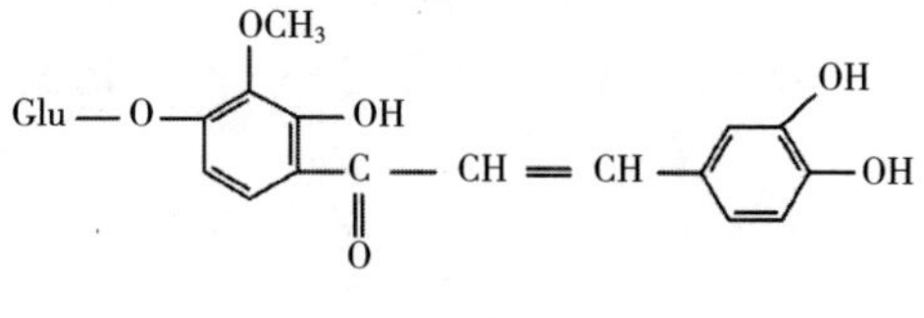

（Ⅰ）大金鸡菊查尔酮苷

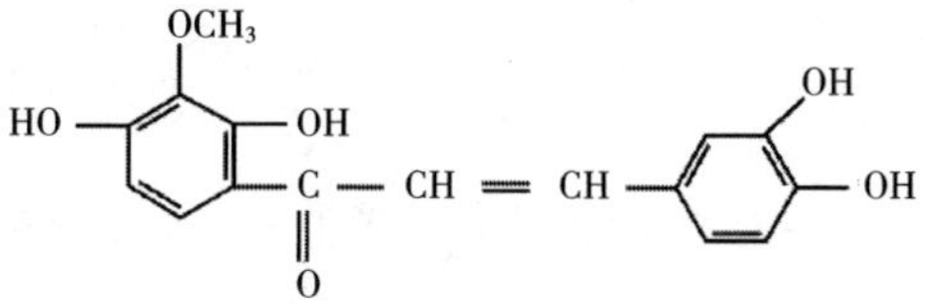

（Ⅱ）大金鸡菊查尔酮

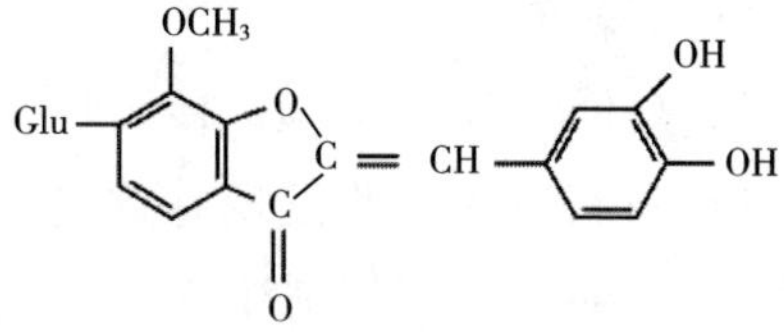

（Ⅲ）大花金鸡菊酮苷

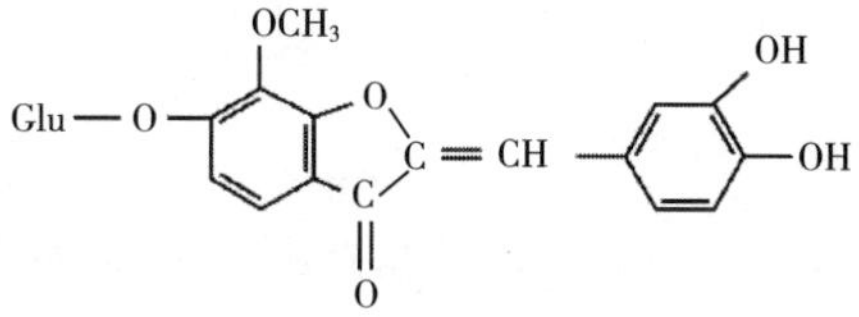

（Ⅳ）大花金鸡菊酮苷

图1-31　菊花黄各组分的分子结构

2. 使用注意事项

（1）该色素具有菊花特有的清香气味，用于饮料有增香作用。

（2）该色素着色效果好，可替代柠檬黄色素。商品菊花黄浸膏多为45%~50%的含量，一般参考添加量为0.01%~0.02%（45%浸膏）。

（3）按照我国GB 2760—2014《食品添加剂使用卫生标准》规定，用于果汁（味）型饮料、糖果、糕点上彩装，最大使用量为0.3g/kg。

（四）玫瑰茄红

1. 化学结构

玫瑰茄红别名玫瑰茄红色素（roselle red），主要着色成分为飞燕草素-3-双葡萄糖苷和矢车菊素-3-双葡萄糖苷，其化学结构式如图 1-32、图 1-33 所示。玫瑰茄色素主要由 4 种花色苷构成，分别是翠雀定-3-O-接骨木二糖苷、花青定-3-O-接骨木二糖苷、翠雀定-3-O-葡萄糖苷、花青定-3-O-葡萄糖苷。

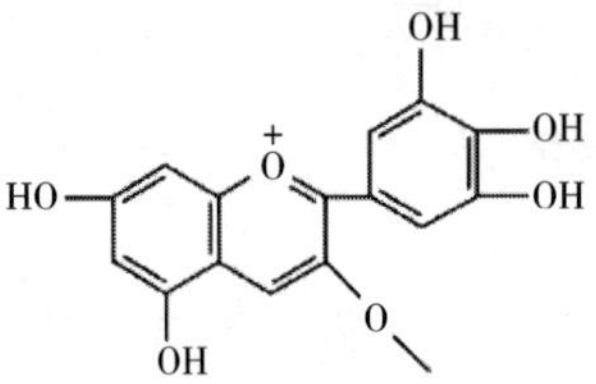

图 1-32　飞燕草素-3-双葡萄糖苷 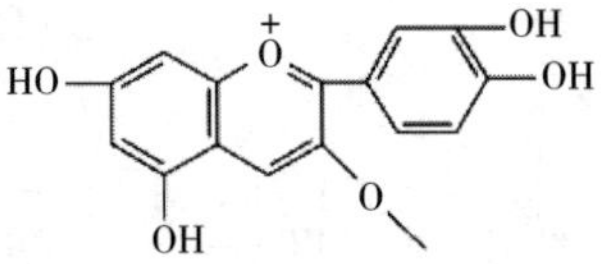　　　　图 1-33　矢车菊素-3-双葡萄糖苷

2. 使用注意事项

（1）该色素适用于酸性条件下着色。

（2）该色素水溶液对光、热、高价阳离子均敏感，使用时应注意。

（3）因该色素在新疆医学院进行毒理试验发现有致突变作用，需进一步进行毒性研究，在未确定其安全性以前，使用时应特别注意。

（4）用于果味型饮料、糖果、配制酒，需按我国 GB 2760—2014《食品添加剂使用卫生标准》规定使用。

（五）密蒙黄

1. 化学结构

密蒙黄（buddleia yellow）主要着色成分是藏红花苷和密蒙花苷—刺槐素，其分子结构如图 1-34、图 1-35 所示。

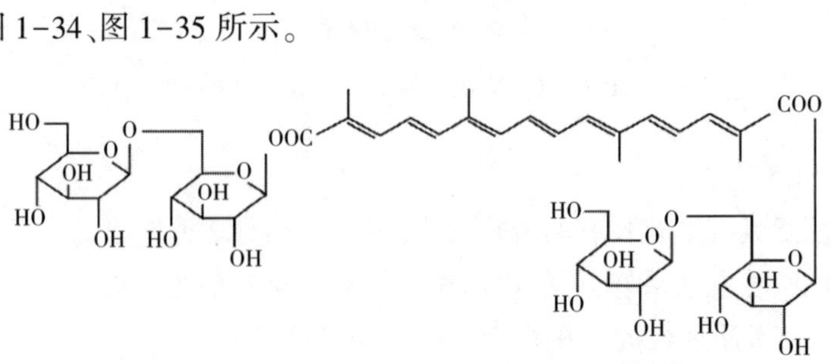

图 1-34　藏红花苷（分子式 $C_{44}H_{64}O_{24}$，相对分子质量 977.41）

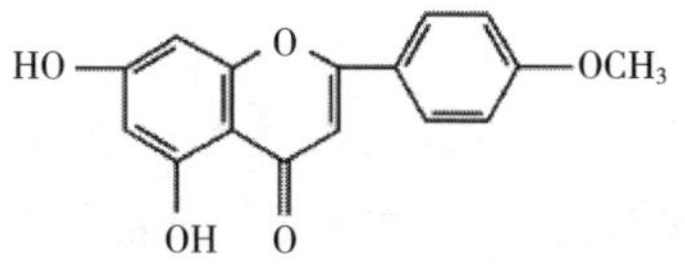

图 1-35　密蒙花苷—刺槐素(分子式 $C_{20}H_{32}O_{14}$，相对分子质量 592)

2. 使用注意事项

(1)该色素在中性条件下为黄色至橙黄色,着色力强、染色效果好、色泽稳定,耐光、耐热、耐金属,使用方便。

(2)根据我国 GB 2760—2014《食品添加剂使用卫生标准》规定,按生产需要适量用于配制酒、糕点、面包、糖果、果汁(味)饮料。

第六节　天然食用色素在国民经济中的作用

天然食用色素主要是从天然植物原料提取并经过精制而制得的产品,是一种用于食品或药物着色的食品添加剂。经常被用于果汁、汽水、酒、糖果、糕点、果味粉、罐头、冷饮等食品的着色,也可用于日用化工产品(如牙膏等)的添加剂,在医药工业用作药片外衣的着色,还可用于化妆品的着色。

近年来,我国食品工业发展迅速,每年的产值大约以 10% 的速度在增长,目前,全国食品工业产值仅次于机械、纺织而跃居第三位。随着各国对使用合成色素的种类限制越来越多,各国政府批准使用的品种及 FAO/WHO(联合国粮农组织/世界卫生组织)评价通过的品种仅为几种,这使天然食用色素有着重要的作用,主要表现为:

(1)判断食品新鲜度。用天然食用色素着色,会使食品颜色接近新鲜食品的颜色和自然色,使食品具有更好的自然新鲜感。

(2)评定食品质量。许多食品合理着色,使食品更鲜艳,同时可诱发人的食欲,增加诱人的力量。

(3)提供营养物质。许多天然食用色素,本身就是或者含有人体需要的各种营养物质,如 β-胡萝卜素,本身是天然食用色素,而且也是人体中维生素 A 的来源,又如玫瑰茄天然色素含有 17 种氨基酸和大量维生素 C,这些都是对人体具有营养价值的物质。此外还有一些天然食用色素,对某些疾病具有一定疗效,对人体有保健功能,如姜黄色素有降血脂、降血清胆固醇、抗动脉粥样硬化等功能,对人体健康有利。如叶绿素铜钠盐有止血消炎的作用,用作牙膏添加剂,对防止牙龈出血具有较好的效果。

(4)配制各类食品。如可利用黄色素等各种原料生产配制橘汁,并与天然橘汁十分相似。由此可见,天然食用色素将随着食品工业的发展继续得到发展。此外,天然食用色素的原料绝大多数是植物,往往是森林地区或山区的丰富资源,发展天然食用色素,对开发山区资源,发展繁荣山区经济有重大意义。这些植物资源都是再生资源,可以人工培育、永续不止,满足了人民的生活需要。

第二章 植物源天然功能色素

植物源天然色素的产生是植物组织自然生长和新陈代谢的结果,具有一些人工合成色素无法相比的优点。如大部分植物源天然色素无毒和无副作用,一些安全性高的植物源天然色素可作为药品或食品的添加剂而广泛使用。由于植物源天然色素呈现的是植物本身的色彩,因此色调很自然,作为食品添加剂或着色剂可使色调接近天然物颜色,让人更容易接受。另外许多可食用的植物源天然色素含有人体自身不能合成的必需营养物质,这类植物源天然色素在改善食物色泽的同时还能补充人体必需的营养,甚至对某些疾病具有预防与治疗作用。

第一节 天然色素的筛选原则

无论是开发天然食用色素新品种还是选用天然食用色素,必须知道如何选择和筛选天然食用色素,也就是要全面了解该种天然食用色素的性质和应用特性,筛选出最宜使用的品种。我国目前正式批准使用的天然食用色素只有 40 余种,但又具有丰富的天然食用色素资源,这种情况随着我国经济的发展必然发生变化,所以开发利用我国的天然食用色素资源正逐步得到重视。开发资源就需要用合理科学的方法对各种品种进行研究、筛选,天然食用色素的筛选主要根据以下几个方面进行。

一、安全性

天然食用色素是用于食品的,关系到人民的身体健康,所以,对天然食用色素的安全性要求很高,要求对人体无毒害,长期食用不会引起各种人体器官的病变。所以在选择天然食用色素时,首先要对安全性做出科学评价。主要包括以下几个方面。

(一)毒理试验

毒理试验是评价天然食用色素安全性较科学的一种方法,它包括以下两方面内容。

1. 毒性剂量的测定

毒性剂量的测定即测定某种天然色素对机体造成损害的能力,毒性较高的物质,较小剂量就会造成损害,毒性较低的物质,必须用较大剂量才出现毒性作用。医学上规定使用小白鼠做试验求出致死量(LD),其中最常用的是半数致死量(LD_{50}),用作食品着色剂的天然食用色素的 LD 应在实际无毒范围内。

2. 毒性试验

毒性试验是研究动物在一定时间内,某种天然色素以一定剂量进入机体所引起的毒性反应,其中包括急性毒性试验、亚急性毒性试验、慢性毒性试验,通过这些动物试验可看出该物质在每天以一定量食用后,短期、近期、长期是否会引起机体器官的病变。国家对选择不同类型的原料作为食品色素时有不同要求的试验规定。

(二)有害金属离子的含量

为了保证天然食用色素使用的安全性,防止生产过程中有毒物质的带入,国家规定天然食用色素产品中砷、汞、铅等有害物质不得超过规定量。

(三)卫生检验

卫生检验主要是检验致病微生物,应呈阴性反应,其他应不含黄曲霉毒素等有害物质。菌落一般应在 30 个以下。只有在以上几个方面达到要求时,该品种才达到要求的安全性。

二、稳定性

天然食用色素一般比合成食用色素的稳定性差,作为天然食用色素产品,要求稳定性好,这样在使用过程中色素的化学结构、色泽都不会发生变化。稳定性一般包括以下几方面。

(一)对热的稳定性

很多天然食用色素遇热会分解,造成褪色,对热的稳定性较差。天然食用色素用于食品着色时,常需加热食品,热稳定差的色素在使用中就会有困难或者尽量控制短的加热时间以保证色素尽可能少地被破坏。

(二)对光的稳定性

多数天然食用色素在紫外光照射下都会发生褪色,有的甚至放在室内受散射光照射也会褪色。不同品种色素对光的稳定性不同,一般天然食用色素宜放在暗处保存。

(三)对氧的稳定性

天然食用色素的化学结构大多含有不饱和双键及其他可氧化基团,在空气氧的作用下会发生氧化作用而褪色,所以天然食用色素大多应密封贮存。

(四)对各种金属盐离子的稳定性

天然食用色素对各种金属离子的稳定性不同,一般对少量的 NaCl、$CaCl_2$ 影响不大,但对 Cu^{2+}、Zn^{2+} 等离子有较大影响,特别是对 Fe^{3+} 影响最大。在色素使用中必须注意这个问题。对某些天然食用色素,如焦糖色素,在用作酱油或醋着色时就要求对 NaCl 有较高的稳定性,否则就不能在这方面使用。

(五)对其他食品添加剂的影响

天然食用色素在使用时必定和其他食品辅料及添加剂一起使用,如甜味剂蔗糖、防腐剂苯甲酸钠等,要考虑到这些添加剂对天然食用色素的影响情况,以保证其在不同食品中正常使用。

三、溶解性

不同色素在各种溶剂中的溶解性能不同,能很好溶于水的称为水溶性色素,不溶于水而只溶于石油醚、醋酸乙酯、丙酮、乙醇等有机溶剂的称为脂溶性色素。如栀子黄就是水溶性色素,β-胡萝卜素就是脂溶性色素,研究某一种色素时必须测定其在各主要溶剂中的溶解情况。色素的溶解性将直接影响其作为成品的使用范围,也可预测在食品工业中某个方面的使用价值,也是萃取色素时选用最佳溶剂、测定色价时选用适合溶剂的依据。

四、pH 的影响

绝大多数天然食用色素在溶液中的色泽与溶液 pH 有关,有的很明显,有的不明显,如花青素类色素在酸性溶液中呈紫红色,但在碱性溶液中呈蓝色,并逐步褪色。一般来说,天然食用色素在一定的 pH 范围内保持原有色泽,此时是比较稳定的。由于 pH 改变而使色素颜色发生变化,往往造成色素不稳定,所以,测定 pH 对天然食用色素的影响,实际上是确定该色素使用时的 pH 范围。我们要求色素能在较大 pH 范围内使用,这样在食品中的用途也越广,如玫瑰茄红色素使用的 pH (3~5)范围较窄,栀子黄色素使用的 pH(3~11)范围较广,这是由它们各自的性质所决定的。

五、着色能力

着色能力表示该色素在使用中对食品的着色能力。着色力强,使用量小且色泽不退,否则用量大且受外界影响不易褪色。选择天然食用色素原料品种,可先从上述几个方面进行筛选,并进一步探讨工业化的可能性。

第二节　水果原料色素

一、类胡萝卜类色素

(一)柑橘皮黄色素

1. 理化性质

柑橘皮黄色素又名橘皮黄色素、柑橘皮色素、橙黄色素。主要成分为柠檬烯与类胡萝卜素的混合物,还富含维生素 E 和稀有元素硒(Se)。棕红色浸膏,黏稠,有浓郁的柑橘香味。易溶于丙酮、乙醚、石油醚、氯仿或己烷等有机溶剂,微溶于酒精,不溶于水。在中性及碱性溶液中呈橙色,在酸性溶液中呈黄色。对热、光较稳定,在 100℃加热无明显变化,在室温下自然光照 30d 无明显变化。维生素含量为 15.7~16.9mg/g,硒含量为 0.5~0.6mg/g。

2. 常见制取方法

(1)方法 1:以蜜橘、芦柑等柑橘的皮为原料。将鲜柑橘洗净后去皮,冷冻以破坏柑橘皮中的细胞,再进行粉碎、风干,过 100 目筛。在 30~40℃下用乙酸乙酯或丙酮等溶剂浸提 40min 左右,取橘皮∶溶剂=1∶2,进行过滤,滤渣再进行第二次浸提。再过滤,两次的滤液合并,干燥后真空浓缩得浸膏。用石油醚在 30℃以下处理浸膏,以除去非油溶性成分。在低温下离心分离,蒸出石油醚,即得到红棕色膏体的色素,色素的产率可达 3%左右。剩下的滤渣还可用来提取果胶和橙皮苷等物质,或用作饲料。

(2)方法 2:将柑橘皮精选,去掉绿果皮、石沙、泥等杂物,再用清水洗净。在 60~70℃下烘干,粉碎成 1~3mm 的颗粒。按石油醚(60~90℃)∶原料=3.5∶1 的比例加入石油醚,在常温下搅拌浸提 1h,如此重复浸提 4~5 次。将几次的浸提液过滤、合并,在真空度为 0.04~0.05MPa、温度为 40~60℃下进行减压浓缩。浓缩液再经水蒸气蒸馏,得到含水的橘油,静置分层,收集橘油,弃去水。往蒸馏的残渣中加入 6 倍量的石油醚,搅拌均匀后静置 8h,再进行油水分离,去水和残余物。经石油醚精制去除水和残余物后的色素物料,在真空度为 0.04~0.05MPa、温度为 38~70℃下进行浓缩,回收石油醚,得到膏状的天然黄色素。若进行喷雾干燥,则得粉状色素。

(3)方法 3:称取晾干捣碎的橘皮 10g,置于 125mL 的三角锥瓶中,往瓶内注入 50mL 70%的乙醇,浸泡 48h 后减压抽滤。滤液在 60℃经减压蒸馏回收乙醇,浓缩得橙色膏状物。控制电热干燥箱的温度为 70~80℃,将膏状物干燥 1h,得色素粉末。膏状物也可用 95% 的乙醇重结晶 2 次来提纯,提取率为 14% 左右。

(4)方法 4:鲜橘皮洗净,烘至含水量为 30%,切成 1.5mm² 左右的碎块。加入乙酸乙酯作为提取剂,每克橘皮用提取剂 40mL,用微波炉处理 40min 冷却过滤,滤渣再重复提取 2 次。滤液合并,经浓缩后,置于冰箱中冷冻结晶,得橙黄色橘皮色素。

3. 应用

该色素可作为食品着色剂,还可作为食品的强化营养剂、香味剂和保健食品的重要配料之一。

(二)甜橙色素

1. 理化性质

甜橙色素是深红色黏稠液体,有柑橘清香味。其含水乙醇溶液呈亮黄色。极易溶于乙醚、石油醚、己烷、苯、甲苯或油脂,可溶于乙醇或丙酮,不溶于水。不同的 pH 对色调无影响,耐热、耐光性差,可适当加入 L-抗坏血酸或维生素 E 等稳定剂以改善其性能。相对密度为 0.91~0.92。

2. 提取方法

以甜橙的果实或果皮为原料,经压榨后,用热乙醇、己烷提取,过滤、浓缩得到。

3. 应用

用于面包、饼干、糕点、糖果、果汁(味)饮料等的着色时,为黄色着色剂。

(三)沙棘黄

1. 理化性质

沙棘黄又名沙棘黄色素、沙棘色素,主要含胡萝卜素类和黄酮类黄色色素。呈橙黄色粉末或流浸膏,无异味。易溶于水,可溶于乙醇、甲醇,不溶于丙酮、乙酸乙酯、氯仿等非极性溶剂和油脂。其 0.1% 乙醇溶液的 pH 约为 0.09,呈鲜艳黄色。性能稳定,耐光和耐热性强。在介质 pH 为 3.6~9.3 范围内色调无变化,遇 Fe^{3+}、Ca^{2+} 等金属离子易变色。

2. 提取方法

以胡颓子科沙棘属植物沙棘(又称醋柳、酸刺)的果实为原料。沙棘果榨汁,取 45L 原汁,用旋转式薄膜蒸发器浓缩,在 (50±2)℃ 下浓缩至 92.92%~93.17%(11~13°Be),然后用高速离心喷雾干燥机进行喷雾干燥,得到橙黄色的粉末状色素产品。将榨汁后的 70kg 果渣用稀乙醇提取,在 (50±2)℃ 下浓缩至 92.92%~93.17%(11~13°Be),然后喷雾干燥,同样得到橙黄色的粉末状色素产品。汁、渣相加的得率为 33.5%。工艺流程为:

沙棘挑选→压榨果汁→分离
- 果汁—浓缩—沉淀—净化喷粉—成品
- 果渣—提取—浓缩—净化喷粉—成品

二、类黄酮类色素

(一)葡萄皮色素

1. 理化性质

葡萄皮色素(grape skin color)的主要成分为锦葵色素-3-葡糖苷、甲基花青素、3-甲基花翠素、翠雀素等。呈红至暗紫色液体、块状、粉末状或糊状物,稍带特异臭,溶于水、甲醇、乙醇、丙二醇、甘油、冰醋酸,不溶于油脂。色调随 pH 变化,当 pH<3.9 时呈红色,颜色深;当 pH 在 4.1~4.4 范围内时,色调基本保持不变,但色度略有下降;当 pH>4.8 时,颜色逐渐变为橙黄色直至无色。水溶液酸性时呈红至紫红色,碱性时呈暗蓝色,铁离子存在下呈暗紫色。耐热、耐光性尚好,遇蛋白质变为暗紫色。氧化剂和维生素 C 对其有影响,苯甲酸钠、蔗糖、葡萄糖、食盐、柠檬酸对其影响不大。Fe 使色素溶液变色,其他金属离子影响不大。

2. 常见制取方法

方法 1:以葡萄果实的果皮(或制造葡萄汁、葡萄酒后的残渣)为原料。取葡萄皮,剪碎,按 1∶5(质量/体积)加入 50%乙醇进行浸提,过滤、得葡萄皮色素溶液。减压蒸馏得到鲜红透明的色素浓缩液。

方法 2:取紫葡萄皮,用清水搓洗,晾干,经乙醇洗涤后,用 0.1mol/L 的 HCl 浸提 24h,过滤得玫瑰红色溶液。将该溶液蒸发、浓缩,可得玫瑰红色半固态浆状物。

方法 3:将葡萄皮渣用清水洗涤后,用离心机脱水,将脱水物放在搪瓷玻璃反应器中,加入 2 倍量的浓度为 70%的酒精,在室温搅拌下,加入适量的柠檬酸(或酒石酸),使 pH 至 3 左右,搅拌 4~5h 后,用离心机过滤,收集滤液,弃掉废渣。滤液在 50℃ 以下减压浓缩至胶状物,然后喷雾干燥,即得葡萄皮色素。滤液也可用 DA101 树脂柱提纯精制,洗脱液在 50~55℃减压浓缩得黏稠膏状物。

方法 4:将紫葡萄剥下果皮,用 30%乙醇溶液(含 0.5% HCl)浸泡一个月,过滤去渣,在滤液中加入 2,4,6-三硝基苯酚钠溶液使色素结晶,然后再用氯化钠溶液结晶,重复进行 2~3 次,可得到色素的结晶样品。

3. 纯化

取色素加入少量蒸馏水溶解,再加入 5%醋酸铅搅拌,使色素物质形成沉淀。过滤收集沉淀,再将沉淀用 8%盐酸水溶液或乙醇溶解,形成氯化铅白色沉淀。过滤除去白色沉淀,即得纯度很高的色素溶液。

4. 应用

可用于饮料、冷饮、酒精饮料、蛋糕、果酱等的着色,为红至红紫色着色剂,还可用作化妆品色素。

(二)草莓色素

1. 理化性质

草莓色素(strawberry pigment)的主要成分为天竺葵素-3-葡萄糖苷等花青素类色素,呈红色膏体或溶液状,无异味。易溶于乙醇、乙酸、丙酮,呈橘红色;溶于水、牛奶,呈橘黄色;溶于糊状奶油,呈橘红色;不溶于乙酸乙酯、花生油、碳酸钠溶液。当 pH 在 1~4 时呈深橘红色,pH 在 5~6 时呈浅橘红色,pH=7 时呈浅粉红色,pH 在 8~9 时呈浅肉红色,pH 在 10~11 时呈浅紫红色,pH=12 时呈深紫红色,pH 在 13~14 时呈深肉红色。当 pH>7 时有白色沉淀产生。色素在酸性和中性条件下比较稳定,在碱性条件下不稳定。色素在高温下耐热性不好,在 60℃ 以下时相对稳定,高于 70℃ 时,色素的颜色逐渐变浅,即高温对色素有一定的降解作用。太阳光对色素也有降解作用。$CaCl_2$、$Fe(NO_3)_3$ 对红色素的颜色稍有影响,而其他食品添加剂,如 $NaCl$、$NaHCO_3$、H_2O_2、$NaNO_3$、维生素 C、柠檬酸、蔗糖、醋酸锌、苯甲酸钠等几乎无任何不良影响。金属离子 Fe^{2+}、K^+、Na^+、Ca^{2+}、Mg^{2+}、Al^{3+}、Zn^{2+} 对色素无不良影响,并且还有一定的增色作用,特别是 Fe^{3+} 对色素具有明显的增色作用。

2. 常见制取方法

方法 1:以蔷薇科植物草莓的果实为原料,取新鲜的草莓果,洗净、晾干、捣碎,分为若干份,分别加入水、乙醇、丙酮、石油醚、乙醚、环己烷、乙酸乙酯、pH=4 的酸性乙醇溶液、pH=4 的酸性丙酮溶液。溶剂量以浸没原料为宜,室温浸泡 30min,过滤得浸取液。其中以酸性乙醇溶液与酸性丙酮溶液浸取效果最佳,综合价格和毒性因素,用酸性乙醇溶液作提取剂最好。也有人认为用酸性乙醇溶液提取时,草莓色素的颜色会发生变化,所以以水提取时的效果最好。所得提取液经超滤除去其中的糖类、有机酸、果胶等杂质,然后用大孔树脂柱(AB-交联聚苯乙烯树脂装入玻璃管中)过滤,先用水洗去杂质,后用酸性乙醇洗脱红色素。洗脱液减压浓缩,即得色素浓溶液。

方法 2:将草莓洗净去蒂,去水后称重 1000g,搅碎得 1000mL 溶液,加入 2000mL 80%的乙醇浸提、过滤。将所得透明的红色滤液在 40℃ 的水浴中加热约 40min。离心分离 20min,取上层清液,加盐酸调节 pH 为 2,在 50℃ 下旋转蒸发,至溶液成膏状为止,即得色素。

3. 应用

可用于红色着色剂,作为食品、饮料、儿童玩具等的着色。

(三)黑莓果天然黑红色素

1. 理化性质

液态色素含量高,色泽自然、富有营养,在常温状态下长期存放不变质。

2. 常见提取方法

以黑莓(树莓的一种)为原料,取分选后的黑莓,经破碎后,在5t的冷热缸中加热至50℃,加入500mL的组合生物酶制剂,保温60min,再用瞬时杀菌机将温度升至85℃,保持30s,再将温度降至25℃离心分离,得黑莓汁4.5t。加入1kg明胶和50kg水的混合液,搅拌5min,静置5h后,用硅藻土过滤。再将黑莓汁泵入一款降膜式三效真空蒸发器的暂存罐中,使蒸发器温度控制在80℃(一效)、70℃(二效)、60℃(三效),真空度控制在0.03(一效)、0.05(二效)、0.08(三效),浓缩汁出口采用计算机自动控制,将浓缩果汁达到70BX,浓度达不到自动返回一效蒸发器中继续蒸发。浓缩到70BX的黑莓浓缩汁泵入浓汁罐内,然后调入500kg 95%的食用酒精,使浓缩汁含10%酒精,灌装可得到天然黑莓黑红色素。

3. 应用

可广泛应用于饮料、葡萄酒、果酒、糖果、肉制品和医药等的着色。

(四)木莓色素

1. 理化性质

木霉色素(raspberry color)的主要成分为矢车菊色素、天竺葵色素、飞燕草色素等花色素类化合物。呈紫红色浸膏,溶于水、乙醇、酸性乙醇、乙酸,不溶于乙酰、乙酸乙酯、丙酮、环己烷、正丁醇、SL石油。当pH在1~4时呈深红色至红色;当pH在4.1~12之间时,其颜色从浅红—浅紫色—污蓝色,24h后pH>10的溶液变成黄色。色素的耐热性较好,但耐氧化还原性和耐维生素C较差。Fe^{3+}和Cu^{2+}对色素的稳定性有明显的影响或破坏作用。葡萄糖、蔗糖和苯甲酸钠对色素无不良影响。

2. 提取方法

以野生木莓的果实为原料,取紫黑色的木莓果实,洗净、捣碎,用酸性乙醇浸提3次。浸提液过滤后合并,减压浓缩后得到色素浸膏粗品,再用75%乙醇去果胶,减压浓缩后得到紫红色的色素浸膏。

(五)越橘红

1. 理化性质

越橘红(cowberry red)又称越橘色素、越橘红色素,主要成分为矢车菊-3-半乳糖苷、矢车菊-3-阿拉伯糖果苷、芍药花革-3-阿拉伯糖苷等花青素类色素。呈深红色膏状,溶于水或酸性乙醇,不溶于无水乙醇、石油醚、丙酮、乙髓、苯等有机溶剂,水溶液透明无沉淀。溶液色泽随pH的变化而变化,在酸性条件下呈红色,在碱性条件下呈橙黄色至紫黄色,易与铜、铁等离子结合而变色。对光敏感,易褪色,耐热性较好,耐光性较差。柠檬酸、醋酸使其稳定性变差,苹果酸使其吸光度上升,溶液色泽明亮,低浓度蔗糖对其有护色作用。

2. 提取方法

方法1:以杜鹃花科野生植物越橘的果实为原料,用水、酸性水溶液或20%的乙醇水溶液进行浸提,再过滤精制而得。工艺流程为:红豆果→洗涤→破碎→浸提→过滤精制→色素。

方法2:以榨汁后的残渣(包括果皮、果肉和种子,含水量69%)为原料,用80%或85%的乙醇水溶液浸提,固液比为1∶3(质量∶体积),浸提温度为50~60℃,浸提3h,并随时搅拌。将浸提液压榨过滤,去除果渣。滤液冷却至室温,再过滤除去糖、果胶等沉淀物,沉淀物可用少量65%的乙醇洗涤,合并滤液。经真空浓缩,使乙醇含量低于5%。浓缩液过滤,除去脂、蜡等沉淀物,沉淀物用65%的乙醇洗涤1次,合并滤液,pH调至3,再加热蒸发水分,使含水量低于30%,制得膏状越橘红色素。若进行喷雾干燥,则得到粉状的越橘红色素。也可以用pH为3.5的55%的乙醇或pH为3.5的水作浸提剂。

3. 工艺流程

原料→浸提→压榨→冷却→过滤→浓缩→冷却→过滤→调pH→浓缩→膏状越橘红色素。

4. 应用

主要用于果汁(味)饮料类、冰激凌等的着色,为红色着色剂。

(六)杨梅色素

1. 理化性质

杨梅色素(loganberry color)主要含花色苷类,呈玫瑰红色。溶于水、乙酸、乙醇水溶液,不溶于乙醇、甲醇、丙酮、乙醚、石油醚、氯仿。在pH<6.9时呈玫瑰红色,pH在6.9~7.4时近乎无色,pH>7.4时呈黄绿色。色素颜色随pH的变化灵敏且可逆,变色点不随温度、光照等条件的变化而变化。色素在−5~100℃范围内对热稳定,对光稳定性较好。色素对Mg^{2+}和Fe^{3+}敏感性强。大多数食品添加剂对色素稳定性的影响不大,但蔗糖对稳定性有影响。色素耐氧化性较弱,耐还原性较强。

2. 提取方法

以杨梅的果实为原料,用0.5mol/L的HCl水溶液提取,得清澈透明的玫瑰红色溶液,也可用5%的柠檬酸水溶液作提取剂。将新鲜杨梅果洗净去核后,置于pH=7.2的5%的NaCl和磷酸缓冲液的混合液中,粉碎混匀。静置后用三层纱布过滤、离心,取上清液,真空减压浓缩,乙醇沉淀、过滤,再溶于水,上

DEAE—纤维素层析柱(1.5cm×20cm),收集洗脱液,浓缩,再用乙醇纯化,制得红色粉末的色素。

3. 应用

玫瑰红色可用作着色剂,如用于食品的着色,宜在酸性及低酸性食品中使用,也可用作酸碱指示剂。

(七)黑加仑色素

1. 理化性质

黑加仑色素(black currant pigment)又称黑加仑红,主要含花翠素、矢车菊素-3-芸香糖苷(cy-3-rut)、飞燕草素-3-芸香糖苷(dp-3-rut)、矢车菊素-3-葡萄糖苷(cy-3-glu)和飞燕草素-3-葡萄糖苷(dp-3-glu),呈紫红色液体或粉末,有轻微的特征性气味。有吸湿性,易溶于水,溶于含水乙醇,微溶于无水乙醇、甲醇,不溶于乙酸乙酯、丙酮、氯仿、乙醚、油脂等极性小的有机溶剂。在酸性条件下最稳定,pH<5.44时,呈紫红色,pH为5.45~6.45时为不稳定的紫红色,pH为7左右时为稳定的粉紫色,pH>7.44时为不稳定的蓝紫色,即随着pH的增大颜色慢慢变深,变为蓝紫色,但稳定性下降。

2. 提取方法

以黑加仑的果渣为原料,取经过挑选的黑加仑果,经压榨得到皮渣,用95%的乙醇浸提约24h,在浸提的同时,加入浓盐酸,使其浓度为0.5%。接着进行过滤,含色素的滤液用离心机以4000r/min进行离心分离20min,得到的清液用DA101树脂柱提纯精制。将洗脱液减压浓缩,温度控制在50℃左右,制得黏稠膏状物,即为黑加仑紫红色素。或加入麦芽糊精后喷雾干燥,得粉状色素。

3. 工艺流程

黑加仑果→压榨→皮渣→提取→分离→精制→干燥→成品。

4. 应用

可作为紫红色着色剂,应用于汽水、果酒、起泡葡萄酒、黑加仑酒、碳酸饮料等酸性饮料中,也可用于果酱、冰棍、冰激凌和蛋糕等食品的着色。

(八)桑葚红色素

1. 理化性质

天然桑葚色素(mulberry red pigment)又称桑葚红,主要成分为花色苷类化合物,还含有胡萝卜素、各种维生素、糖类及脂肪油等。呈紫红色稠状液体,易溶于水或稀醇中,不溶于非极性有机溶剂。当pH=5.2时呈红色,pH=5.7时呈无色,pH≥7时呈黄绿色。色素在20~100℃时稳定,对光也有很好的稳定性。Fe^{3+}、Cu^{2+}、Zn^{2+}和Fe^{2+}对色素不影响,K^+、Na^+、Ca^{2+}、Mg^{2+}和Al^{3+}对色素有护色作用。

2. 提取方法

以桑葚的果实为原料,将桑葚洗净,压汁后加入 0.5mol/L 的稀盐酸,煮沸浸提、过滤。滤渣可作饲料,合并所有滤液,经精制、提取浓缩得到成品。若再经过真空干燥或喷雾干燥,可得到粉状的紫红色色素。

3. 工艺流程

桑葚→洗净→压汁→煮沸→过滤→水浴蒸干→紫红色产品
　　　　　　　　　　　　　↓
　　　　　　　　　　　渣作饲料

也可将桑葚用食用酒精浸泡 6h,过滤。滤液放入烘箱内,使水分蒸发形成浓缩液,即得色素溶液。

4. 应用

用于果酒、果汁型饮料、糖果、果冻、山楂糕等的着色,为红色至紫红色着色剂,还可用作酸碱指示剂。

(九)蓝靛果红

1. 理化性质

蓝靛果红(sweetberry honeysuckle red)又称忍冬果色素、蓝靛果色素、蓝靛果色素,主要成分为花青定-3-葡萄糖苷、花青定-3,5-双葡萄糖苷和花青定-3-芸香糖苷。呈紫红色粉末,味酸甜,有特殊果香。易溶于水和乙醇,不溶于丙酮和石油醚,其水溶液的色调受 pH 影响较大,在 pH = 3 时呈鲜艳红色,随 pH 的提高,颜色变紫。受 Cu^{2+}、Al^{3+}、Zn^{2+} 影响不大,但遇 Fe^{2+} 溶液变黑,遇 Mn^{2+} 变暗,遇 Sn^{2+} 变紫。对光和紫外线的稳定性差,在自然光下 110 天,色价保存率只有 45%,紫外线照射 24h,保存率为 82.6%。对热的稳定性差,在 pH = 3 时,加热 4h,保存率只有 26.25%。

2. 提取方法

以忍冬科落叶小灌木植物蓝靛果的成熟浆果为原料,用水提取后,再低温浓缩、喷雾干燥得到。如果将蓝靛果干果用 1% 的 TFA—MeOH 萃取数次,过滤得红色素萃取液。再用 Amberlite XAD-7 树脂柱(Φ25mm×400mm)过柱吸附,再以 3% 的醋酸水溶液洗柱,直至洗出液无色为止。再以 3% 的醋酸甲醇溶液洗脱,在 ≤3℃ 的水温下真空浓缩洗脱液。再用 Sephedex LH-20 柱(Φ25mm×500mm)洗脱,洗脱剂为 MAW(甲醇:醋酸:水 = 10:1:9),可得到蓝靛果色素中的 5 组纯组分,分别为花青定-3,5-双葡萄糖、花青定-3-葡萄糖、花青定-3-芸香糖、芍药定-3-葡萄糖、花青定-3-龙胆二糖。

3. 应用

用于起泡葡萄酒、冰激凌、果汁(味)饮料、糖果、糕点等的着色。

(十)板栗壳色素

1. 理化性质

板栗壳色素(chastnut shell pigment)的主要成分为黄酮类化合物。有的呈棕色粉末状,无异味,有的呈黑褐色粒状或闪光片状固体,易吸潮,易溶于水、碱水、40%以下的乙醇水溶液等极性较强的溶剂中,不溶于无水乙醇、无水甲醇、乙酸乙酯、己烷、丙酮、氯仿、苯、四氯化碳等弱极性和非极性溶剂。pH 在 4~14 范围内时色调稳定,pH<4 时逐步呈浅黄色。耐热、耐光性好,铁、铝离子对其稳定性有影响,其他金属离子对其较稳定。对氧化剂的耐受能力较差,对还原剂的耐受能力强。食盐、蔗糖和葡萄糖对色素水溶液的颜色影响较小。

2. 提取方法

以板栗果实的壳为原料。将新鲜干净的板栗壳晾干后粉碎,用 5 倍质量的 pH=8 的稀碱性水溶液,在 85~95℃下浸提 1~3h。接着进行过滤,滤渣再浸提 2 次。将 3 次的滤液合并,得到深褐色提取液。最后减压蒸馏,再经过滤、喷雾干燥,制得棕色粉末。

3. 应用

作为棕色着色剂,可用于食品或其他染料的着色。

(十一)山楂色素

1. 理化性质

山楂色素(hawthorn pigment)的主要成分为矢车菊色素-3-半乳糖苷(含量为 80.4%)、矢车菊色素的双糖或三糖苷(含量为 19.6%)等花色苷类化合物,呈深红色粉末。当 pH 在 1.3~3 时呈紫红色,pH 在 4~5 时呈橙红色,pH 在 6~7 时呈棕黄色,pH=8 时呈棕色,pH=10 时呈绿褐色。Na^+、K^+、Al^{3+} 对色素没有明显影响,Ca^{2+} 对色素有增色作用,Fe^{3+} 对色素有严重的影响。柠檬酸、酒石酸和草酸对色素有增色作用,抗坏血酸对色素有严重的还原作用。高浓度的蔗糖对色素有增色作用,但葡萄糖、乳糖和麦芽糖等还原性糖在浓度较高时有褪色作用。其他非还原性糖,如果糖、木糖、鼠李糖和可溶性淀粉等对色素没有太大的影响,过氧化氢对色素有破坏作用。

2. 提取方法

方法 1:以山楂果实为原料。取成熟的山楂果实,切成细条,用含 1%盐酸的甲醇溶液在室温浸提 4h。经过滤后,滤渣再浸提 1h。将滤液合并,制得红色的色素溶液。

方法 2:以山楂粉为原料,取 500g 山楂粉,加 2~3 倍的含盐酸的乙醇溶液,浸泡4~6h后过滤,滤渣再浸泡1次。再过滤,并将滤液合并,在50℃以下减压浓缩,得色素浓缩液。将经丙酮浸泡的大孔树脂装柱,先用95%的乙醇冲洗,至无丙酮味,再用蒸馏水冲洗至无乙醇味,然后用酸性乙醇冲洗,最后用蒸馏水冲洗。将色素浓缩液加至柱顶,先用蒸馏水冲洗,洗至洗脱液的pH由2变为6~7,弃去洗脱液。用50%的乙醇水溶液洗脱,洗至洗脱液出现微红色为止,弃去洗脱液。最后用盐酸的乙醇溶液洗脱,收集该洗脱液,在50℃以下减压浓缩。加入浓缩液体积1/2的浓盐酸,使色素沉淀。离心分离,固体在常温下风干,研细即得色素粉末。制得率约为2%。含盐酸的乙醇溶液可以是85∶15的95%的乙醇—1.5mol/的HCl,树脂柱可以是聚酰胺树脂柱。

3. 分析方法

山楂色素可采用液相色谱分析,条件为:柱,C184.6~250mm;流动相,甲醇∶水∶冰醋酸=19∶71∶10;流量为0.05mL/min;检测波长为280nm、330nm;压力为8MPa。

4. 应用

可作为天然着色剂。

（十二）樱桃色素

1. 理化性质

黑樱桃色素(cherry color)的主要成分为花色苷,呈红色至暗红色液体、糊状或粉末,有特殊香气。溶于水、乙醇、甲醇,不溶于乙醚、乙酸乙酯、油脂,水溶液呈暗红色。pH在3.5以下时呈红至红紫色,随pH的增大而变色,至碱性时变暗,不稳定。色素在酸性条件下有一定的热稳定性,当温度超过80℃时对热较为敏感。

2. 提取方法

以黑樱桃、樱桃或甜樱桃为原料,将新鲜樱桃清洗、去梗、去核、晾干、粉碎,用温水或弱酸性水溶液或乙醇提取,经过滤得色素溶液,再浓缩精制得到色素。

3. 应用

用于饮料、冷饮、焙烤制品、果酱、果冻、胶姆糖、果酒等的着色,为红至红紫色着色剂,适用于pH为4以下的酸性介质。

（十三）笃斯色素

1. 理化性质

笃斯色素(tux pigment)的主要成分为黄酮类化合物,呈紫红色粉末状固体。在pH为1~5的水溶液中呈红色,在pH为6~7的水溶液中呈蓝色,在pH为8~12的碱性水溶液中呈绿色。

2. 提取方法

以笃斯果为原料,取50kg笃斯果,水洗除尘后,以1.5~2MPa的压力压榨,得到 30kg 果汁和 20kg 果皮。果皮加水煎煮提取三次，第一次加水 100kg，2000 ～ 3000r/min 离心，取上清液；第二次残渣加水 60kg 煎煮 30min 后，2000～3000r/min 离心，取上清液；第三次残渣加水 60kg 进行第三次煎煮，时间为 30min，2000～ 3000r/min 离心后，取上清液。三次上清液合并，用板框过滤，通过大孔树脂吸附柱，流速控制为 30～60mL/min，然后用 95% 的食用酒精洗脱柱子，接取洗脱液，减压浓缩（温度为 50～60℃，压力为 21～35kPa）至无醇味后，喷雾干燥（温度为 50～ 60℃）即得粉末状天然色素 200g。前面得到的果汁也可用板框过滤后通过大孔树脂吸附柱，流速控制为 30～60mL/min，然后用 95% 的食用酒精洗脱柱子，接取洗脱液，减压浓缩（温度为 50～60℃，压力为 21.28～34.66kPa）至无醇味后，喷雾干燥（温度为 50～60℃）即得粉末状天然色素 240g，共得色素 440g。

3. 应用

此天然食用色素，适用于一般食品及饮料的着色。

三、吲哚类化合物：酸枣皮色素

1. 理化性质

酸枣皮色素（jujube skin pigment）易溶于水、10% 盐酸、1% 氢氧化钠、5% 碳酸钠、30% 乙醇水溶液等极性较强的溶剂，不溶于乙醚、石油醚、三氯甲烷、四氯化碳、乙酸乙酯等非极性溶剂。在弱酸性及中性条件下，色素为橙黄色，pH>9 时为棕色，随着 pH 的增大，吸光度越来越大。色素对热、光比较稳定，Ca^{2+}、Na^+、Zn^{2+} 对色素有增色作用，K^+、Mg^{2+} 对色素无明显影响。常用的食品添加剂及氧化剂、还原剂对色素影响不大。

2. 提取方法

以酸枣皮为原料，取新鲜酸枣的表皮，洗净晾干，捣碎，加入 5 倍量的 30% 的乙醇水溶液，用索氏提取器加热浸提 2～3 次，将浸提液过滤，得棕色的澄清色素溶液。经减压浓缩，加入石油醚萃取处理，制得色浆，经 30～40℃ 恒温真空干燥，制得粉末状色素。

3. 应用

此天然棕色着色剂，可用作弱酸性及中性条件下的食品及饮料的着色。

四、其他类色素

（一）苹果皮色素

1. 理化性质

苹果皮色素（apple peel pigment）易溶于水、甲醇、乙醇等极性较强的溶剂，不溶于苯、石油醚等非极性溶剂。当 pH 在 4~4.5 时呈肉红色,随着 pH 的升高,颜色变为浅绿色,在碱性范围内变为亮绿色。自然光照射对色素影响很小,空气中的氧对色素的稳定性没有影响。其耐热性差,随着温度的升高及时间的增长,色素的颜色褪变速度逐渐加快。十二烷基硫酸钠对色素有较好的护色作用。有一定的耐氧化性,但耐还原性较差。色素对蔗糖、葡萄糖和糖精钠稳定,且颜色不改变。常见的金属离子(Fe^{3+}、Cu^{2+}、Al^{3+}、Zn^{2+}、Sn^{2+}、Na^+、K^+、Ca^{2+})对色素的颜色和吸光度没有影响。

2. 提取方法

以苹果皮为原料,选择皮为紫红色的苹果作为原料,清洗后削皮,将苹果皮捣碎,加入 300% 的水,在 80~90℃ 下浸提 20min。经过滤得到紫红色的色素溶液。

3. 应用

此天然紫红色着色剂,可用于酸性食品的着色。

(二)菠萝色素

1. 理化性质

菠萝色素(pineapple pigment)呈深褐色胶状固体,易溶于水,可溶于乙醇、甲醇,不溶于乙醚、丙酮、乙酸乙酯,溶于水后呈黄色。当 pH 为 4 时,色素溶液较稳定。色素对热的稳定性良好,随温度的升高或加热时间的延长,颜色逐渐变深。光照时间对色素溶液的稳定性影响不大。蔗糖、木糖、葡萄糖、半乳糖对色素影响不大,但麦芽糖会加快色素的降解。Zn^{2+}、Ca^{2+}、Mn^{2+} 等离子对色素溶液的影响不大,Ag^+、Mg^{2+}、Pb^{2+} 使色素溶液的吸光度增大,Cu^{2+}、Fe^{3+} 使色素溶液的吸光度略降低,苯甲酸、柠檬酸、H_2O_2、亚硫酸钠、食盐对色素无影响,抗坏血酸使色素的吸光度显著增加。

2. 提取方法

以菠萝皮为原料,将 500g 干净风干的菠萝皮绞碎,用 80% 的乙醇浸泡过夜,再过滤。滤渣反复浸泡至无黄色,合并滤液,在 85℃ 以下蒸馏回收乙醇,得到黄褐色的浓缩液。静置后过滤,除去水不溶物。滤液用乙酸乙酯萃取,弃去该浅黄色的萃取液。将褐色透明的水相在水浴上蒸发浓缩至褐色膏状物,然后在 60℃ 下干燥,得到 42.4g 的深褐色胶状固体,即为菠萝色素,产率为 8.48%。

3. 应用

此天然黄色着色剂,可用作饮料及食品的着色,适于在 80℃ 以下的酸性条件下使用。

(三)蓝靛果色素

1. 理化性质

蓝靛果色素(orchid pasture fruit pigment)在 pH 为 2~4 时,呈较深的红色,随着 pH 的升高,红色渐浅;当 pH=6 时,呈浅玫瑰红色;当 pH=8 时,近于无色;当 pH=

10 时呈浅褐色。当 pH＝3 时，自然光照射下色素的变化率最小，pH 过高或过低，自然光照射对色素的稳定性都有不同程度的影响。在酸性条件下，空气中的氧对色素的稳定性和贮存没有明显的影响。色素对热的稳定性很好，Fe^{2+}、Fe^{3+}、Cu^{2+}、Al^{3+}、K^+、Zn^{2+}、Na^+ 等金属离子对色素没有明显影响。其中 K^+ 的浓度增大，会使色素的褪色作用增强，Al^{3+} 的浓度增大，会使色素的护色作用增强。乙二胺四乙酸二钠（EDTA）、十二烷基硫酸钠对色素有一定的护色作用，羧甲基纤维素钠、β-环糊精、多聚磷酸钠、黄原胶、琼脂等对色素无明显影响。

2. 提取方法

以蓝靛果为原料，将蓝靛果清洗干净后，用含 0.3% HCl 的 50% 的乙醇浸泡 48h，蓝靛果质量与浸提溶剂的体积比以 1∶（4~5）为宜。第一次浸提后，经压滤，残渣继续用 50% 的乙醇进行第二、第三次浸提，两次浸提液合并留用。将浸提液减压蒸馏，温度控制在 60~65℃，蒸馏到形成黏稠膏状物为止。

3. 工艺流程

蓝靛果→清洗→浸提→压滤→减压浓缩→产品。

4. 应用

可广泛用于果酒、果酱、冰棒、冰激凌等酸性饮料中。

（四）火龙果色素

1. 理化性质

火龙果色素（pitaya pigment）包括火龙果皮色素和火龙果肉色素，主要成分为甜菜苷类色素。溶于水，略溶于无水乙醇，难溶于乙酸乙酯、丙酮、乙醚、石油醚、甲苯等有机溶剂。色素在 pH 为 3~6 时比较稳定，为紫红色，在 pH＝1、pH＝2、pH＝7、pH＝8 时不稳定，颜色发生变化。色素在 50℃ 以下稳定，在 60℃ 以上不稳定，褪色明显，且对光不稳定。蔗糖对色素的影响不大，较低浓度的过氧化氢对色素没有明显的作用，亚硫酸钠对色素的影响很大。K^+、Na^+、Ca^{2+}、Fe^{3+}、Al^{3+} 对色素的影响不大。

2. 提取方法

以火龙果（又称芝麻果、量天尺、红龙果、青龙果等）的果肉或果皮为原料，将火龙果皮去除青色叶茎部分及果肉后清洗干净，然后在沸水中漂烫 30s 以灭酶。用 pH 为 5 的水作提取剂，固液比为 1∶9，在 40℃ 下提取 80min，得到色素溶液。色素溶液可以用 ODSC18 固相柱吸附分离得到纯色素，也可用 70% 的乙醇作提取剂。

3. 应用

可用于食品糖果、饮料、化妆品等的着色，无毒副作用，对人体健康无不良影响，安全可靠。

(五)龙眼核棕色素

1. 理化性质

龙眼核棕色素(euphoria longan seed brown pigment)溶于氨水,呈棕红色;溶于水、60%乙醇、丙三醇,呈棕色;不溶于氯仿、乙酸乙酯、食用油。色素耐光性、耐热性、耐还原性较好。在酸性和中性条件下,色素稳定性良好。在碱性条件下,色素溶液的吸光度随 pH 的增大迅速增大。食品添加剂对色素无不良影响。

2. 提取方法

将龙眼核洗净,自然晾干、磨碎,用体积分数为 60%的乙醇溶液室温浸泡 24h,物料比(质量∶体积)为 1∶5,经过滤,滤渣再用体积分数为 60%的乙醇浸泡 12h,再过滤。合并滤液,减压回收溶剂,得到棕色胶状色素,收率为 20%。

3. 应用

可用于食品的着色。

(六)三叶海棠色素

1. 理化性质

三叶海棠色素(malus sieboldii pigment)又称山里红色素,主要成分为茶黄素、茶红素及黄酮类化合物。易溶于水、乙醇等极性溶剂,不溶于乙醚等非极性溶剂。在 pH 为 2.5~3 时呈黄色或橙色,随着 pH 的升高,溶液的色泽逐步加深,由橙黄色向棕红色变化。色素有较好的耐酸性、耐碱性、耐热性、耐还原性、抗氧化性。酸性条件下耐光性好,随着 pH 的上升,耐光性逐渐下降。

2. 提取方法

以三叶海棠(俗称山茶果、山里红)为原料,取三叶海棠鲜叶制得的红茶粉,加入 0.1mol/L 的氢氧化钠水溶液,料液比为 3∶100(质量∶体积),在 80℃下浸提 20min。如果用水作浸提剂,则料液比为 3∶5。将浸提液过滤,滤渣再浸提 1~2 次,每次 20min,再过滤,合并滤液,用 HCl 调节 pH 至 4~5。在 75~82kPa 的真空度下浓缩,浓缩比为 1∶(4~50),然后喷雾干燥,进风温度为 190~210℃,最后得色素产品。工艺流程如下:

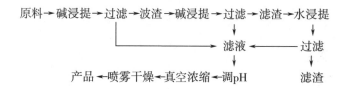

3. 应用

此色素可用于饮料、罐头、焙烤食品的着色。

(七)金樱子棕

1. 理化性质

金樱子棕(rosa laevigata michx brown)又称金樱子果色素,主要成分为酚类色素,包括黄花素类。呈棕红色浸膏,味略甜,无异臭,有酸梅似果香。溶于水、稀乙醇,极易溶于热水,不溶于油脂、乙醚和石油醚。在 pH 为 3.5~7 时稳定,酸性时偏黄色,碱性时呈红棕色。其 0.5%~1% 的水溶液由黄色、橙黄色至橙红色,10%以上时呈茶色,溶液色泽鲜艳、透明,具有良好的耐热、耐光、耐氧化性。0.5% 的水溶液在100℃加热 3h,无明显降解。偏酸性,pH 为 3~4,遇金属离子易产生深棕色沉淀。

2. 提取方法

方法 1:以蔷薇科植物金樱子(又名刺梨子、刺糖果等)的果实为原料,采摘成熟的金樱子果,晒干,除去毛刺,用 40% 的乙醇按原料:乙醇=1:(3~5)(质量比)的比例两次浸提金樱子果。浸提液过滤后,滤液用水浴加热至 55~60℃,在 93~99.8kPa 的真空下浓缩,控制浓缩比为(40~50):1,回收乙醇。将浓缩液喷雾干燥,喷雾压力为 9.8~13.7MPa,进风温度为 140~180℃,干燥室温度为 55~60℃,干燥室压力为 -26~-4kPa。

方法 2:用温水提取。工艺流程如下:

原料 → 浸提2次 → 过滤

回收乙醇 ← 滤液 ← 减压浓缩 ← 浓缩液 → 喷雾干燥 → 粉状固体

3. 应用

可用于无醇饮料、碳酸饮料、配制酒等的着色,宜在酸性条件下使用,为棕色着色剂。

第三节 蔬菜原料色素

一、类胡萝卜类色素

(一)番茄色素

1. 理化性质

番茄色素(tomato color)的主要成分为茄红素,呈暗红色粉末或油状液体,分子式为 $C_{40}H_{56}$,相对分子质量为 536.88,是从二硫化碳和乙醇的混合液或二氯甲烷和甲醇的混合液中得到的深红色针状结晶。熔点为 172~173℃,易溶于二硫化碳(1g/50mL)、沸腾乙醚(1g/3L),溶于沸腾石油醚(1g/12L)、正己烷(1g/14L,0℃)、氯仿、苯、乙醚和油脂,几乎不溶于乙醇和甲醇,不溶于水,易氧化,油溶液呈黄橙色。耐热和耐光性优良,对热、光稳定,并有抗氧化能力。K^+、Na^+、Mg^{2+} 和 Zn^{2+} 对色素影响不大,Fe^{3+} 和 Cu^{2+} 引起色素的损失较大,Fe^{2+}、Al^{3+} 引起色素的损失较少。

2. 提取方法

以番茄的果实为原料,用油脂提取,或先脱水,再用己烷、醋酸乙酯、95%乙醇、氯仿或丙酮等有机溶剂提取,然后真空浓缩,脱去溶剂,得到粉末状番茄色素。也可在油提取液中加入乳化剂和稳定剂等制得乳化制剂。提取剂中以乙醚的提取效果最好,氯仿和丙酮次之,然后是苯和乙酸乙酯等。如用氯仿作提取剂,料液比为1:5,在 35℃ 下搅拌浸提 7h。也可用 95% 的乙醇作提取剂,逆流法 78℃ 下浸提5h。超临界 CO_2 提取法的工艺条件为压力为 15~20MPa,温度为 40~50℃,流量为20kg/h,时间为 1~2h,此法可提取 90% 以上的番茄红素。有机溶剂萃取法和超临界 CO_2 提取法得到的色素一般为混合物,主要含番茄红素等。

3. 提取工艺流程

番茄→捣碎成泥→有机溶剂浸提→提取液过滤→滤渣→回收有机溶剂→制备番茄酱

滤液→真空浓缩→粗红色素→精制→成品

4. 应用

此功能性天然色素含 80%~90% 的类胡萝卜素,有强的抗氧化性作用和防癌抗癌作用,可作为天然色素使用。作为一种含 13 个双键的碳氢化合物,它具有强烈的色彩和良好的油溶性。油悬浮液可用于膨化食品、焙烤制品、奶酪、黄油和其他涂布物、面食、汤、肉汁和调味汁中。利用聚山梨酯或甘油单油酸酯之类的乳化剂,可使番茄红素提取物分散于水中。这种水溶性色素可用于饮料、冰激凌、乳品甜点、糖果、肉制品、汤和肉汁中。番茄红素唯一的不足之处是有可能产生不希望获得的番茄味。

(二)天然胡萝卜素

1. 理化性质

天然胡萝卜素(natural carotenes)又称植物性胡萝卜素、藻类胡萝卜素和叶红素等,主要成分为 β-胡萝卜素(β-carotene),还含有 α-胡萝卜素(α-crcarotene)、γ-胡萝卜素(r-carotene)、δ-胡萝卜素(δ-carotene)和其他类胡萝卜素。其含量因来源不同,故有所差异,如由胡萝卜为原料得到的产品中,约含 60% 的胡萝卜素类,

其中 α-胡萝卜素为 5.8%，β-胡萝卜素为 89.9%，γ-胡萝卜素为 0.7%，δ-胡萝卜素为 1.2%，其他类胡萝卜素为 2.4%。呈红褐至红紫或橙色至深橙色粉末、糊状或黏稠液体，略有特殊气味，微溶于乙醇和油脂，溶于油脂后呈黄至黄橙色，不溶于水。易氧化，不耐光，但耐热、耐酸性良好。

2. 提取方法

胡萝卜类胡萝卜素以胡萝卜的肉质直根干燥品为原料，用热的油脂或微温的己烷、丙酮或二氧化碳等提取得到；红薯类胡萝卜素以番薯的块根为原料，用油脂或有机溶剂（丙酮、甲醇、乙醇、异丙醇、己烷等）浸提得到；藻类胡萝卜素，又称盐藻类胡萝卜素，以藻类为原料，用二氧化碳、油脂或有机溶剂等提取得到；棕榈油胡萝卜素以油椰的棕榈油为原料，经硅胶吸附后，用己烷分离得到不皂化物，再用热的含水乙醇提取得到。

3. 应用

胡萝卜的胡萝卜素提取物可作为橙色色素用于脂肪食物。许多国家在黄油和其他乳制品中只允许使用类胡萝卜素天然彩色素。虽然胭脂树提取物可提供较强的色素，但胡萝卜提取物能提供带有维生素 A 活性的有效色素。

胡萝卜的胡萝卜素提取物引入水分散后，可广泛用于糖果、饮料、冰激凌，甚至是水果制品。由于具有热稳定性，故提取物可作为天然色素用于烘焙产品。

这种天然色素具有很高的保健价值。它是维生素 A 原，是一种有效的抗氧化剂，也是自由基清除剂和心血管疾病、癌症等相关疾病的保护剂。

（三）辣椒红

1. 理化性质

辣椒红（paprika red）又称辣椒红色素、辣椒色素、红辣素等。主要成分为辣椒红素（capsanthin，约 50%）、辣椒玉红素（capsorubin，约 8.3%）、玉米黄质（zeaxanthin，约 14%）、β-胡萝卜素（约 13.9%）、隐辣椒质（cryptocapsin，约 5.5%），另外，还含有辣椒黄素（crytoxanthin）、堇菜黄（violaxanthin）、辣椒色素脂肪酸酯（capsicumrot aliphatic ester）、辣椒红素二乙酸酯（capsanthin diacetate）、辣椒红素二软脂酸酯（capsanthin dipalmitate）等成分。呈深红色黏性油状液体、针状结晶或结晶性粉末，有特殊气味，熔点为 176℃，易溶于乙醇，溶于丙酮、氯仿、正己烷和食用油中，稍难溶于丙三醇，不溶于水和甘油。有较好的耐酸性、乳化分散性和耐热性（在 160℃ 下加热 2h 几乎不褪色），但耐光性较差，波长为 210～440nm，特别是 285nm 的紫外光可使其褪色。Fe^{3+}、Cu^{2+}、Co^{2+} 等重金属离子可使其褪色，遇 Al^{3+}、Sn^{2+}、Pb^{2+} 等离子会发生沉淀，但不受其他离子影响。着色力强，色调因稀释浓度不同由浅黄色至橙红色。

2. 提取方法

方法 1(萃取分离法):干辣椒去籽后粉碎至 60 目,加入 4 倍的正己烷,在 50～55℃下萃取 3h。经过滤,再重复萃取 2 次。将滤液合并,沉淀分离,浓缩后用二氧化碳在 40℃下吸附 4h,以除去残余溶剂。再加入乙醇洗涤油树脂,分层沉降,下层即为辣椒红色素产品。所得产品的色价可达 140,己烷不溶物为 0.01%,磷脂的质量分数为 $38×10^{-6}$,得率可达 4.5%。萃取的溶剂还可以用丙酮和乙醇。

方法 2(萃取中和法):将鲜辣椒洗净、去籽、磨浆,加入 2 倍的正己烷,在 50～55℃下回流萃取 1h。冷却、过滤,滤渣再用正己烷重复回流萃取 2 次。将滤液合并,减压于 50℃蒸出正己烷。往剩余的油树脂中加入等体积的 30%的氢氧化钠溶液,在 75℃下搅拌 40min。用盐酸中和至 pH 为 6.5。静置 2h,分去下层水层后,加入等体积的正己烷,在室温下搅拌 4h。静置 2h,分去下层水层,剩余液减压蒸出正己烷后,依次用等体积的 90%、75%和 80%的乙醇洗涤。洗涤液减压蒸馏,即得辣椒红色素。

方法 3(超临界 CO_2 萃取法):将干辣椒去籽、粉碎至 40 目,在萃取罐中,用 CO_2 在 45～50℃和 26MPa 下萃取 4h,减压至 7.5MPa,再萃取 2h,即得辣椒红色素产品。或者在 25℃和 18MPa 下,以 2L/min 的萃取剂流量萃取 3h。所得产品的色价可达 220,色调比为 1,得率可达 4%。

方法 4(丙酮法):在红辣椒粉中加入丙酮,搅拌回流提取至辣椒粉颜色很浅为止。提取液经蒸馏后回收溶剂,所得的暗红色浓缩液即为辣椒油树脂。用 4～6 倍体积的正己烷溶解稀释辣椒油树脂,将此稀释液置于分液漏斗中,用 pH>10.37 的 50%的丙酮的碱性水溶液洗涤 6 次,静置、分液,水层经精制得辣椒素,油层经水蒸气蒸馏(去除溶剂及异味)、食盐水洗涤、干燥等程序,最后得暗红色油状液体(无辣味红色素)。

3. 应用

由于辣椒素具有高度刺激性,因此,含辣椒的喷雾剂可用于防身。有研究表明,辣椒素能延缓不同类型癌症的发展,并减少术后疼痛(Pushpakumari 和 Pramod,2009)。另外,此色素可用于罐头、冰激凌、糕点上彩装、雪糕、冰棍、饼干、熟肉制品、人造蟹肉、酱料和糖果等的着色,还可用于医药和化妆品的着色,如药品糖衣的着色。其为红色着色剂和增香剂。

(四)甜椒红色素

1. 理化性质

甜椒红色素(sweet pepper red pigment)的主要成分为辣椒红素和辣椒玉红素,呈深红色油状液体。溶于乙醇、丙酮、乙醚、石油醚、二氯甲烷、三氯甲烷等有机溶剂和动、植物油和奶油,不易溶于水。在溶液中因其加入量由少到多呈黄橙、橙红、红等颜色。色素在弱酸性至弱碱性范围内稳定。耐热性较好,但耐光性较差。油脂对其有一定的保护作用。

2. 提取方法

以茄科辣椒属植物的甜椒为原料,取一定量的红甜椒粉,用乙醇作提取剂,料液比为1∶(4~5),在45~50℃下提取3h。提取液过滤,得色素溶液,蒸发浓缩得红色素,与从红辣椒中提取红色素相比,可省去除辣工序。

3. 工艺流程

```
                  ┌──────提取剂──────┐
                  │                  │
红甜椒→粉碎→提取 → 过滤 →蒸发浓缩→红色素
                      滤渣→食品添加剂或饲料
```

4. 应用

此色素为红色着色剂和增香剂,用途与辣椒红色素相似。主要用于各类食品的着色,还可用于医药和化妆品的着色,如药品糖衣的着色。

(五)南瓜黄色素

1. 理化性质

南瓜黄色素(pumpkin yellow pigment)又称南瓜黄、南瓜果肉色素等,主要成分为胡萝卜素类色素,主要为β-胡萝卜素(16.84%),还有α-胡萝卜素、γ-胡萝卜素、玉米黄质、番茄红素、叶黄素等。20℃以上为橙黄色油状液体,20℃以下为黄色半凝固状油状物。易溶于丙酮、石油醚、氯仿、苯、植物油等,溶于乙醇,不溶于水。pH对色素的色调没有影响。Fe^{3+}、Al^{3+}、Cu^{2+}、Sn^{2+}对色素有破坏作用,而Ca^{2+}、Ba^{2+}、Zn^{2+}、K^+、Na^+对色素没有破坏作用。其色调在100℃以下的温度范围内较稳定。对光比较敏感,5d的阳光直射其吸光值下降近一半,20d后几乎全部褪色。色素对温度较稳定、对氧化剂稳定。

2. 提取方法

方法1:以葫芦科草本植物南瓜为原料,将南瓜切成0.5~1mm的薄片,用10倍量的95%的乙醇作溶剂,在70℃下提取40min,经过滤,滤渣在同样的条件下提取1次,或将南瓜磨成浆状,用10倍量的丙酮作溶剂,在50℃下提取60min,再过滤,滤渣在同样的条件下再提取1次。将滤液合并,减压浓缩,回收溶剂,即得色素。

方法2:取10g南瓜皮粉,用石油醚和丙酮混合液反复提取,至提取液无色为止。合并提取液,在60~70℃下蒸馏回收溶剂,得色素,提取率为3.1%左右。

方法 3:取新鲜南瓜,洗净去皮,将果肉擦丝,捣碎,用 1∶1 的乙醇—石油醚混合液,搅拌浸提 48h。经过滤,滤渣浸提 1 次。再过滤,滤液合并,用 60~80℃的水浴蒸馏,回收溶剂。浓缩液用少量乙醇溶解后,再回收乙醇。在约 75℃的烘箱中干燥,得橙红色的南瓜色素浸膏,提取率约为 2.6%。

3. 应用

此色素为天然黄色着色剂,可用于人造奶油、冰激凌、冰棍、果汁、饼干等的着色。

(六)苦瓜色素

苦瓜(*Momordica charantial* L.)别名凉瓜、癞瓜,为葫芦科苦瓜属中一年生草本植物,在我国南北方普遍栽培。苦瓜性寒无毒,其根茎叶花果实和种子在世界各地均有药用记载,有清火明目解毒、降血压、滋养益气之功效。苦瓜果肉及种子胎座中的红色素颜色鲜艳,能使食品美观而无副作用,是一种新型的天然植物色素。随着有机食品的大力提倡其天然色素必有广阔的前景。

1. 理化性质

苦瓜色素的主要成分为叶黄素、番茄红素、胡萝卜素等类胡萝卜素化合物。成熟苦瓜的红色素用 67%的无水丙酮和 33%的无水乙醇在室温 22~28℃下浸提效果好。苦瓜红色素在酸性条件下稳定,在碱性条件下不稳定,对强氧化剂不稳定,还原剂对色素的影响不大。苦瓜红色素对葡萄糖、淀粉、蔗糖和一些人体必需的微量元素 Na^+、K^+、Ca^{2+}、Mg^{2+} 比较稳定,Fe^{2+}、Fe^{3+} 对色素有明显的影响,在提取和储存过程中应避免使用铁器。光照下容易褪色,故应避光保存。浸提液经冷凝回收,可多次利用。

2. 提取方法

以葫芦科植物的苦瓜果实的假种皮为原料,取未成熟的苦瓜果实,放入 20~30℃的贮藏室加以催熟,果实 4~8d 变黄,果实的假种皮也变红,加入 40%的甲醇,同时加入少量的抗氧化剂和耐酸镁,迅速磨碎,进行浸提。经过滤,滤渣用 40%的甲醇洗涤几次后,再用丙酮浸提至无色。向浸提液中加入乙醚,色素转溶于乙醚中,用饱和食盐水和蒸馏水进行洗涤,并促使分层。然后舍弃下层液体,取出乙醚色素层液体,加入 20%的氢氧化钾的甲醇溶液,在低温下放置 16~18h,为减少色素的氧化,可充入氮气。适当加入乙醚,再用饱和食盐水、蒸馏水进行洗涤。取出上层乙醚色素溶液,用无水硫酸钠干燥,在氮气下浓缩,即得到膏状的苦瓜色素。如果用有机溶液溶解,再通过 HPLC 可分离出其中所含的叶黄素、番茄红素和胡萝卜素等。

3. 工艺流程

苦瓜胎座

成熟苦瓜→清洗→切碎→凉干→研细→浸提→过滤→色素液→蒸馏→色素液→蒸馏→浓缩液

4. 应用

此色素可用于食品、饲料、化妆品及医药品中。

（七）蒲公英色素

1. 理化性质

蒲公英色素（dandelion pigment）的主要成分为环氧叶黄质（lutein epoxide）、菊黄质（chrysanthemaxanthin）、黄黄质（fla-voxanthin）、新黄质（neoxanthin）、蒲公英黄质（taraxanthin）等。醇溶性色素水溶性好，油溶性色素不溶于水，易溶于食用油、乙酸乙酯、氯仿等非极性溶剂，主要成分为胡萝卜素、叶黄素等类胡萝卜素。

2. 提取方法

以菊科植物蒲公英的花为原料，取 150g 蒲公英花，加入少量二氧化硅，用研钵稍加研磨，以破坏细胞组织，利于色素提取。按 1∶4 的固液比，加入 95% 的乙醇，搅拌，冷浸 1h 过滤。在滤渣中再加 2 倍的乙醇，搅拌，冷浸 2h，分离过滤。合并滤液，减压浓缩为黄色浆液，离心沉降，得上层清液 10g，此为醇溶性色素。上述提取后的滤渣中仍含黄色素，再用 300mL 的四氯化碳，分两次冷浸，经过滤，合并两次滤液，减压浓缩，再低温真空干燥得橙黄色黏稠物 1g，此为油溶性色素。

3. 应用

此色素可用于饮料、果酒、糖果、点心等保健食品、医药品及化妆品的着色。

二、类黄酮化合物

（一）紫甘蓝色素

1. 理化性质

紫甘蓝色素（purple wild cabbage pigment）又称紫红色甘蓝色素，主要成分为矢车菊苷等多种花色素苷，还含有黄酮和单宁等。该色素呈深红色粉末、糊状或液体，略有特殊气味。溶于水、含水乙醇、醋酸、丙二醇等极性较强的溶剂，不溶于苯、乙酸乙酯、石油醚、油脂等非极性溶剂。其色调随 pH 的变化而变化，酸性溶液（如 1% 柠檬酸溶液）呈红至紫红色，pH<3 时呈鲜明紫红色；碱性溶液呈不稳定的暗绿色；中性溶液呈紫至紫蓝色。在柠檬酸、酒石酸等酸性水溶液中有良好的耐热、耐光性；在 pH<3 的乳酸饮料中能保持稳定的红色，但维生素 C 影响其稳定性。在食

盐浓度达10%以上时,生成沉淀物,但在一般的食盐水溶液中能保持稳定,尤其在酸性条件下稳定性更佳。染色性不强,遇蛋白质会变成暗紫色。还原剂对色素的稳定性有较大的影响,葡萄糖、蔗糖、柠檬酸对色素有增色作用。Ca^{2+}、Mg^{2+}、Zn^{2+}、Cu^{2+}对色素影响不大,但Fe^{3+}、Al^{3+}对其色调有较大的影响。突变性、诱发性试验及急性毒性试验呈阴性。

2. 提取方法

以十字花科紫甘蓝为原料,以5倍质量的0.05mol/L的盐酸水溶液作浸提剂,在80℃下浸提2次。将浸提液过滤,在50℃左右减压浓缩,得到色素胶质,得率为5.35%。过滤的滤液也可用DA101树脂柱提纯精制。

3. 应用

用于糖果、色拉、乳酸菌饮料、碳酸饮料、粉末清凉饮料、果酒、果汁、汽水、胶姆糖、冰激凌、话梅等的着色,为红紫色着色剂。不宜用于蛋白质类食品。

(二)萝卜红

1. 理化性质

萝卜红(radish red)又称萝卜红色素、红萝卜色素、红心萝卜色素等,其主要成分为天竺葵素。色素呈深红色无定形粉末,味微酸,易吸潮,吸潮后结块,但不影响使用效果。易氧化,易溶于水和含水乙醇,不溶于无水乙醇、丙酮、乙醛、石油醚、四氯化碳、苯、二甲苯、乙酸乙酯等非极性溶剂。其水溶液的色调随pH的变化而变化,在pH为2~8时,其最大吸收波长向长波方向移动,色调依次为橙红、粉红、鲜红、紫罗兰,pH=5时的颜色最浅。其水溶液对热不稳定,随着温度升高,降解速度增快。氯化钠、淀粉、柠檬酸、苯甲酸等能明显增强水溶液的颜色,但糖类使色素稍微褪色。K^+、Na^+、Ca^{2+}、Zn^{2+}、Mg^{2+}对色素无不良影响,但Cu^{2+}、Al^{3+}、Fe^{3+}使色素变色。

2. 提取方法

方法1:以十字花科植物红心萝卜为原料,经清洗、切丝、压榨得到红色汁液。滤渣经酸性水溶液或乙醇水溶液提取,过滤又得滤液。合并榨出的汁液和提取的滤液,进行精制、干燥得到产品。

方法2:将萝卜洗净去皮,肉质切碎,用0.5mol/L的盐酸水溶液在30~50℃下浸提。经过滤,滤液减压浓缩,干燥得膏状的紫红色色胶。滤渣还可进行二次浸提。

方法3:将萝卜去叶、去须根、洗净、切成片或丝后,在常温下浸提数次。原料与浸提剂的质量比为1:10,重复3~4次,第1次浸提0.5h,以后每次浸提1h。将浸提液合并,经沉降、过滤去除机械杂质后送至富集工段。富集以高分子吸附柱为主,将含色素的滤液经过吸附柱,色素吸附于高分子内,当高分子吸附剂逐渐饱和,流出液呈红色时,视吸附过程完成,停止吸附。再通入乙醇将色素解析下来,将乙醇溶液进行蒸馏,回收乙醇。再喷雾干燥,即得紫红色无定形的色素粉末。

3. 应用

此色素为红色着色剂,用于酸性饮料、糖果、配制酒、果酱、调味酱、蜜饯、糕点、冰棍、冰激凌、果冻等的着色。

(三)胭脂萝卜色素

1. 理化性质

胭脂萝卜色素(carmine radish pigment)又称胭脂萝卜红色素,呈赭红色结晶。易溶于水、甲酸、乙酸、甲醛等强极性溶剂,微溶于二甲基亚砜,不溶于无水乙醇、甲醇、乙酰、氯仿、丙酮、四氯化碳等弱极性溶剂。其色调随 pH 的变化而变化,pH<4 时呈橘红色,pH 为 5~11 时呈紫红色,pH 为 12~14 时呈黄绿色。对热、光均有较好的耐受性,耐氧化剂的能力较差。食盐、防腐剂、蔗糖对色素颜色的影响不大,但淀粉会使色素颜色变浅。

2. 提取方法

以胭脂萝卜,又名血萝卜为原料。胭脂萝卜是中国秋冬萝卜的绿色种,广泛生长于长江以南暖冬地区,含有大量的红色素。将胭脂萝卜清洗去皮后切成 2mm 厚的小片,加入 1.5 倍的无水乙醇,在室温下浸提 8h。经过滤,滤液经减压旋转浓缩至干,得赭红色萝卜色素。提取率为 4.2%~5.8%(100g 湿重原料提取的色素量),以理论回收量为 100%计算,回收率为 94%以上。

3. 应用

此色素可用作天然红色着色剂。

(四)红菜苔色素

1. 理化性质

红菜苔色素(brassica campestris pigment)又名天然红菜苔色素,主要成分为花色苷类色素,还有黄酮类化合物。此色素溶于水、甲醇、乙醇,对热和光有较好的稳定性。在酸性条件下呈鲜红色,当 pH 为 1.56~3.64 时呈鲜红色,pH 在 4.75~5.70 时呈红紫色,pH>7 时呈绿色,pH>8.61 时绿色加深,变为翠绿色。

2. 提取方法

方法 1:以红菜苔的茎皮为原料,取新鲜红菜苔的茎皮,经清洗、切碎后置于高速组织捣碎机中捣碎。取 70g 捣碎物,加入 210mL 的水,用 5%的盐酸调 pH 至 2.5~3,在 70℃下提取 15min。经过滤,滤渣再用 140mL 的水提取 2 次。再过滤,将滤液合并,减压浓缩至一定体积,加入乙醇至一定浓度,冷却、沉淀果胶。再过滤,滤液加少量环糊精,温热、静置。再过滤、旋转浓缩得到浓稠状红色素溶液,经在 50~60℃下真空干燥,得深红色浸膏,收率为 5.8%。

方法 2:取 70g 捣碎物,加入 140mL 甲醇,在室温下提取 30min。经过滤,滤渣再以 70mL 的甲醇提取 1 次。再过滤,将滤液合并,冷至约 5℃,过滤除去沉淀物。滤液经旋转浓缩,并在 50~60℃下真空干燥,得深红色浸膏,收率为 6.2%。

3. 应用

此色素可作为天然红色着色剂。

(五)洋葱表皮色素

1. 理化性质

洋葱表皮色素(onion scarf skin pigment)又称洋葱皮萃取液,主要成分为槲皮素及其衍生物等黄酮类化合物。此色素溶于热水、乙醇水溶液。当 pH 为 1~8 时,溶液呈橙红色;当 pH 为 9~14 时,溶液呈明显黄色。该色素在弱碱性至酸性的溶液中呈稳定的橙红色,在碱性溶液中随碱性的增大由浅黄色变成黄绿色。对热较为稳定,短时间光照对色素的稳定性影响不大,氧化剂和还原剂对色素的稳定性影响很小。铜离子使溶液变成浅蓝色,高价铁离子和锌离子使溶液变成黄绿色。柠檬酸、淀粉、食盐、蔗糖、葡萄糖等对色素的影响不大。

2. 提取方法

以洋葱表皮为原料,取洋葱表皮洗净、晾干后剪碎,用 75% 的乙醇或热水进行浸泡。经过滤、浓缩得色素浓缩液。

3. 工艺流程

洋葱表皮→清洗→晾干→粉碎→75%乙醇浸泡→过滤→浓缩→色素浓缩液

4. 应用

此色素可用于食品、医药和化妆品的着色。

(六)紫菜苔色素

1. 理化性质

紫菜苔色素(brassica campestris pigment)的主要成分为花青素类物质。此色素易溶于水、甲醇、乙醇等极性较强的溶剂,不溶于乙醚、丙酮、乙酸乙酯、石油醚、苯等非极性溶剂。酸性越强,颜色越红,在弱酸性及中性条件下为紫色,pH>9 时呈绿色。该色素对热不稳定,对光较稳定,但宜避光保存。Fe^{3+}、Bi^{3+} 使色素出现紫色结晶沉淀,Mn^{2+}、Vc 使溶液颜色加深,其他金属离子对色素影响不大。常用的食品添加剂(葡萄糖、蔗糖、盐、苯甲酸钠等)及氧化剂、还原剂对色素影响不大。

2. 提取方法

以紫菜苔的茎皮及叶为原料。紫菜苔为湘、鄂、川等长江流域地区的一种重要的秋冬蔬菜。取新鲜紫菜苔的叶及茎的表皮,洗净晾干、切碎后,用 30% 的乙醇溶液,在25~40℃下浸泡8h。过滤得紫色澄清的色素提取液,减压蒸去溶剂,并真空干燥,即得粉末状色素。

3. 应用

此色素用作弱酸性及中性饮料的着色剂。

（七）紫山药色素

1. 理化性质

紫山药色素(purple yam color)的主要成分为氧定酰基葡糖苷(cyanidinacylglucoside),呈红至紫色粉末、糊状或液体,略有特殊气味。溶于水、含水乙醇,不溶于油脂。其水溶液为酸性时呈红色至紫红色,中性至碱性时呈暗紫红色,不稳定。有较好的耐热和耐光性,遇蛋白质变为紫蓝色。

2. 提取方法

以紫山药(dioscoreajaponica)的紫色块根为原料,在室温用水或弱酸性水溶液浸提得到。也可将紫山药直接磨成粉,用于焙烤制品等。

3. 应用

可用于饮料、冷饮、糕点、果酱、腌渍品等的着色,为紫红色着色剂。

（八）紫甘薯红色素

1. 理化性质

紫甘薯红色素(purple sweetpotato red pigment)又名紫甘薯色素、紫甘薯紫红色素、紫红薯色素等,主要成分为花色苷类化合物。易溶于水、盐酸化甲醇、盐酸化乙醇,难溶于有机溶剂。对热和光的稳定性较好。Fe^{3+}、Al^{3+}对色素有增色作用,其他金属离子稍有减色作用。该色素耐氧化性较好,耐还原性相对较弱。

2. 提取方法

以紫甘薯为原料,用0.5%的盐酸的乙醇溶液浸提5h,经过滤,滤液用氢氧化钠调至pH=3,再减压浓缩,得到色素浸膏。或者用85∶15的乙醇—盐酸作浸提剂,固液比为1∶20,在50℃下浸提60min,浸提2次,提取率可达95%。也可用20倍的1%的柠檬酸水溶液,在40℃下提取30h,离心、过滤,得紫红色色素液。将色素液吸附在Duolite XAD-7树脂上,水洗后用85%的乙醇洗脱,洗脱液蒸出乙醇后通过超滤膜处理,以除去蛋白质、淀粉等胶体物质,接着用反渗透膜浓缩,即得紫红色色素。

3. 应用

此色素作为天然红色着色剂,可用于食品和医药等行业。

（九）芸豆色素

1. 理化性质

芸豆色素(kidney bean pigment)的主要成分为花色苷类色素,呈深红色粉末。

易溶于甲醇、乙醇、丙酮和水等极性溶剂,难溶于乙醚、四氯化碳和苯等非极性溶剂。水和乙醇中的溶解度可达2%(20g/L)以上。当pH为2~3时呈橘红色,pH为4~5时呈红色,pH为6.5~7.5时呈褐红色,pH为8~9时呈蓝绿色。

2. 提取方法

以红(黑)芸豆为原料,取芸豆,用pH为2~3的酸性乙醇进行浸提。经过滤,往滤液中加入过量的醋酸铅,生成表紫色的色素—醋酸铅复合物沉淀。经4000r/min的高速离心机离心5min后,弃去上层清液,收集沉淀物。将沉淀用稀醋酸溶解,复得深红色的色素溶液,然后通入过量的硫化氢气体,除去铅离子,得色素纯溶液。最后经减压浓缩、真空干燥得到深红色的色素粉状晶体。提取率达8%~12%。

3. 工艺流程

红(黑)芸芸立种皮 $\xrightarrow[\text{脱种皮}]{\text{净选}}$ 芸豆种皮 $\xrightarrow[\text{3~4次}]{\text{酸性乙醇浸提}}$ 色素乙醇溶液 $\xrightarrow[\text{或超滤}]{\text{过滤}}$

滤液 $\xrightarrow[\text{回收乙醇}]{\text{旋转真空浓缩}}$ 浓色素溶液 $\xrightarrow[\text{喷雾干燥}]{\text{真空干燥}}$ 深红色粉状晶体

4. 应用

此色素为天然红色着色剂,可用于饮料、糕点、糖果等食品的着色。

（十）芹菜素

1. 理化性质

芹菜素(apigenin)又名芹黄素、天然黄、1,2,5,7,4-三羟基黄酮等,从含水吡啶中得到黄色的针状结晶。熔点为345~350℃,溶于稀氢氧化钾溶液,呈鲜艳的黄色,较易溶于热乙醇,几乎溶于水。分子式为$C_{15}H_{10}O_5$,相对分子质量为270.24。

2. 提取方法

方法1:芹菜苷在酸性条件下水解,芹菜素-7-葡萄糖苷在乳化剂存在下用酶进行水解,或和15%的硫酸共沸进行水解,均可得到芹菜素,也可从植物中分离得到。

方法2:50g芹菜的叶舌用7:3的水—乙醇混合液提取,提取剂的量以完全覆盖固体为宜,提取7h。提取液蒸发至干,加入500mL乙醚,在室温下剧烈搅拌24h后过滤。滤饼用50mL乙醚洗涤后在真空中干燥,得9g黄色粉末。往该黄色粉末中加入500mL 10%的HCl,加热回流约10h,在50℃下过滤,滤饼洗至中性,再在100℃下干燥。然后用96%的乙醇结晶,得2.61g芹菜素,提取率为5.22%。

3. 应用

此色素用作染料,可用于织物的着色。

（十一）菠菜色素

1. 理化性质

菠菜色素(spinach pigment)又称菠菜叶绿色素,主要成分为叶绿素a、叶绿素

b、叶黄素、胡萝卜素、姜黄素、紫黄素、新叶黄素和去镁叶绿素等。该色素为绿色粉末状,在中性或碱性条件下,对热比较稳定,并有一定的耐氧化还原能力。温度越低,色素的稳定性就越高。Mg^{2+}、Al^{3+}、Fe^{3+} 会使色素溶液稍变混浊,且 Fe^{3+} 使绿色溶液变浅,能使绿色溶液变为棕黄色,K^+、Na^+、Ca^{2+}、Ba^{2+} 对色素的色调几乎无影响。食盐、苯甲酸和蔗糖对色素的颜色也影响不大。

2. 提取方法

方法1:将菠菜叶洗净、风干,切成碎片,用研钵捣烂,用3∶2的石油醚—乙醇混合液浸提(每50g 材料用 30mL)60min,抽滤后移入分液漏斗,用水萃取2次以除去乙醇及其他杂质,不要激烈振荡,以防发生乳化现象。弃去水—乙醇层,石油醚层用无水硫酸钠干燥 20min 后滤入圆底烧瓶,在水浴上蒸去石油醚(回收)至体积约为 1mL 为止,即得到菠菜色素浓缩液。将该浓缩液用氧化铝柱进行层析,可分离出菠菜中含有的叶绿素 a、叶绿素 b、β-胡萝卜素和叶黄素。先用体积比为9∶1的石油醚—丙酮混合液洗脱,得到橙黄色的 β-胡萝卜素。再用7∶3的石油醚—丙酮混合液洗脱,得到叶黄素。然后用3∶1∶1的丁醇—乙醇—水混合液洗脱,得到蓝绿色的叶绿素 a 和黄绿色的叶绿素 b。

方法2:以菠菜叶为原料,取 10g 菠菜叶,加入 10mL 甲醇一起研磨,静置并倾出溶剂,往残留物中再加入 10mL 2∶1的石油醚—甲醇混合液,研磨后过滤。往滤渣中再加入 10mL 混合液,再研提2次。经过滤,将滤液合并,分去醇层,醚层浓缩后干燥,即得色素溶液。

方法3:取 5g 菠菜叶,先用 10mL 丙酮研磨,再用 10mL 石油醚研磨、过滤。将滤液干燥,即得色素溶液。用硅胶 H 制成薄板,以1∶1的石油醚—乙酸乙酯展开,可分离出菠菜色素中的五种主要成分。

方法4:将菠菜去梗、洗净、晾干,取 10g 菠菜叶切碎,用 40mL 95% 的乙醇分两次在室温下研磨,研磨后过滤,合并两次滤液,再减压浓缩,即得绿色的色素粉末。

3. 应用

此色素为绿色着色剂,适用于中性饮料及食品的着色。

三、生物碱类色素:甜菜红

1. 理化性质

甜菜红(beet red)又称甜菜根红,其主要成分为甜菜红苷,占红色素的 75% ~ 95%,其余为黄色的甜菜花黄素、异甜菜苷、前甜菜红苷、异前甜菜苷及甜菜色素的降解产物等,另外还含有甜菜原料中的糖、盐和蛋白质。此色素为红紫至深紫色液体、块或粉末、糊状物,有异臭。易溶于水、牛奶、50%的乙醇或丙二醇的水溶液,几乎不溶于无水乙醇、丙二醇或乙酸,不溶于乙醚、丙酮、甘油、油脂、氯仿或苯等有机溶剂。水溶液呈红色至红紫色,色泽鲜艳。pH 为 3~7 时较稳定,特别是 pH 为 4~5 时稳定性最好,在碱性条件下呈黄色。染着性好,耐热性差。降解速度随温度的升高而迅速增加,pH = 5 时,色素的半衰期为(1150±100)min(25℃)、(310±30)min(50℃)、(90±10)min(75℃)和(14.5±2)min(100℃)。不因氧化而褪色、变色,可因光照而略微褪色。金属离子对该色素的影响一般较小,但如果 Fe^{3+}、Cu^{2+} 的含量高时可发生褐变。漂白粉、次氯酸钠等可使其褪色,抗坏血酸对其有一定的保护作用。

2. 提取方法

从食用红甜菜的根茎(俗称紫菜头)中提取。红甜菜的根洗净后,先用 2% 的亚硫酸氢钠水溶液在 95~98℃ 下进行 10~15min 的热烫,然后切成 3~5mm 粗的菜丝,加入等量的水,在室温下浸提 30~40min。经压滤,滤渣再进行 1 次浸提。将滤液真空浓缩至固体含量为 40% 左右,再进行离心喷雾干燥,即得产品。每 100kg 鲜甜菜可制得 6kg 甜菜红,其中甜菜苷的含量为 0.45%~0.8%。也可用水在 95℃ 下提取 45min,提取率可达 97.3% 以上。

3. 应用

此色素为红紫色着色剂,可用于冷饮、乳制品、水果制品及不需加热的食品的着色,不宜用于热饮料等。

四、二酮类化合物:姜黄色素

1. 理化性质

姜黄色素(curcumin)为棕黄色粉末,略有香气、微酸,易溶于乙醇、水,水溶液为澄清亮黄色,pH 约为 4。当 pH 为 3~7 时呈黄色,吸光度基本保持不变;当 pH<8 时颜色由黄变红;当 pH 增加到 10 时溶液红色加深;当 pH 在 8~10 范围内时,溶液的吸光度有较大变化。维生素 C、苯甲酸钠对色素无明显影响。Zn^{2+}、Cu^{2+} 对色素的无不良影响,但 Fe^{3+} 对色素的稳定性有较大影响,使色素溶液由黄变红。该色素耐盐、耐糖性较好,耐热、耐光性较差。

2. 提取方法

从姜科植物姜黄(*Curcuma longa* L.)的根茎中抽提、精制而成橘黄色结晶或粉末。其具体的提取方法有以下三种。

方法 1(乙醇浸提法):将姜黄粉碎,先用水蒸气蒸馏,除去姜黄油,再用有机溶剂提取,以除去高沸点的树脂类物质。然后用 95% 的乙醇浸提 2 次。浸提液过滤后浓缩,再用 2% 的盐水在 0℃ 下萃取 2 次,每次 3h,以除去杂质。经过滤,将滤饼洗涤、干燥,即得姜黄素,收率可达48.6%左右。还可用乙酸乙酯、二氯甲烷、丙酮、氯仿、四氢呋喃、甲醇等提取。

方法2(碱水浸提法):将姜黄粉碎,先用水蒸气蒸馏,除去姜黄油和高沸点树脂类物质后,以pH为9~9.5的8倍、6倍和5倍的碱性水溶液依次浸提60min、54min和30min。将浸提液过滤,加入0.6%~1%的亚硫酸氢钠。合并后,用盐酸调pH为3~4,放置3~5h。再离心分离,得到的粗品再用乙醇反复浸提来纯化。乙醇溶液回收乙醇后,经浓缩、喷雾干燥,即得姜黄素。

方法3(超临界CO_2萃取法):姜黄粉碎后置于萃取釜中,用7.5~45MPa的CO_2,再按夹带剂与原料质量比为(1:1)~(1:9)泵入乙醇与水的体积比为(70~100):(30~0)的夹带剂与CO_2混合,一起进入萃取釜,在32~80℃下萃取2~8h。萃取液经减压阀进入分离釜中进行解析分离,解析压力为4~7MPa,解析温度为20~80℃,解析时间为2~8h。在分离器中获得的含姜黄有效成分的乙醇萃取液经降膜浓缩回收乙醇后,在室温下放置24h,析出大部分结晶的姜黄色素,过滤得到湿的姜黄色素膏状物。将该膏状物重新放入超临界二氧化碳萃取釜中,在7.5~45MPa的压力和32~70℃的温度下萃取2~5h。然后在分离釜中,在2~7.5MPa的压力和25~70℃的温度下解析2~5h,经干燥后即得姜黄色素粉。

3. 应用

姜黄可作为风味剂用于印度和亚洲食品的准备物。芥末酱也含有这种香料,这种产品使用姜黄油树脂可取得良好效果。但姜黄素在保健食品业用量较大。印度国家营养研究所开展的系统研究表明(Polasa 等,1991、1992;Mukundan 等,1993),姜黄素是一种高效抗氧化剂,因此是一种抗癌保健品。美国研究人员的研究结果表明,姜黄素有利于治疗乳腺癌、前列腺癌、肺癌和结肠癌。

加利福尼亚州大学洛杉矶分校最近的一项研究表明,姜黄素有助于治疗阿尔茨海默氏病(Balasubramani-an,2006)。据报道,姜黄具有化妆功能,这方面起作用的主要是姜黄素。采用超临界二氧化碳萃取得到的姜黄酮,具有抗氧化和抗老化的性能。有研究人员进一步声称,姜黄酮具有高度的生物可利用性,可改善肤色和增加光泽。

五、其他类色素:茄子色素

1. 理化性质

茄子色素(aubergine pigment)又称茄子皮紫色素、茄子皮色素、茄子紫,呈橙黄色。其色调随pH的变化而变化,pH为1~4时呈浅红色,pH为4~5.4时呈淡红色,pH为5.4~7时呈淡黄色,pH为7~9呈亮黄色,pH为9~12时呈黄色。常见的金属离子对该色素无明显影响,但 Fe^{3+} 会使色素的色调改变。有一定的热稳定性,光照有利于色素的显色。有一定的耐氧化性,耐还原性较差。蔗糖、葡萄糖、糖精钠对色素无影响。

2. 提取方法

以茄子(又名吊菜子、落苏、矮瓜)皮为原料,取成熟的茄子,削皮,取茄子皮,捣碎,加入 2 倍量的水,在 60~80℃ 下浸提 1h。经过滤,将滤液浓缩、干燥,即得色素。

3. 工艺流程

茄子→削皮→茄子皮→捣碎→加200%水→浸提→滤渣作饲料
                                          ↓过滤
茄子色素←干燥←浓缩←滤液

4. 应用

此色素可作为天然橙黄色着色剂。

第四节　花卉原料色素

一、类胡萝卜类色素

(一)藏红花色素

1. 理化性质

藏红花色素(saffron color)又称番红花色素,主要成分为藏红花素(crocin)、藏红花酸(crocetin)、藏红花酸-β-D-葡萄糖酯、藏红花酸-2-(β-D-葡萄糖)酯、藏红花酸-(β-龙胆二糖)酯等。呈暗黄至红褐色粉末,有特殊香气,略有苦味。溶于稀氢氧化钠溶液,微溶于水及有机溶剂。中性至碱性条件下耐热和耐光性良好,酸性下不稳定,对蛋白质的染色性尚好。

2. 提取方法

以鸢尾科多年生草本藏红花(Crocus sativus L.,又名番红花、西红花)尚未盛开之际摘取的雌蕊(其柱头及花柱)为原料,用热灰或炭火以约 30℃ 的温度干燥,制成粉末,即为番红花色素。每 1kg 粉末产品需 15 万~20 万朵花,花以红色深并带光泽者为佳。

3. 应用

此色素可用于糕点、果冻、糖果、面条、冷饮、香肠肠衣、人造奶油、起酥油、焙烤食品、酒精饮料等的着色,为黄色着色剂和香料。

(二)万寿菊色素

1. 理化性质

万寿菊色素(marigold pigment)又称金盏花色素,主要成分为叶黄素(lutein)和叶黄素脂肪酸酯,如叶黄素的二棕榈酸酯(helenien)等叶黄素类(xanthophylls)化合物及其他胡萝卜素的羟基化衍生物和环氧化衍生物等。该色素为橙黄色至黄褐色块状固体、糊状或黏稠液体,有特有的气味。溶于乙醇、丙酮、己烷、油脂等,不溶于水或丙二醇。在乙醇中,pH 为 7 左右时,色调鲜艳悦目;pH 较小时,溶解度降低,颜色变浅或无色;pH 较大时,虽然溶解度较大,但色调较暗。酸含量的改变对吸光度影响不大,但随碱浓度的增加,橙黄色越来越深。其油脂溶液呈黄色,呈色不受 pH 影响。耐光性差,耐热性好,但在150℃以上高温时不稳定。对氧化剂有一定的耐受性,但耐还原性较差。蔗糖及金属离子 Na^+、K^+ 对色素基本无影响,Fe^{2+}、Sn^{2+}、Zn^{2+} 对色素的稳定性只有微弱的影响,Fe^{3+}、Cu^{2+}、Ca^{2+} 的加入则会改变色素溶液的颜色,对色度有一定的影响。

2. 提取方法

以万寿菊(也称金盏花)的花朵粉末为原料,采摘新鲜的万寿菊花朵,去掉其花梗和萼片,置于110℃烘箱中干燥至恒重,粉碎、过筛,得到万寿菊花粉。然后在室温下,以己烷:丙酮:甲醇=8:1:1的混合液作为溶剂,花粉和溶剂的比例为1:50,在避光下浸提25h。再经过滤、减压浓缩、沉淀、干燥,即得褐色固体。也可用食用油制成油脂制剂。也可按固液比为 1:10 的比例,用75%的乙醇水溶液在室温下浸提 3 次,每次 8h。

3. 应用

此色素主要用于饮料、冷饮、糕点和油脂食品等的着色,为黄色着色剂。

(三)金盏菊色素

1. 理化性质

金盏菊色素(calendula officinalis pigment)又称金盏菊橘黄色素,溶于丙酮、95%乙醇、乙酸乙酯、乙醚,微溶于水。色素在 pH 为 3~12 范围内比较稳定,呈橘黄色;在 pH 为 1~2 时出现沉淀。Ca^{2+}、K^+、Zn^{2+}、Mg^{2+}、Fe^{2+}、Na^+ 对色素的色泽无大的影响,Fe^{3+} 使色素颜色加深。维生素 C、葡萄糖、柠檬酸对色素没有明显影响,在日光照射下维生素 C 对色素有明显的保护作用。热稳定性较好,对光敏感。

2. 提取方法

以金盏菊为原料,取 2g 新鲜的橘黄色金盏菊,剪碎,用 50mL 95%的乙醇提取。过滤得色素溶液。

3. 应用

此色素可作为天然橘黄色着色剂。

二、类黄酮化合物

(一)菊花黄色素

1. 理化性质

菊花黄色素(chrysanthemum yellow pigment)又称菊黄素、菊花黄等。主要成分为大金鸡查尔酮(lanceolin)、大金鸡菊查尔酮(lanceloetin)等黄酮类色素,还含有6%~9%的糖、52%的氨基酸。呈棕褐色黏稠状液体,稀释后呈淡黄色,有菊花清香气味。易溶于水或乙醇,呈淡黄色。pH<7 时呈黄色;pH>7 时呈橙黄色。耐光性和耐热性均较好,着色力强。铜质材料对色素的稳定性有影响,氧化剂和还原剂对色素的稳定性无影响。几种常用的食品添加剂苯甲酸钠、柠檬酸、抗坏血酸对色素几乎没有影响或影响很小,其中柠檬酸钠对色素还有增色作用。

2. 提取方法

方法1:以大金鸡菊(*Coreopsis lancelcita* L.)的花序为原料,将大金鸡菊的花序分拣剔去霉变及其他杂质,用水浸泡过滤后浓缩而得菊花黄色素,平均得率达48%左右。

方法2:以野菊花(*Chrysanthemum indicum* L.)为原料,将野菊花除去苞片,粉碎、干燥。用 pH 为 3 的无水乙醇作浸提剂,料液比为 1:8,在 60℃下浸提 10h,浸提 2 次,经过滤得色素溶液。也可以 pH 为 5 的无水乙醇作浸提剂,按每克野菊花粉加 10mL 浸提剂的比例投料。

3. 应用

此色素可用于饮料、冷饮、果味水、果味粉、果子露、汽水、配制酒、糖果、糕点、罐头等食品的着色。

(二)红花红色素

1. 理化性质

红花红色素(carthamus red)又称草红花红色素,主要成分为红花素。呈暗红色至红褐色的有光泽的结晶或结晶性粉末,稍带特有气味,味始稍甜,后稍带涩性。较易溶于丙酮、二甲基甲酰胺,难溶于水、乙醇。

2. 提取方法

以红花(又称草红花、红蓝草)的新鲜花瓣为原料,红色素在红花中的含量仅为 0.1%~0.2%。取 20kg 红花原料,水洗 8 次,每次约 250L,以洗去泥土杂质和水溶性的黄色素。脱水后,加入以碳酸钾调至呈弱碱性的 250L 的水,搅拌提取。提取液静置 0.5h,取上部清液。提取 2 次,因红花红色素在碱性条件下不稳定,该过程要快速进行。将提取液合并,用乙酸中和至 pH 为 6.8~7。加入 8.5kg 棉条(由棉花搓成),搅拌吸附,当棉纤维上吸附有适当的红色素时停止搅拌,取出棉纤维并进行脱水。往脱水液中再加入 2.5kg 棉条,用乙酸进一步调 pH 至 5.8~6,搅拌1.5h 后,取出棉条脱水。将 2 次脱水后的棉条,进行水洗,再脱水。取 160L 温水,用碳酸钾使 pH 调至弱碱性,将吸附有红色素的棉条浸入,轻轻搅拌,取出棉条。过滤液体以除去不溶性杂质,再加入 20L 浓度为 0.11kg/L 的柠檬酸溶液,使 pH 维持在5.85~5.95 之间,静置 4~7d,使色素完全沉降。去除上清液后,以高速离心机分离,再冷冻干燥,得到红花红色素干燥品。一般 1kg 红花原料中可提取 1g 红色素。

3. 应用

此色素为天然红色着色剂,可用于食品工业、染料工业、化妆品工业。

(三)红花黄色素

1. 理化性质

红花黄色素(carthamus yellow)又称红花黄,主要成分为红花黄 A 和红花黄 B及其氧化物,也可含有原料中存在的糖类、盐类和蛋白质。呈黄色或棕黄色粉末,易吸湿,吸潮时呈褐色,并结成块状,但不影响使用效果。易溶于冷水(碱性或酸性)、热水、稀乙醇、稀丙二醇,几乎不溶于无水乙醇,不溶于乙醚、石油醚、油脂和丙酮等。熔点为 230℃,耐光性较好,耐热性好,在 pH 为 5~7 时色调稳定。对淀粉的染色性优良,对蛋白质的染色性较差。Ca^{2+}、Sn^{2+}、Mg^{2+}、Cu^{2+}、Al^{3+} 等离子对该色素几乎无影响,但铁离子可使其发黑。

2. 提取方法

由菊科植物红花(carthamus tinctorius)的花瓣,用温水或弱酸液提取,经精制、浓缩、干燥而得。水中不溶物加碱可提取红色素。将天然红花湿法粉碎,然后加入水和柠檬酸钠,其质量比为红花∶水∶柠檬酸钠=1∶0∶0.001,用醋酸调 pH 至 4,在 60℃下强制循环浸提 60min,浸提 2 次,用离心机除去残渣。采用分子筛及醋酸纤维过滤板过滤,除去有机杂质,用离子膜除去助提剂及无机杂质、重金属,用升降膜真空蒸发器,在真空度为 700mmHg(即余压 7999Pa)、温度为(43±1)℃下浓缩,用折光仪测定红花黄色素浸提液的质量分数为 37%,经喷雾干燥,得到粉状的红花黄色素,提取率为 43%。

3. 应用

此色素可用于果汁(味)饮料、碳酸饮料、配制酒、糖果、糕点上彩装、红绿丝、罐头、青梅、冰激凌、果冻、蜜饯等食品的着色,为黄色着色剂。

(四)玫瑰色素

1. 理化性质

玫瑰色素(rose pigment)又称玫瑰红色素、天然玫瑰色素,主要成分为花青苷类色素。易溶于水、乙醇、丙二醇、盐酸、乙酸,不溶于氯仿、乙醚、石油醚、丙酮、乙酸乙酯等非极性溶剂。色调随 pH 的变化而变化,pH<6 时呈红色,pH 为 6~7 呈紫红色,pH>7 时呈绿色。在碱性溶液中变混浊,加入盐酸,混浊消失,恢复成透明的红色溶液。维生素 C 对色素有增色和护色作用,苯甲酸和常见的金属离子对色素的稳定性影响不大。该色素对热稍稳定,对光稳定性较差,易氧化分解。

2. 提取方法

方法 1:以蔷薇科、蔷薇属落叶灌木玫瑰的花为原料,取玫瑰花瓣,洗净后破碎,用 5~8 倍质量的 10%柠檬酸和 80%乙醇的混合液,在 4℃下浸提 4h。离心分离后,滤渣再浸提 1 次。将滤液合并,在 80℃下减压蒸馏至干,即得到色素产品。

方法 2:玫瑰花瓣洗净后破碎,用 5%~10%的柠檬酸水溶液浸泡 2~3h。经过滤,滤渣再浸泡 1 次。将滤液合并后,用水浴蒸干,即得透明胶状暗红色色素,提取率可达 95%。浸提液可用树脂柱吸附,再用乙醇洗脱,洗脱液减压蒸馏,真空干燥后,得到玫瑰红色素。

3. 工艺流程

鲜玫瑰花花瓣 $\xrightarrow{\text{酸水浸泡}}$ 浸提液 $\xrightarrow[\text{乙醇洗脱}]{\text{树脂吸附}}$ 洗脱液 $\xrightarrow{\text{减压蒸馏}}$ 浓缩液 $\xrightarrow{\text{真空干燥}}$ 玫瑰红色素

4. 应用

此天然水溶性红色色素,适宜于听装饮料、果冻粉等酸性食品和化妆品及其他产品的着色。

(五)苦水玫瑰色素

1. 理化性质

苦水玫瑰色素又称苦水玫瑰花色素,主要成分为矢车菊-3-葡萄糖苷、槲皮黄素苷等花色苷类色素,呈深红色粉末。溶于水、乙酸,不溶于苯、乙醚、乙酸乙酯、无水乙醇等。在中性和弱酸性溶液中呈玫瑰紫红色,弱碱性溶液中呈蓝绿色,对光和热有一定的稳定性。

2. 提取方法

以玫瑰和纯齿蔷薇的杂交品种苦水玫瑰的花瓣为原料,采集春季苦水玫瑰花,经快速干燥处理,取花瓣磨碎,用含 1%盐酸的甲醇溶液浸提 2 次。合并滤液得紫红色澄清的色素提取液。加入约 4 倍体积的乙醚析出红色沉淀,该沉淀用含 0.1%盐酸的甲醇溶解,再次加入乙醚析出沉淀,如此重结晶 3 次,即得深红色粉末状色素,产率约为 1.6%。

3. 应用

此色素可用于食品的着色。

(六)玫瑰茄红

1. 理化性质

玫瑰茄红(roselle red)又称玫瑰茄、玫瑰茄色素,主要成分为飞燕草素–3–接骨木二糖苷、矢车菊素–3–接骨木二糖苷,还含有飞燕草素–3–葡萄糖苷和矢车菊素–3–葡萄糖苷。呈深红色液体、红紫色膏状或红紫色粉末,略有特异臭,粉末易吸潮。易溶于水、乙醇、丙二醇或甘油等醇性有机溶剂,不溶于氯仿、苯等亲油性有机溶剂及油脂等动植物油。pH 为 3.85 时,在 520nm 波长处的吸光度为 pH 为 2.8 时的45%;pH 为 4.85 时,在 520nm 波长处的吸光度几乎为零。随着 pH 的升高,色素会逐渐分解而褪色。其水溶性色素在酸性时呈鲜红色,中性至碱性时呈红色光。该色素对光、热很敏感,对氧和金属离子(如 Fe^{3+})不稳定,尤其是铜、铁离子可加速其降解变色。可添加植酸等金属螯合物或氯化物以提高其耐热、耐光性。抗坏血酸、二氧化硫或过氧化氢等均会促进该色素降解。

2. 提取方法

方法 1:以锦葵科木槿属一年生草本植物玫瑰茄的花萼为原料,将玫瑰茄的花萼加水进行浸提,浸提液过滤后浓缩,加入酒精,过滤除去果胶等不溶物。将滤液浓缩、精制,再喷雾干燥,即得玫瑰茄红成品。

方法 2:将玫瑰茄的花萼用乙醇浸提,过滤使色素提取液与花萼分离。将分离后的花萼粉碎,再用含 1% 盐酸的乙醇溶液提取,合并两次提取液,于 30℃ 下减压浓缩。浓缩液可直接用作产品,也可蒸干或进行喷雾干燥,得到粉末状产品。100g 干花萼可得到 1.5g 色素。

3. 应用

此色素为红色至紫红色着色剂,最适用于 pH<4、无须高温加热的食品。用于糖浆、冷点、粉末饮料、果子露、冰糕、果冻、果汁(味)饮料、糖果、配制酒等的着色。

(七)一串红花色素

1. 理化性质

一串红花色素又称一串红色素,主要成分为花青素类物质,味甘甜、无毒,易溶于水、乙醇等极性溶剂。其色调随 pH 的变化而变化,pH<2 时呈橘红色,pH 为 3~10 时呈淡紫色,pH 为 11 时呈紫色,pH 为 12~13 时呈黄绿色。Na^+、K^+、Ca^{2+}、Mg^{2+} 对色素无影响,Ca^{2+}、Mg^{2+} 对色素还有保护和增色作用,Fe^{3+}、Fe^{2+}、Cu^{2+}、Zn^{2+} 对色素有影响,其中 Fe^{3+} 与色素可形成红色沉淀。该色素在低于 95℃ 时热稳定性较好,但

不宜在高于100℃下加热,耐光性较好。

2. 提取方法

以唇形科植物一串红(*Salvia splendens*)的花为原料。取一串红的鲜花冠100g,用研钵稍加研磨,以破坏细胞组织利于色素的提取。加入4倍质量的含2%盐酸的95%乙醇,在搅拌和冷却下浸提30min。经过滤,往滤渣中再加入3倍质量的含2%盐酸的95%乙醇,在搅拌和冷却下再浸提2h。再过滤,将滤液合并、蒸馏浓缩,得6.2g一串红色素的色浆,可用离子交换树脂精制。

3. 工艺流程

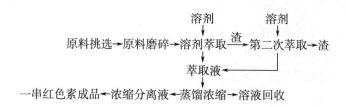

4. 应用

可用于糖果及酸性饮料、蛋糕等副食品的着色,也可用于化妆品的着色。

(八)大花美人蕉红色素

1. 理化性质

大花美人蕉红色素(canna red)又称美人蕉花色素、美人蕉花红色素、美人蕉色素,主要成分为矢车菊-3-鼠李糖苷,呈红色粉末,无臭,略吸潮。易溶于水、乙醇或甲醇,不溶于丙酮、石油醚等有机溶剂,在50%以上的乙醇中会有醇不溶物析出。酸性时溶液呈红色,随pH升高而变为棕褐色,碱性时呈黄色。色素对70℃以上的高温不稳定,光照可使色素溶液的吸光度明显下降,氧化还原剂对色素的稳定性有明显的影响。葡萄糖、蔗糖、淀粉等碳水化合物、有机酸有利于色素的稳定性。Al^{3+}使色素溶液发黑,Sb^{3+}、Sn^{2+}使色素溶液变为玫瑰红,Cr^{3+}使溶液变为绿色,Bi^{3+}、Fe^{3+}使溶液变为红黑色,并有沉淀产生,其他金属离子对色素溶液没有不良影响。该色素干燥失重≤3%,灰分在10%左右。

2. 提取方法

以多年生草本植物大花美人蕉中花的颜色呈鲜红至紫红色的品种,如领袖大花美人蕉、鲜红大花美人蕉为原料,色素含量为150～160mg/100g。不宜用花色呈橙红至粉红的品种,如波特兰市大花美人蕉(色素含量仅为75mg/100g)。采集成熟鲜花,立即在0.5%的柠檬酸溶液中煮沸约1～3min,以破坏原料中的酶。然后用水或30%的乙醇水溶液浸提4～8h,共浸提2～3次,第2～3次可用含1%盐酸的水或35%的乙醇水溶液浸提,并将其浓缩至固含量约为20%,静置分层。取上层清液(固含量为15%~20%),加入约10%的DE值(葡萄糖当量值)为15左右的麦芽糊精作赋形剂,经离心、喷雾干燥(转速为20000r/min,进口温度为180~190℃,出口温度约为95℃),得到色素粉末,得率达5%左右。

3. 应用

此色素为红色着色剂,宜在酸性条件下使用。

(九)鸡冠花色素

1. 理化性质

鸡冠花色素(comb flower pigment)又称鸡冠花红色素,主要成分为水溶性色素。在pH为1~8时呈红色,pH为8~14时呈红褐色。维生素C、还原剂、氧化剂及苯甲酸钠对色素无影响,K^+、Na^+、Ca^{2+}、Mg^{2+}、Sn^{2+}等金属离子对色素无影响,但Cu^{2+}、Fe^{3+}会影响色素呈色。有较好的耐光、耐热性。

2. 提取方法

以红鸡冠花(Celosia cristat M.)花冠为原料,色素总含量为215mg/g。取4g干鸡冠花,经研碎后,用1:75的水在60℃下浸提2~3次至无色,每次30min。也有以1:15的水,在25℃下浸提2h的浸提条件。浸提液过滤后,将滤液合并、离心分离、减压浓缩,干燥得0.8614g色素粉末,抽提率达95%以上。将11.6g色素粉末用硅胶柱层析,依次用石油醚、氯仿、乙酸乙酯、丙酮、乙醇、乙醇—甲醇(1:9)、甲醇、甲醇—水(9:1)洗脱,可得6.07g鸡冠花红色素和3.26g鸡冠花橙黄色素。

3. 应用

此色素为天然红色着色剂,且为水溶性色素,可作为一种较理想的天然食用功能性植物色素资源。

(十)月季花红色素

1. 理化性质

月季花红色素(monthly rost red pigment)主要成分为花青苷类色素。呈暗红色粉末,基本不吸潮。溶于酸性溶液和乙醇,不溶于乙醚和烷烃。其色调随pH的变化而变化,pH<3时呈鲜艳红色,pH>7时呈绿色,强碱性下呈黄褐色,酸化后恢复为透明的红色溶液,但在强碱性下放置一昼夜后酸化不能变红。K^+、Na^+、Ca^{2+}、Mg^{2+}对色素无影响;遇Fe^{3+}在pH<1时无变化,pH稍大于1时呈蓝紫色,pH为3时呈灰蓝色且有沉淀,pH为5时呈蓝黑色且伴有黑色沉淀。在酸性条件下对热比较稳定,可耐短时紫外线。葡萄糖、柠檬酸对色素的稳定性无影响,抗坏血酸在浓度大时,色素颜色明显变浅。

2. 提取方法

主要以蔷薇科月季花的花瓣为原料,取新鲜干净的月季花花瓣,切碎后加入10 倍质量的 0.1% 的盐酸—乙醇溶液,在常温下浸提半日,或在 60℃ 下搅拌浸提 2h。用滤布包裹挤压过滤,滤渣再浸提一次。将两次滤液合并得红色澄清的色素提取液,再减压浓缩,加入适量的水和石油醚,充分搅拌后静置分层,分离后再用石油醚萃取一次。萃取后的色素溶液在 $1.33×10^3 \sim 4.00×10^3 Pa$ 下减压蒸干,再经真空干燥或在 40℃ 下恒温干燥,即得粉末状色素,得率达 9.2%。

3. 应用

该色素适于作酸性饮料及食品的着色剂,不可应用于医药、保健品和化妆品行业。

(十一)大理花红色素

1. 理化性质

大理花红色素(dahlia red pigment)的主要成分为花青素类色素,呈暗红色固体,易溶于水和乙醇。色素在 pH≤3 时比较稳定,宜在酸性条件下使用。其色调随 pH 的变化而变化,pH 为 1~3 时呈亮红色,pH 为 4~6 时呈浅红色,pH=7 时呈黄色,pH 为 8 时呈黄绿色,pH 为 9~10 时呈棕黄色,pH 为 11~14 时呈红棕色。该色素在 80℃ 以下较稳定,耐光性较差,在光照下会渐变浅色。

2. 提取方法

以多年生草本大理花(*Dahlia pinnate*)为原料,大理花也称天竺牡丹、西番莲。取大理花的鲜花冠 50g,用研钵稍加压磨,加入 6 倍量的含 2% HCl 的 60% 的乙醇溶液(pH=1),搅拌、在室温下浸提 30min。过滤后,往滤渣中再加入 3 倍量的酸性乙醇溶液,搅拌、在室温下浸提 1h。再过滤,并合并两次滤液,经减压浓缩,蒸出溶剂,低温干燥,得 3g 暗红色的固体产品,产率为 6%。

3. 应用

此色素可用作天然色素。

(十二)大理花黄色素

1. 理化性质

大理花黄色素(dahlia yellow pigment)在 pH 为 1~6 时呈亮黄色;pH=7 时呈橙黄色;pH 为 8~9 时呈橙红色;pH 为 10 时呈红色;pH 为 11~12 时呈暗红色;pH 为 13~14 时呈黑红色。该色素在酸性介质中稳定性较好,耐热性好,耐光性较差。

2. 提取方法

以大理花(*Compositae*)为原料,取 20g 黄色大理花鲜花冠,用研钵稍加研磨,加入 5 倍量的 60% 的酸性乙醇溶液,搅拌,冷浸 1h。过滤后,再提取 2 次,将滤液合并,减压浓缩,低温干燥,得 1~6g 橙红色黏状固体。

3. 应用

可用于人造奶油、黄油、蛋制品以及饮料等食品的着色,还可用于医药及其他化工产品的着色。

(十三)紫荆花红色素

1. 理化性质

紫荆花红色素(cersis chinensis bugne red pigment)的主要成分为花青苷类化合物,呈深红色膏状物。40℃以下为紫红色糊状,40℃以上为紫红色油状液体,有紫荆花香味。极易溶于水、乙醇等极性溶剂,溶于丙酮,不溶于环己烷、植物油。色素在 pH 为 4~9 时有相对稳定的颜色,当 pH 为 2~6 时呈鲜艳的红色,pH 为 7 时呈浅红色,pH 为 8 时呈紫色,pH 为 10 时呈紫蓝色,pH 为 12 时呈深蓝色。食盐使色素颜色加深,蔗糖对色素没有影响。Fe^{3+} 对色素有增色作用,其他常见的金属离子对色素没有影响。氧化剂对色素有较强的褪色作用,光照和加热对色素影响较小。

2. 提取方法

方法 1:以苏木科植物紫荆(*Cersis chinensis Bugne*)的花为原料,取适量紫荆花,加入 95% 的乙醇,以浸没紫荆花为宜,在室温下浸泡 40h。经过滤,滤液减压蒸馏后,即得深红色色素浸膏。

方法 2:取鲜紫荆花,略微风干后,加入用盐酸调至酸性的 85% 的乙醇,用量以高出鲜花 2cm 为宜,在室温下浸提 5h。经过滤,滤渣再浸取 1 次。将滤液合并,得深红色澄清液体。减压蒸馏至无醇味,纯化处理后在 60℃ 以下低温浓缩,得黏稠性深红色浓缩液。

3. 应用

此色素为天然红色着色剂,且为水溶性红色素,可用于食品和化妆品的着色。

(十四)康乃馨花红色素

1. 理化性质

康乃馨花红色素的主要成分为花青苷类色素,溶于水和乙醇,微溶于丙酮,不溶于石油醚、氯仿等有机溶剂。当 pH≤7 时呈血红色,随着 pH 的增高,颜色由红色变为墨绿色,当 pH>11 时绿色由深变浅。K^+、Na^+、Ca^{2+}、Mg^{2+}、Cu^{2+}、Zn^{2+} 对色素无影响。在酸性条件下,颜色随 Fe^{3+} 浓度的提高而逐渐变浅;在碱性条件下,遇 Fe^{3+} 呈深绿色并产生沉淀。酸性条件下对光、热较稳定。

2. 提取方法

主要以多年丛生草本植物麝香石竹(*Dianthus caryophyllus* L.,通称康乃馨,又名香石竹、狮头石竹)的花为原料,取大红色康乃馨花瓣,洗净、风干、切碎,用 0.05mol/L 盐酸、50% 乙醇,在 50℃ 下浸提 3 次,每次 3h。经过滤,将滤液合并、减压浓缩、干燥,得暗红色色素。提取量可达干花重的 8.4%。

3. 工艺流程

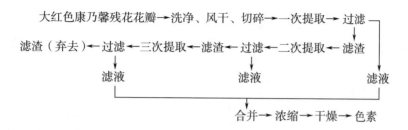

4. 应用

该色素为天然红色着色剂。

(十五)木棉花红色素

1. 理化性质

木棉花红色素(bombax maiabaricum red pigment)的主要成分为花青苷类色素,呈暗红色膏状固体。溶于酸性水溶液、乙醇,不溶于乙醇、石油醚,当 pH 为 1~3 时呈红色,pH 为 4~6 时呈浅红色,pH 为 7~9 时呈浅黄绿色,pH 为 9~13 时呈黄绿色至深黄绿色。钠、镁、钙、铝、铜、铅、锌离子的存在对色素的吸收峰影响不大,但铁离子会使色素溶液的颜色变黄,锡离子使色素溶液的最大吸收峰移至 520nm。色素在 pH 为 1 的酸性环境中比较稳定,弱酸性时,40℃ 以下比较稳定,高于 40℃ 时,耐热性降低,pH 越大,耐热性越差。自然光和紫外光对色素影响很小,但日光照射对色素影响较大。食盐、蔗糖和葡萄糖对色素无不良影响,且有微弱的增色作用。该色素抗氧化还原能力差,次氯酸钠、双氧水、亚硫酸钠等都会使其红色褪色或转变为其他颜色。

2. 提取方法

以木棉科木棉属植物木棉的花为原料,取新鲜木棉花的花瓣,洗净晾干后切碎,按 1：10(质量：体积)加入 1：1 的 1mol/L HCl—50% 乙醇的混合液作浸提液,在常温或 60℃ 水浴中加热浸泡 2h,间隙搅拌。经过滤,滤渣再浸提 1 次,再过滤。合并两次滤液,得红色澄清透明液体。再减压浓缩至一定体积,放入真空干燥器内干燥,得暗红色膏状固体。

3. 应用

此色素可作为红色着色剂。

(十六)虞美人色素

1. 理化性质

虞美人色素(com poppy pigment)又称虞美人红色素,主要成分为花青素类物质。易溶于水、甲醇、乙醇等极性溶剂,微溶于乙酸乙酯,不溶于乙醚、苯、氯仿等非极性溶剂。酸性越强,色素越红,当 pH 为 $1 \sim 2$ 时呈深玫瑰红色,当 pH 为 $3 \sim 4$ 时呈玫瑰红色,当 pH>5 时,颜色发生转移,呈粉红色,当 pH 为 $7 \sim 8$ 时呈黄绿色,当 pH>9 时呈棕褐色。该色素的热稳定性较好,光稳定性差,耐氧化还原性较差。Fe^{3+}、Mn^{2+} 对色素影响较大,其他金属离子如 Mg^{2+}、Ca^{2+}、Na^+、Cu^{2+} 对色素几乎没影响。

2. 提取方法

以虞美人($Papaper~rhoeas$)的紫红色花为原料,选取紫红色花瓣,加入 0.2% 的盐酸水溶液,在 $25 \sim 40℃$ 下浸提 24h,反复浸提 3 次,合并提取液进行超滤,以除去大部分的果胶、纤维素等,得到透明的红色溶液。该溶液以 16mL/min 的流速流经大孔树脂柱(AB-8 交联聚苯乙烯树脂),弃去流出的水及杂质,待吸附饱和后,用蒸馏水洗涤树脂柱,以进一步清除杂质。然后用乙醇洗脱,将洗脱液进行减压浓缩得色素浓缩液。

3. 工艺流程

花瓣 $\xrightarrow[\text{过滤}]{\text{溶剂浸提}}$ 红色液体 $\xrightarrow{\text{超滤}}$ 红色清液 $\xrightarrow[\text{解吸}]{\text{树脂吸附}}$ 色素精制液 $\xrightarrow{\text{减压浓缩}}$ 色素浓缩液

4. 应用

该色素可作为天然红色着色剂。

(十七)杜鹃花色素

1. 理化性质

杜鹃花色素又称映山红色素,主要成分为花色苷。色泽鲜艳,对光、热稳定,对酸、碱、CO_2、糖、酒精都具有一定的稳定性。

2. 提取方法

采集盛开的杜鹃花,去除杂质,用酸性乙醇在 $30 \sim 100℃$ 下进行浸提,将浸提液离心过滤或压滤,再进行超滤以去除糖类、蛋白质、果胶质等。进行瞬时杀菌或煮沸杀菌,然后真空浓缩至原体积的 $1/4 \sim 1/3$,得到液体的色素产品,可进行防腐处理后包装,也可进行喷雾干燥制成粉状色素。

3. 应用

可用于饮料、露酒、果糖、果冻等食品加工中的着色。

三、醌类化合物:凤仙花红色素

1. 理化性质

凤仙花($Gmpatiens~balsamia$ L.)红色素又称指甲花染料,主要成分为 2-羟基-

1,4-萘醌。可溶于水、乙醇,微溶于丙酮、乙醚,不溶于环己烷、石油醚、乙酸乙酯、苯。在酸性水溶液及酸性乙醇溶液中更易溶解,颜色更鲜艳。在 pH 为 0.5~3.5 时呈橙红色;pH 为 3.5~5.3 时呈暗红色;pH 为 5.3~7.8 时呈鲜红色;pH 为 7.8~10 时呈橘红色。也有在 pH 为 3~4 时呈鲜红色;pH 为 5~6 时呈淡红色;pH 为 7~8 时呈草绿色;pH 为 9 时呈黄绿色;pH 为 10~11 时呈茶黄色;pH=12 时呈淡茶黄色。色素对热和光的稳定性较好。淀粉及食品添加剂(如氯化钠、苯甲酸钠、山梨酸、蔗糖等)对色素无影响。

2. 提取方法

方法 1:以凤仙花的红色花瓣为原料,将指甲花干叶研磨成很细的颗粒,称取 40g 原干粉末使用索氏萃取器进行溶剂萃取。萃取使用三种不同的溶剂:丙酮、氯仿和水,每种溶剂用量为 250mL。萃取过程需 4h。染料萃取液在蒸发皿上水浴蒸发,蒸发后干燥,得 2.48~3.41g 粉末状指甲花染料,产率为 6.2%~8.5%。

方法 2:取凤仙花鲜花,用 0.1mol/L 的盐酸水溶液为萃取剂,用量以浸没花为宜,在 30℃下萃取 3~4h,萃取 2 次。将萃取液合并,超滤以除去其中的糖类、有机酸、果胶等杂质,得到的透明的色素溶液以 18mL/min 的速度通过大孔树脂柱。吸附饱和后,先以蒸馏水洗涤树脂柱,以进一步除去杂质,然后用乙醇洗脱得色素溶液,再经减压浓缩得色素浓缩液。

3. 应用

可用于纺织品、皮革、化妆品或食品的着色,宜在中性或偏酸性介质中使用。

四、二酮类化合物:郁金香红色素

1. 理化性质

郁金香红色素(tulip red pigment)耐光性较好,耐热性、耐氧化性和耐还原性较差。苯甲酸钠对色素影响不大,维生素 C 对色素有影响,蔗糖和葡萄糖对色素影响较小。

2. 提取方法

取郁金香花叶,清洗干净、晾干,用索氏抽提法进行浸提。将浸提液过滤、浓缩,剩余物再用无水乙醇溶解,分液、喷雾干燥,得到固体的郁金香红色素。

五、其他花卉色素

(一)石榴花红色素

1. 理化性质

石榴花红色素(pomegranate flower red pigment)的主要成分为花青素类色素,

呈红色浸膏或粉末。易溶于水、甲醇、乙醇,微溶于乙酸乙酯,不溶于乙醚、苯、石油醚。当 pH 为 1~4 时呈稳定的橙红色,pH 为 5~7 时呈浅红色,pH 为 8 时呈浅紫色,pH 为 9~10 时呈紫色,pH 为 11~12 时呈墨绿色,pH 为 13~14 时呈黄绿色。该色素对热、光的稳定性好,有一定的耐还原能力,但耐氧化性较差。Cu^{2+}、Fe^{3+} 对色素有一定的影响,Ca^{2+}、Na^+、Zn^{2+}、K^+、Mn^{2+}、Mg^{2+} 等离子对色素几乎无影响。食盐、蔗糖、葡萄糖对色素有一定的护色作用。

2. 提取方法

以石榴花为原料,取新鲜石榴花瓣适量,稍加破碎后加入 95% 的乙醇,以浸没样品为宜。在室温下浸提 24h 后过滤,将滤液减压蒸馏,得深橙红色色素浸膏,移至真空干燥箱内,在 80℃、1300Pa 下干燥 4h 得红色素。也可在回流下提取,或用索氏提取法提取。

3. 工艺流程

石榴花花瓣 → 破碎 →95% 乙醇浸提 → 减压浓缩 → 色素膏 → 干燥 → 深红色产品

4. 应用

此色素为天然橙红色着色剂。

(二)荷兰菊色素

1. 理化性质

荷兰菊色素(Holiand-chrysanthemum pigment)溶于酸性乙醇。当 pH 小于 5 时,提取液为红色;当 pH 大于 5 时提取液为黄色。该色素的提取随温度的升高,浸提效果明显加强,但温度超过 90℃ 后,色素有分解现象。

2. 提取方法

以荷兰菊花为原料,用 pH 为 1 的 90% 的乙醇作提取剂,固液比为 1∶12,在 90℃ 下提取 2h,得到色素溶液。

3. 应用

此色素可作为食品和日用品的天然玫瑰红着色剂。

(三)扶桑花红色素

1. 理化性质

扶桑花红色素(hibiscus rosa-sinensis flower red pigment)呈红色针状结晶,熔点为 97.5~98.6℃,易溶于乙醇和热水,微溶于冷水,不溶于氯仿、丙酮、乙醚、石油醚。色素在 pH 为 4.2~8.7 时呈紫红色,pH<4.2 时呈鲜红色,pH>8.7 时呈绿色,pH>10.8 时呈黄色,在 pH 为 5.4~7.6 时发色最强。该色素对热、光照和 O_2 均有较好的稳定性,但遇 H_2O_2、$NaHSO_4$ 会褪色。

2. 提取方法

主要以扶桑(*Hibiscus rosa-sinensis*)的花为原料,取扶桑鲜花,用5倍量的60℃的热水,避光提取1h。经过滤,滤渣再用2倍量的同样的热水提取2次。再过滤,将滤液合并,在55~60℃下真空浓缩。往浓缩液中加入乙醇,过滤除去不溶物,滤液再在50~55℃下真空浓缩,得到粗制品。可用柱层析进行精制,洗脱液真空浓缩后,再用环己酮重结晶2次,得红色的针状结晶。

3. 工艺流程

鲜扶桑花→热水浸提(60℃,2次)→过滤→真空浓缩→乙醇溶解→过滤→真空浓缩→粗制品→过柱→真空浓缩→ 环己酮重结晶→ 成品

4. 应用

此色素可作为天然红色着色剂。

(四)米团花色素

1. 理化性质

米团花又称山蜂蜜、渍糖树、羊巴巴、白杖木、明堂花、蜜蜂树花等。米团花色素溶于水,难溶于乙醇,对光、热、酸稳定,但碱对色素有破坏作用。不加热时,过氧化氢对色素影响不大,加热时,色素色泽由黄变黄褐,色价显著降低。还原剂对色素的色价影响较大。

2. 提取方法

取100kg干燥的米团花(*Leucosceptrum canum* S.),粉碎过45~100目筛,加入5000kg温度为50~95℃的热水,搅拌提取1~3h。经过滤,滤渣再如上提取2~4次。再过滤,将滤液合并,在0.01~0.06 MPa的真空度和45~85℃的温度下浓缩至100~300kg。加入乙醇使乙醇终浓度达40%~80%,搅拌,静置1~8h,用板框过滤或离心分离,将透过液再真空浓缩至10~50kg,得色素溶液,或采用喷雾干燥,得含水量为8%~20%的粉剂。

3. 工艺流程

米团花→干燥→热水浸提或回流→浸出液→真空浓缩→色素溶液←真空浓缩←离心或过滤←醇沉→喷雾干燥→粉剂

4. 应用

此色素可广泛应用于食品、药物、化妆品和化工品的着色。

95

(五)向日葵花色素

1. 理化性质

向日葵花色素为黄色色素粉末,溶于水。棕黑色粉末色素不溶于水,易溶于乙醇、氯仿、丙酮等有机溶剂以及氧化钠、碳酸钠等碱性溶液中。

2. 提取方法

以向日葵的舌状花片为原料,向日葵舌状花片经风干后,先以水为浸提剂,每1g原料加水10~75mL,温度为50~80℃,时间为12~24h。将浸提液过滤,滤液浓缩,烘干得黄色的色素粉末。滤渣再用95%的乙醇浸泡,每1g残渣加25~50mL的95%乙醇,在10~40℃下浸泡24~48h。再过滤,将滤液浓缩、烘干,得棕黑色色素粉末。

3. 应用

此色素可用于食品及轻工业原料的着色。

第五节　常见果蔬中的色素含量

花色苷饮食来源为有色外皮的蔬菜、水果和一些颜色较深的豆类和谷类,甚至红酒一族。据报道,花色苷具有多种生物活性,能预防慢性疾病和退行性疾病,如心脑血管疾病和癌症等,这些健康效应较多地归功于它的抗氧化能力。我国居民主要以植物性食物为主,有较好的饮食花色苷的来源,但我国至今还没有各种植物性食物中花色苷含量的数据库,缺少从饮食量的角度来指导膳食。虽然可以借鉴国外的花色苷数据库,但由于食物样本来源于不同国家和地区,用于指导我国的居民膳食不够科学。

一、常见蔬菜中的色素含量

我国常见蔬菜中的花青素含量见表2-1。

表 2-1　我国常见蔬菜的花青素含量(mg/100g 鲜重,$x \pm s$)

蔬菜	花翠素	花青素	芍药苷	总计
紫包菜	无	133.62±1.6921	0.66±0.0391	134.28
茄子皮	89.72±2.0571	33.15±0.3427	无	92.87
茄子去皮	无	0.45±0.07	无	0.45

续表

蔬菜	花翠素	花青素	芍药苷	总计
茄子	3.69±0.0669	110.90±0.2053	无	14.59
紫苏	无	551.14±4.3900	0.42±0.0529	51.56
红菜薹	无	118.13±0.0354	0.32±0.0086	18.45
豇豆(广州)	0.74±0.0026	115.13±0.0778	无	15.87
角豆	1.10±0.0124	44.84±0.0212	无	5.94
紫豇豆	1.92±0.0334	37.46±0.09415	无	39.38
豇豆(重庆)	1.38±0.0245	3.43±0.0298	无	4.81
紫甘薯	2.55±0.0538	3.04±0.0353	15.83±0.4797	21.41
芋头	无	11.19±0.2121	1.41±0.0323	12.60
豇豆(天津)	0.97±0.0102	1.36±0.0114	无	2.33
红皮萝卜	33.57±0.0201	无	无	3.57
樱桃水萝卜	77.83±0.0356	无	无	7.83
紫洋葱	无	2.18±0.0695	无	2.18
荷兰豆	11.32±0.0154	0.68±0.0070	无	2.00
莲藕	22.09±0.0919	1.04±0.0283	无	3.13
芦笋	无	0.48±0.0212	无	0.48
紫四季豆	无	0.45±0.0003	2.93±0.0167	3.38
冬苋菜	无	0.24	无	0.24
马蹄	无	0.42±0.0141	无	0.42
马齿苋	0.12±0.0039	无	无	0.12
红彩椒	无	0.05	无	0.05
红尖椒	无	0.04	无	0.04
鲜蜜豆	0.04±0.0045	无	无	0.04
鱼腥草	无	19.37±0.2412	1.76±0.1945	21.13
蚕豆	11.97±0.0643	1.42±0.0297	无	3.39
刀豆	无	1.31±0.0073	0.67±0.0048	1.98
蕨菜	无	1.23±0.0616	无	1.23

续表

蔬菜	花翠素	花青素	芍药苷	总计
紫背天葵	无	1.02±0.0704	无	1.02
香椿	无	0.90±0.0296	无	0.90
油豆	0.47±0.0102	0.81±0.0321	无	1.27
扁豆	无	0.83±0.0189	0.39±0.0466	1.22
枸杞苗	无	0.99±0.1424	无	0.99

二、常见水果中的色素含量

我国常见果实中的花青素含量见表2-2。

表2-2　我国常见果实的花青素含量（mg/100g 鲜重，$x \pm s$）

水果	花翠素	花青素	芍药苷	总计
桑葚	无	412.16±15.8272	14.86±0.3485	427.02
杨梅	1.07±0.0073	29.90±0.0702	0.66±0.0143	31.63
李子	无	4.12±0.0100	无	4.12
黑加仑	6.42±0.0137	6.72±0.0100	32.38±0.0082	45.52
山楂	无	24.64±0.2687	无	24.64
巨峰葡萄	1.01±0.2584	1.35±0.1518	6.32±0.2380	8.68
红柿	3.75±0.0714	1.86±0.0212	无	5.61
磨盘柿子	1.66±0.0192	0.88±0.0131	无	2.54
莲雾	0.21±0.0156	5.33±0.0529	无	5.54
石榴	0.69±0.0194	3.65±0.0354	无	4.34
香蕉	0.04±0.0009	无	无	0.04
阳桃	无	1.77±0.0737	无	1.77
青提	无	1.55±0.0424	无	1.55
草莓	无	1.39±0.0400	无	1.39
水蜜桃	无	3.37±0.0904	无	3.37
脆桃	无	1.05±0.0082	无	1.05

续表

水果	花翠素	花青素	芍药苷	总计
海棠果	无	1.17±0.0212	无	1.17
波罗蜜	无	0.97±0.0071	无	0.97
苹果	无	0.79±0.04	无	0.79
枣	0.25±0.0023	1.62±0.0110	无	1.62
榴梿	无	0.52±0.0071	无	0.52
新疆香梨	无	0.41	无	0.41
蜜梨	无	0.34±0.0071	无	0.34
雪花梨	无	0.30±0.0071	无	0.30
冰糖梨	无	0.26±0.0071	无	0.26
水晶梨	无	0.25	无	0.25
贡梨	无	0.20	无	0.20
黄冠梨	无	0.21±0.0027	无	0.21
荔枝	无	0.37±0.0115	无	0.37
龙眼	无	0.27±0.0071	无	0.27
橄榄	无	0.25±0.0071	无	0.25
枇杷	无	0.05±0.0058	无	0.12
木瓜	无	0.00	0.03±0.0005	0.03
沙田蜜柚	无	0.03	无	0.03
杧果	无	0.02	无	0.02
火龙果	无	0.02±0.0058	无	0.02
山竹	无	1.10±0.0872	无	1.10
樱桃	无	5.65±0.0779	无	5.65
杏	无	0.93±0.0091	无	0.93
黄杏	无	0.95±0.0311	0.17±0.0210	1.12
猕猴桃	无	0.74±0.0102	无	0.74
油桃	无	2.31±0.0801	无	2.31

目前对花色苷含量研究较多的有美国和芬兰。2007年,美国农业部营养中心发布了黄酮(包含花色苷)的数据库,选择的食物有上百种,根据不同研究者的报道,总结出约50种食物含有花色苷。郭长江等测定了我国常见蔬菜和水果中的五种类黄酮,分别为槲皮素、坎二菲醇、玉米黄酮、杨梅黄酮和芹菜配基,为我国建立类黄酮数据库提供了宝贵的资料。但目前尚无我国常见蔬菜和水果中花色苷含量的报道。

第三章　天然色素原料

从天然材料提取、精制而得到的产品——天然产物,对人体的多种疾病往往具有很好的治疗、预防等药理作用和保健功能,因而对天然产物的研究一直受到人们的关注。据报道,自然界中的蔬菜、水果、花和谷物中存在具有多种生物活性的天然产物,其中一些天然产物在抗氧化性、清除自由基方面有突出的表现。这对于抗癌、防癌、抗衰老、预防心血管疾病,提高人民身体健康会产生积极的作用。

第一节　天然色素水果原料

一、葡萄

葡萄($Vitus\ vinifera$ L.),葡萄科,多年生葡萄属落叶木质藤的果实,该果实圆而多汁,在植物学上可认为是真正的浆果。该水果可鲜食,也可用于制备非酒精饮料、浓缩果汁和果酱等制品,同时也可用于发酵酒精饮料和葡萄酒。葡萄富含 B 族维生素、抗坏血酸和矿物质。统计资料表明,法国人虽然平日摄入高脂肪食物较多,但心脏疾病发病率较低。研究结论认为,关键因素可能是葡萄皮中存在一些抗氧化剂,主要是白藜芦醇。多酚类化合物是一类有效的抗氧化剂,可在抑制癌症、心脏疾病,包括阿尔茨海默氏病在内的神经退行性疾病,以及某些病毒感染方面起积极作用。

葡萄果实中富含大量的天然食品色素——花青素,尤其是深红色、黑色或深蓝色的葡萄皮。一般来说,葡萄主要用作水果鲜食和作为原料用于葡萄酒酿造,酿酒结束后废弃的葡萄皮,保留着高含量的花色苷色素,因此,这种果皮副产品是制备花青素类天然食品色素的良好原料。

葡萄的色素为花青素苷,它是花青素的糖苷。花青素苷以溶解状态存在于花卉、果实及其他部位的细胞液中,一般都以糖苷的形式存在。在浓度为 20% 的盐酸溶液中煮沸约 3min,花青素苷水解成花青素(图 3-1)和一个或多个糖基。最常见的糖是葡萄糖、半乳糖和鼠李糖,少数情况下也有龙胆二糖和木糖。这些糖大多连接在 3 位,少数情况下连接在 5 位,根据羟基数量,花青素成为花葵素、矢车菊素和飞燕草色素。此外,也有甲基化衍生物存在。含三个羟基的飞燕草色素呈淡偏红色,只有一个羟基的花葵素则呈略偏蓝色。

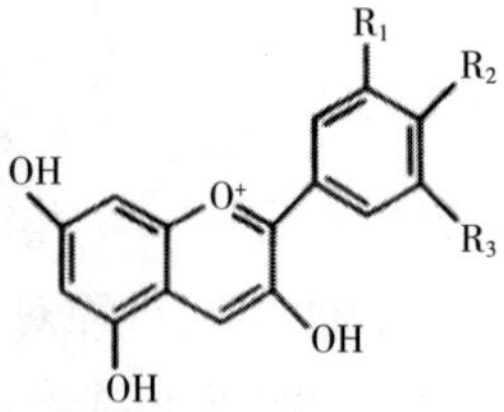

图 3-1　花青素

花葵素:R_1=H,R_2=OH,R_3=H;矢车菊素:R_1=OH,R_2=OH,R_3=H;

花翠素:R_1=OH,R_2=OH,R_3=OH;芍药素:R_1=OCH$_3$,R_2=OH,R_3=H;

锦葵素:R_1=OCH$_3$,R_2=OH,R_3=OCH$_3$;牵牛花色素:R_1=OH,R_2=OH,R_3=OCH$_3$

葡萄皮中最常见的花青素是锦葵素、芍药素、飞燕草素和牵牛花色素(Leung 和 Foster,1996)。这些色素中,除了飞燕草素以外,其他均为酰化物,这类化合物对于热、光和化学还原之类的条件较稳定,也不太受 pH 变化的影响。

蓝黑葡萄品种是最好的花青素来源之一。一般情况下,用水提取时,加入少量二氧化硫可防止由葡萄皮中酵母菌引起的自然变质,从而可防止发酵活性。从固体中分离出水溶性提取物并加以浓缩,可得到 1% 的色素强度(Emerton,2008)。花青素在酸性 pH 环境中较稳定,一般以氯离子盐或其他离子盐形式出现。

葡萄皮中的花青素可用水或乙醇水溶液提取,纯酒精是非常差的溶剂。花青素在 pH=3 的酸性条件下稳定,随着 pH 增加至中性,并进一步增加到 pH 为 8,花青素的颜色从红色变为紫色和蓝色。葡萄也含有少量无色花色素,这种色素用热酸处理可转换为所用酸的花青素盐。但在提取物中,这些花青素是无色的。

与红葡萄酒相关的色素是花青素苷。在长期陈化过程中,来自葡萄的花青素苷会变成二级色素,使葡萄酒呈现陈旧颜色(Kennedy,2008)。葡萄中的白藜芦醇是一种抗氧化剂,近年来已经引起人们的注意,红葡萄酒的许多治病和保健作用被认为与此组分有关。葡萄提取物可用于红色水果产品,如黑加仑饮料、果酱、蜜饯和酸奶。微酸产品具有酸性 pH,如硬糖果、口香糖、果冻、干混合甜品及饮料粉,都适合使用葡萄花青素苷色素。由于冰激凌具有冰点温度,因此可用葡萄提取物着色。葡萄提取物的主要用途之一是为红葡萄酒补充颜色。

二、桑葚

桑葚是桑科植物桑(*Morus alba* L.)的果实,是人们喜爱的一种水果,不仅味道可口,而且具有一定的保健功效,是"药食同源"的农产品之一。桑葚性味甘、酸、寒,具有滋阴补血、生津润燥的功效,用于肝肾阴虚、眩晕耳鸣、心悸失眠、须发早白、津伤口渴、内热消渴、肠燥便秘,可以增强机体免疫力、降血脂、降血糖、抗氧化,有很好的药用价值。有研究表明,桑葚中含有多种功能性成分,如芦丁、花青素、白藜芦醇等,以及具有生理活性的矿物质元素,一般有钾、钙、镁、铁、锌等微量元素,而其中的花青素更是一种具有保健作用的天然色素,又称桑葚红色素,但是由于其稳定性差而限制了使用范围。

桑葚红色素是从天然桑葚果实中提取而得,属花青类色素,水溶性强,提取物中富含糖类、氨基酸、维生素、胡萝卜素和微量元素,具有补血、润肺、利肝、利尿、抗氧化及清除自由基等作用。其中桑葚红色素的抗氧化作用更是目前研究的一个热点,研究表明自由基与100多种疾病有关,在影响人类健康长寿的因素中,有85%来自自由基的侵害,桑葚红色素能较好地清除人体自由基。1989年,经全国食品添加剂标准委员会审查批准,桑葚红色素被列入我国GB 2760—2014《食品安全国家标准 食品添加剂使用标准》中48种天然色素之一。由于桑葚红色素着色性好、安全无毒,目前广泛应用于饮料、冷饮、焙烤制品、口香糖、果冻、固体清凉饮料及果酒中,也可作为化妆品、保健食品、药品的着色剂和酸碱指示剂。

三、柑橘

柑橘(*Citrus*)为柑橘属、芸香科、柑橘亚科果树,柑橘亚科各属原产于亚洲、非洲的热带及大洋洲、亚热带地区。柑橘是我国南方栽培面积最广、经济地位最重要的果树之一,拥有多种深受人们喜爱的商品性水果,如甜橙(*Citrus sinensis*)、橘(*Citrus reticulata*)、柠檬(*Citrus limon*)、柚(*Citrus grandis*)、葡萄柚(*Citrus paradisi*)等。

橘子的味道可口怡人,是人们喜爱的水果,但橘子皮经常被人们当作废弃物随手丢弃,其实橘子皮的用途很广。随着生化技术的发展,人们开始对柑橘皮进行深度加工,主要是以柑橘皮为原料提取色素、香精油、果胶等。柑橘皮色素种类较多,主要含类胡萝卜素和柠檬烯,类胡萝卜素是一类由40个碳原子组成、含多个异戊二烯结构的多种脂溶性植物色素的总称。柑橘皮色素可分为水溶性色素(如橘黄素A)和脂溶性类胡萝卜素色素(如橘黄素B)。水溶性色素易溶于水和极性有机溶剂,难溶于非极性有机溶剂,颜色一般呈淡黄色。水溶性色素在自然光下稳定,且热稳定性比较好,在 pH 为 2~10 的范围内稳定性良好,在 pH>11 的碱性环境中溶解性好,并且碱性条件下能让水溶性色素溶液颜色加深。脂溶性类柑橘皮色素主要由柠檬烯与类胡萝卜素组成,易溶于乙醇、丙酮、乙醚、正己烷、乙酸乙酯、油脂、四氯化碳、三氯甲烷等有机溶剂。柑橘皮色素不仅能替代人工合成色素用于食品工业,而且自身还具有抗菌消炎、抗病毒、抗氧化等生物活性,这些优点使其具备了应用于医药和保健行业的广阔前景。

中国是世界上最大的柑橘产地国之一,柑橘年产量约为 1500 万吨。柑橘皮约占整果重的 20%,研究表明,柑橘皮中含有丰富的精油、色素、果胶、膳食纤维、黄酮类化合物等生物活性物质,而目前我国除了少量用来提取香精油和制成中药外,大部分被遗弃。柑橘皮色素是一类性能较稳定、安全可靠的天然色素,主要成分是柠檬烯与类胡萝卜素的混合物,还富含维生素 E 和稀有元素硒(Se)。传统的柑橘皮色素提取主要采用无水乙醇、石油醚进行水浴浸提,不仅操作繁杂,而且耗费时间,效率低下。目前主要研究提取工艺的优化,柑橘皮色素超声波辅助提取法是相对比较成熟的工艺,在工业生产方面获得了广泛应用,微波辅助提取法优势明显,今后的研究重点应是在进一步试验研究的基础上加大工艺的开发应用。超临界 CO_2 萃取技术受成本高等因素的限制,尚不具备工业生产的可能,但超临界 CO_2 萃取技术具有安全、纯净,可保持生物活性,不易受热分解,稳定性强,提取率高及色味纯正等优点,是未来天然色素工业中一种具有相当发展潜力的高新萃取分离方法。

四、草莓

草莓(strawberry)又称红梅、杨梅、地莓等,草莓色彩鲜艳,适合提取色素。草莓红色素属于花色苷类物质,是世界各国普遍允许使用的一类天然红色素。随着各国对合成色素使用的限制,作为天然色素的花色苷在食品工业上的应用越来越受到重视。草莓属于蔷薇科草莓属多年生草本植物的果实,又称其为凤梨草莓。草莓果实形如鸡心,红似玛瑙,其色泽鲜艳,深受人们喜爱,

草莓不仅果肉细嫩多汁,酸甜爽口,而且具有很高的营养价值。一般来说,每100g 草莓果实含糖 5~12g、蛋白质 0.4~0.6g、果酸 0.6~1.6g、粗纤维约 1.4g、胡萝卜素约 0.01mg,还含有铁、磷、钙、谷氨酸、核黄素、维生素 C 和 14 种人体所需的氨基酸,其中维生素 C 含量为 50~160mg,比西红柿高 3~5 倍,比柑橘高 10~20 倍。草莓之所以具有特有的吸引力,主要就是由于草莓所特有的色、香、味以及丰富的营养价值。研究表明,草莓红色素为几种花青素类色素,主要成分为天竺葵素-3-葡萄糖苷,其香气成分含 350 多种物质的混合物,其中主要有脂类物质、2,5-甲基-4-羟基-3(2H)-呋喃酮和 2,5-二甲基-4-甲氧基-3(2H)-呋喃酮等成分,它们是

草莓的特征香气成分。

草莓是蔷薇科草莓属植物的通称,属多年生草本植物。草莓中含有丰富的维生素和花青素,是一种很好的花色素类色素资源。我国草莓栽培面积和产量一直居世界前列,虽然我国草莓资源丰富,但仍未很好地开发利用,大多数仅用于榨汁或直接食用。近年来,研究人员已研究出多种草莓保鲜的工艺技术,但离真正解决草莓的贮藏变质问题仍有很大差距。开展草莓的加工工艺研究不仅可解决草莓的保鲜贮存问题,还可扩大草莓的消费领域。草莓天然色素巨大的应用价值及良好的功效为草莓加工工艺提供了一条很好的应用研究途径。

相关研究得出,草莓花色素的最佳提取条件为以75%乙醇+1%盐酸为萃取剂,微波功率为400W、温度为60℃、提取时间为15min、料液比(质量体积比)为1∶6。微波和超声波处理是通过打断色素与其结合、破碎组织细胞,在很大程度上提高草莓花色素的提取率。同时值得注意的是,微波处理过度会引起花色素的破坏。试验用的两种大孔吸附树脂中,AB-8树脂对草莓花红色素进行分离纯化较为适宜。据静态吸附和动态吸附实验,初步确定AB-8型大孔树脂纯化草莓花色素的最佳工艺为柱型号为60cm×1.5cm,上样pH为1,样量为50mL×0.021 mg/L,上样流速为60mL/h,先用蒸馏水洗120mL,再用80%的乙醇洗。循环使用25次后,吸附率仅降低1.5%。

五、蓝莓

蓝莓(blueberry)为杜鹃花科越橘属,果实呈蓝色,近圆形,单果质量为0.5~2.5g,最大的为5g,其果实口感丰富,具有独特风味,被称为"浆果之王",也是世界粮农组织推荐的五大健康水果之一。最早栽培蓝莓的国家是美国,我国从1981年开始引进和栽种。蓝莓营养丰富,除含有常规的营养成分外,还含有维生素E、维生素A、超氧化物歧化酶(SOD)、花青素和大量的微量元素,如钙、磷、镁、锌、铁、锗、铜等。有文献报道称蓝莓中花青素的含量为387~487mg/100g,而黑莓为245mg/100g,树莓为116mg/100g,草莓为35mg/100g。蓝莓果实中富含的花青素,具有保护视力、抗癌、抗病毒、延缓衰老、预防心血管疾病及降血脂等作用,被联合国粮农组织列为人类健康食品。但花青素在自然条件下受光、pH、温度、金属离子等多种因素的影响,极不稳定,如普通的蓝莓果汁虽然口感较好,但由于工艺的影响,其有效花青素含量低,即使是对蓝莓汁进行冷冻或采用真空蒸发浓缩处理,也会使花青素造成很大的损失。

蓝莓花青素主要存在于果实表皮中,在工业提取生产蓝莓花青素的过程中,蓝莓汁不可避免地作为加工副产物产生,这些蓝莓汁呈深紫色,具蓝莓芳香,含有丰富的营养物质,可经专利的浓缩技术浓缩后形成蓝莓浓缩浆,可低温储存较长时间。

目前,蓝莓花青素的提取方法主要包括有机溶剂提取法、超声波辅助提取法、微波辅助提取法和酶法,也有将几种方法联用的,如超声法、酶法提取和超声微波联用提取等。蓝莓中花青素含量较高,且功能性较好,是花青素的良好来源,已在食品、医疗、化妆品等领域得到广泛应用。但是蓝莓花青素的稳定性较差,在生产过程中损失较多,如何在最大程度上保留花青素及其生理活性的问题亟待解决。将蓝莓中的花青素提取出来作膳食补充剂,不但能充分利用其生理功能,还可解决蓝莓不耐贮藏、易腐烂的问题,从而提高蓝莓的商品价值。因此,近年来蓝莓花青素受到广泛的关注。但花青素在人体胃肠道中的稳定性差,生物利用率低,而花青素的生物特性又主要取决于生物利用率,因此如何提高花青素的生物利用率也是今后重点研究的内容。

六、黑莓

黑莓(blackberry)为蔷薇科悬钩子属灌木,原产自北美地区,现今主要分布于美国和欧洲暖温带和亚热带地区,为两年生植物,属聚合果类,果实为黑色或红紫色小核果。目前黑莓杂交品种和变种有上万种,在美国和英国有大面积种植。中国科学院植物研究所于1986年从美国引入黑莓,如赫尔和切斯特都为其中优良的品种。由于黑莓鲜果及其产品口感醇美、富含营养,以及具有独特的营养保健功能,近年来在世界果树发展中极其迅速,被称为新兴小果类。

黑莓鲜果中富含多种氨基酸、糖类、维生素及多酚类物质,其中维生素 E 和硒含量在所有栽培和野生果树中最高。18 种氨基酸中的 8 种必需氨基酸含量都较高,矿质元素如钾、钙、钠、镁、锌、铁也都比较丰富。其中,硒具有抗氧化、防衰老、提高免疫力的功能;维生素 E 能够保护细胞结构的完整性,防止酶和细胞成分破坏,且可延缓衰老;γ-氨基丁酸具有促进脑代谢、降压、降血脂的作用。黑莓中富含的大量多酚类化合物,作为许多酶体系的抑制剂、激活剂、金属螯合剂和自由基清除剂,具有许多的医疗和保健功能,包括抗氧化、抗肿瘤、降低血清胆固醇、改善肝功能等。

最近 20 年国内外很多研究者应用各种技术对黑莓的有效成分、抗氧化活性及机制进行了大量研究,并取得了很大进展,其中抗氧化功能的研究最为主要。

七、杨梅

杨梅(*Morella rubra Sieb. et Zucc.*)是中国亚热带地区的特色果树之一,为木兰纲、杨梅科、杨梅目、杨梅属小乔木或灌木植物。在杨梅属的 60 多个品种中,中国特有种有 6 个,分别为:杨梅(*Myrica rubra*)、毛杨梅(*M. esculenta*)、青杨梅(*M. a-denophora*)、矮杨梅(*M. nana*)、全缘叶杨梅(*M. integrifolia*)和大杨梅(*M. arbore-sceus*)。

杨梅树常被人们誉为"摇钱树",其果实因为美丽的颜色、独特的香气和丰富的味道而广受欢迎,在国内和国际上都享有盛誉,经济价值高。我国杨梅栽培面积和产量集中在长江流域以南等省。杨梅果实色彩鲜艳,果肉鲜嫩多汁,风味浓郁、酸甜可口,富含果糖、蛋白质、葡萄糖、柠檬酸、苹果酸、花青苷、维生素 C 等营养物质,既可以鲜食,也可加工成果酱、蜜饯和果酒等,具有抗氧化、抗癌和延缓衰老等多种营养和保健功效,深受广大消费者的喜爱。

杨梅成熟于 6 月、7 月,采摘期和贮藏期都非常短,极易腐烂,除鲜食外,大量用于加工成果汁、蜜饯和露酒等产品。近年来以该水果为原料发酵或浸提加工而成的各类果酒具有一定的营养保健功能,需求量逐渐增加。杨梅露酒色泽诱人、口感香醇,深受人们的喜爱。现代研究表明,杨梅中含有花色素、杨梅素等黄酮类物质,以及丰富的有机酸、糖类、维生素、蛋白质等活性成分,具有抗氧化、抗炎、抗菌、增强机体免疫力、降血糖、降血脂等多种药理作用。杨梅中的红色素(杨梅红)是一种花色苷类天然色素,其主要成分为矢车菊素-3-葡萄糖苷,该色素已于 2015 年获批为食用添加剂。此外,市售品杨梅提取物可从树皮、叶、果中提取,杨梅苷是其中主要的有效成分之一。

在过去,杨梅相关色素的提取、纯化、工艺研究等,相关学者均有一定的研究,相关研究表明,杨梅红色素的较佳提取工艺条件为:盐酸浓度为 0.3%,浸取温度为 60℃,浸取时间为 40min,浸取物料比为 1:10,在此工艺条件下,杨梅红色素的得率为 13.7%。或者也可以杨梅果实为原料,采用微滤—树脂联用技术分离提取杨梅红色素,在无机陶瓷膜平均孔为 0.2μm,操作压差为 0.1MPa,膜面流速为 2500L/h 的条件下能快速分离提取杨梅红色素,微滤液经 D101-A 树脂吸附后用 75%的乙醇洗脱、浓缩蒸发、干燥,可得到高纯度的杨梅红色素产品。虽然市面上有较多制备杨梅红色素的方法,但在现有的研究文献及技术中,均存在杨梅红色素杂质含量高、纯度无法满足高质量标准的要求,或者生产步骤烦琐、成本过高。对此,需要一种能够制备高纯度杨梅红色素且总生产成本低的方法。

八、黑加仑

黑加仑(*Ribes nigrum* L.)又名黑穗醋栗、黑豆果。为虎耳草科、茶藨子属(*Ribes*)的一种落叶小灌木,在栽培学中属小浆果类。构成现有黑穗醋栗品种的种质资源主要有 4 个种,即黑穗醋栗(*Rnigrum*)、吉菩萨(*R. dikuscha*)、乌苏里茶藨

(*Russuriense*)和加州茶熏(*R. bracteosum*),黑穗醋栗在中国东北地区。20 世纪,我国的黑加仑主要种植区分布在黑龙江、吉林、辽宁、新疆等地。在欧洲,黑加仑一直是果汁生产的重要原料之一。此外它也用于果酱、果子冻、利口酒、乳制品和果酒的风味剂或着色剂。

黑加仑不仅具有丰富的营养物质,而且还有重要的生理功能。国内对黑加仑的营养成分和生理作用做了大量研究。结果表明,黑加仑含有丰富的营养物质,如葡萄糖、果糖、蛋白质、维生素、有机酸和果胶、矿物质等,尤其是维生素 C 的含量比其他水果高出许多倍。此外,黑加仑果实中还含有多种花青素苷、黄酮类及酯类、醇类物质。其中,总花青素含量为 350mg/100g,鲜果重是草莓的 8.8 倍。正是这些物质的存在,赋予黑加仑丰富的营养物质和鲜艳光亮的蓝宝石红色。

目前已知的黑加仑的治疗功效包括痛风、肾结石、膀胱炎、肾炎、肾绞痛、出疹热、蛋白尿、贫血病、水肿、初期流产、一般疲劳、关节炎痛、风湿病、痢疾、胃肠炎、口腔和咽喉疾病、支气管咳嗽等。长期以来,黑加仑被认为具有非常好的保健作用,主要是由于它的高维生素 C 含量,然而其他方面的健康功能(包括抗氧化剂活性)正在吸引人们的注意。

九、蓝靛果

蓝靛果是一种忍冬科的落叶小灌木植物(*Lonicera caerulea* L.),多产于俄罗斯、日本、朝鲜以及中国的东北三省等地区。

蓝靛果的果实成熟度不同,其口感也会发生变化,除了直接食用外,也可用于果汁、酒、糕点、果酱、乳制品等多种食品及其他保健类功能性食品。由于它含有丰富的维生素、多酚、黄酮、原花青素和花青素等营养成分或活性成分,因此具有较强的抗氧化、抗菌和抗癌功能。国内外学者对它的提取物进行了大量研究,包括提取工艺优化、功效成分鉴定及分离纯化、生理功能、开发利用等。但之前的文献综述仅针对蓝靛果或蓝靛果的某一种提取物或某一方面的研究进行综述,如蓝靛果色素的研究、蓝靛果利用价值的总结,其加工技术的研究现状未有全面综合性的叙述。

蓝靛果提取物具有丰富的酚类化合物,如酚酸、花青素、原花青素和其他黄酮类化合物,最近的研究也支持了一些民间说法,认为其在动脉粥样硬化、高血压、胃肠道疾病和细菌感染治疗方面具有一定的辅助作用,这主要得益于其丰富的维生素 C、矿物质、环醚烯萜和高水平的多酚含量。因此,人们着力于研究它的抗癌、抗炎、抗微生物、抗氧化、抗辐射、护心、养胃、保肝等特点,并根据这些特点来进行产品的研发。

　　蓝靛果提取物在天然色素加工方面也有良好的发展前景,由于它表现出来的预防多重疾病和促进健康的功效,也被作为保健食品或辅助治疗药物进行开发利用。有人将蓝靛果和椰肉椰汁混合,添加复合菌种后发酵得到酵素原液,考察了发酵温度、蓝靛果和椰子果浆质量比、菌种比对花色苷含量、总黄酮、SOD 酶活、残糖量的影响,优化了发酵工艺,提供了一种新型的蓝靛果利用方式。对蓝靛果花色苷的抗氧化性研究包括了体内外抗氧化研究,以及对抗氧化能力与其结构间关系的探讨。

　　有研究对不同亚种的蓝靛果提取物进行了总酚含量、花色苷含量与氧自由基清除(ORAC)和总抗氧化能力(FRAP)关联测定研究,发现前两者的含量和后两种抗氧化性呈正相关,这为通过育种开发出富含促进健康的功能性成分的品种提供了参考方向。

十、山楂

　　山楂(hawthom)又名山里红,属蔷薇科山楂植物,在陕西、内蒙古、山西等地广泛种植。但由于其果皮厚,肉少,利用受限,目前仅用于酿酒,果中不但含有很高的营养成分,还含有大量的天然色素。目前对山楂色素抗氧化性的研究鲜见报道。

　　山楂含有丰富的红色素,红色素中含有可溶性糖、酸和黄酮类物质,属于天然花青素类色素,具有抗氧化和消除自由基的作用,有一定的药用和保健价值。有研究表明,山楂可起到降血压血脂的作用,对心血管系统疾病有明显疗效。山楂红色素存在于山楂果皮中,提取色素后的山楂果实仍能利用,这为山楂的综合利用提供了新途径。

　　山楂中红色素的提取,用 95%的乙醇作萃取剂,水浴加热保持温度为 50℃左右,萃取时间在 40~50min,按照 1:5 的物料比,可达到满意的萃取效果。将萃取液在真空度为 50~60kPa 条件下减压蒸馏,使红色素和溶剂分离,乙醇经分馏后循环使用。目前,虽然我国还处于合成色素和天然色素并存及同时发展的状态,但是天然食用色素必将是我国食品色素发展的主要方向。因此,山楂红色素具有较高的开发和利用价值。

十一、樱桃

　　樱桃(cherry)又名车厘子、莺桃、荆桃、楔桃、英桃、牛桃、含桃、玛瑙,属蔷薇科落叶乔木,果实成熟时颜色鲜红,晶莹剔透,味美形娇,营养丰富,医疗保健价值颇高。樱桃属(*Cerasus*)植物有 30 多个种类,大部分分布在亚洲和欧洲。目前全球普遍栽培的有欧洲甜樱桃(*Prunus avium* L.)、欧洲酸樱桃(*P. cerasus* L.)、中国樱桃(*P. pseudocerasus* Lindl.)和毛樱桃(*P. tomentosa* Thunb),其中甜樱桃多用于鲜食,酸樱桃多用于加工,中国樱桃和毛樱桃栽培面积相对较小。

樱桃营养丰富,同样重量的樱桃、苹果、梨的果肉相比,樱桃中铁的含量是苹果的 20 倍、梨的 30 倍,维生素 C 的含量是苹果的 2 倍、梨的 3 倍。樱桃可食部分为 88%,所含水分为 85.5%,热量为 217.6J,甜樱桃含糖 11.9%,酸樱桃含糖 7%,甜樱桃含有机酸 1%,主要是苹果酸,此外还含微量柠檬酸、琥珀酸。甜樱桃含蛋白质 1.1%,除坚果类外,在一般水果中仅次于梅、香蕉、无花果等,游离氨基酸中的天门冬酰胺含量特别高。樱桃果实品质的主要理化指标包括含糖量、含酸量和单宁含量以及大小、色泽、出汁率、果肉质地等。成熟果实的滴定酸含量和总酚含量较高,优质樱桃可溶性固形物高于 14.2%。一般水果铁的含量较低,但樱桃不同,以甜樱桃为例,每百克樱桃含铁量多达 5.9mg,居水果首位,维生素 A 含量比葡萄、苹果、橘子等高 4~5 倍。此外,还含有维生素 B、维生素 C、钙、磷等矿物元素。

樱桃果实色泽艳丽,味道鲜美。甜樱桃果皮分红色和黄色,果肉有硬肉和软肉之分。酸樱桃可根据果肉和果汁的颜色分成 Amarelle 型和 Morello 型两个类型,前者的汁和肉几乎无色,后者则为红色。由于甜樱桃果实肉软、皮薄、汁多,不耐贮运,极大地限制了甜樱桃的异地销售和产业发展。为了延长甜樱桃产业链条,促进甜樱桃产业健康、持续发展,利用甜樱桃酿制果酒,并对剩余的皮渣进行综合利用,提取功能性天然食用色素。为充分利用资源、促进农业可持续发展和降低生产成本,许多食品加工副产物被循环利用,成为制备天然食用色素及功能性食品添加剂的重要原料。

十二、红枣

枣树为鼠李科枣属植物,是原产于我国的特色优势果树和干果。我国枣现有栽培面积为 150 多万公顷,年产量为 400 多万吨,占世界 99% 以上,是 2000 多万农民的主要经济来源。

大枣又名红枣,是我国著名的滋补保健佳品和传统常用中药,是新公布的首批药食同源食品。历代中医都认为枣具有补血、补脾胃、养心安神、缓和药性、增强身体免疫力等作用。大枣中的营养成分十分丰富,不仅含有蛋白质、氨基酸、矿质元素等常见的营养物质,更有三萜酸即 cAMP、皂苷、多糖、有机酸、生物碱、维生素、类黄酮、膳食纤维等多种生理活性物质。

随着枣果的成熟,枣皮呈现一系列的变化,自绿至白、黄白、半红再至全红。全红期时枣果色泽鲜亮红润,呈厚重的枣红色,十分讨喜,枣红色被认为是典型的中国红。不同枣品种及不同酸枣类型中的色素组成中,叶绿素 a、叶绿素 b、类胡萝卜素、类黄酮及酚类物质的含量不同,一般幼果中含量最高,其中酚类物质的变化呈先下降后有所上升的变化趋势。酸枣中各类物质的含量普遍高于同一成熟度各品种枣果中物质的含量。

近年来,随着科技的进步与社会的发展,人们的保健意识日益增强,对保货食品的需求迅速增加。大枣以其特有的药食同源及丰富的营养成分备受关注。经一系列研究表明,枣红色素对外界环境的稳定性高,是一种理想的天然色素资源,其色泽鲜艳、含量丰富、安全无毒,具有特定的药理药效功能,未来在食品、化妆品、药品等行业的应用前景广阔。

十三、菠萝

菠萝又名凤梨、王梨、黄梨,为多年生常绿草本植物,其果实品质优良,风味独特,营养丰富,含有大量的葡萄糖、果糖、柠檬酸和蛋白质酶等有效成分,在医疗保健、食用方面都起到重大作用。现已成为世界三大热带水果之一。

菠萝中由于天然食用色素种类少、成本高,迄今为止,国内食用色素仍以人工合成为主,多数人工合成色素会在人体代谢过程中产生有害物质。其中不少品种有严重的慢性中毒和致癌作用,直接危害人体健康。而从植物中提取的天然食用色素,具有保健功能。所以研究出安全可靠,价格低廉的食用色素,对保障国民健康有重大的意义。

但是对菠萝果肉在不同发育阶段的色素变化规律的研究未曾报道,对不同类型的菠萝果肉颜色呈现差异的生理基础也缺乏系统研究。目前,我国的菠萝皮色素提取方法主要有浸提法、超声波提取法及微波提取法。微波提取菠萝皮中色素的最佳提取工艺为蒸馏水为提取剂,微波温度为 50℃ ,微波功率为300W,微波时间为150s,料液比为 $1:10(g/mL)$ 。在此条件下,菠萝皮中色素的最大吸收波长为278.1nm。在抗氧化性研究中表明,菠萝皮中的色素有较强的抗氧化性,加入食品中可防止维生素的氧化,保持食品营养。

第二节　天然色素蔬菜原料

一、甜菜根

甜菜根(*Bata vulgaris*),甜菜最重要的部分是红色块茎,称为甜菜根或根甜菜,甜菜根为扁球状,叶子由其顶端长出,主根底部变细。甜菜根因内含色素而具有鲜艳颜色,作为蔬菜使用的是块茎,是提取天然着色剂的原料。但作为天然着色剂用的是深色的甜菜根。

以鲜重计,甜菜根含 9.6% 的碳水化合物,其中 6.8% 为糖和其他纤维。另外,还含有 17% 的脂肪和 1.6% 的蛋白质。甜菜根富含 B 族维生素和矿物质,甜菜渣可作为健康饲料,用于喂养训练期间的马匹。甜菜根在民间医药中被用于治疗许多疾病,因此甜菜是现代科学家研究的主题之一。

甜菜根的着色成分是一组称为甜菜色素的化合物。它们一般由月花青苷和甜菜黄素构成,前者为红色,后者为黄色。甜菜苷是最重要且含量丰富的甜菜色素,它也是一种配糖体,其糖苷配基为甜菜苷配基。甜菜中还存在少量异甜菜苷。甜菜中存在的其他微量组分有甜菜苷前体、新甜菜苷、梨果仙人掌黄质和仙人掌黄质。甜菜苷分子的化学结构如图 3-2 所示。

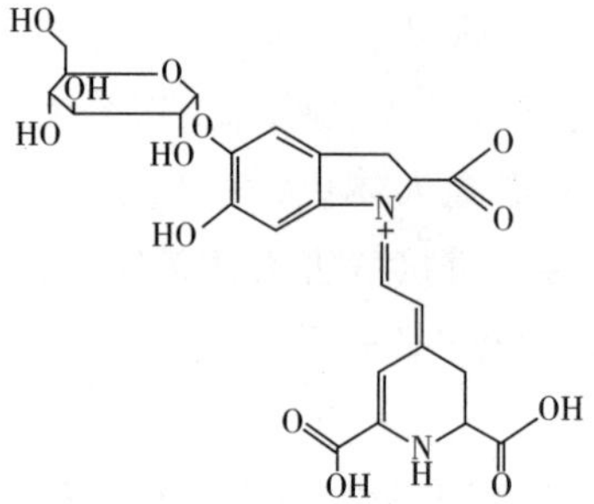

图 3-2 甜菜苷分子的化学结构

天然色素提取物一般用压榨得到的甜菜汁制备。为了提取甜菜中的天然色素,要在酸性条件下对洗涤过的甜菜根进行压榨,以使色素稳定。为避免受热,要用超滤方式对甜菜汁进行浓缩,浓缩物要经巴氏杀菌,以防微生物作用。甜菜汁浓缩物也可与麦芽糊精或阿拉伯胶混合后进行喷雾干燥,得到水溶性粉末状微胶囊。

甜菜根可作为食品色素用于冰激凌、饮料以及某些水果产品等。由于甜菜色素对热敏感,因此这种色素较适合于冷藏或冷冻产品。甜菜色素相当于树莓或樱桃中的色素。

甜菜根汁有利于降低血压。甜菜红色素被认为对心血管有好处。动物研究表明,甜菜色素可能有助于预防肝脏疾病,对过度饮酒高脂肪积累者、糖尿病患者以及蛋白质缺乏者效果特别明显。

二、茄子

茄子是一种在我国广泛种植的蔬菜作物,含有丰富的营养成分,口感好,食用方法多样,深受广大人民群众的喜爱。果实的颜色是园艺作物最直观的品质之一,不仅能作为果实是否成熟的评价标准,而且也是影响消费者购买选择的一个重要因素。目前存在的商品茄子颜色多样,除了常见的紫色和绿色外,还有白色以及一些中间的过渡颜色等。不同地域的消费人群对于茄子的果实颜色有着不同的需求,颜色的深浅及均匀程度直接影响茄子的商品价值。还有研究表明,茄子颜色的形成可能关系到植株对温度、光照等环境条件的适应能力。因此,对茄子果实相关性状特别是颜色特征的研究一直都是研究热点。目前,已有许多科研学者对茄子果实颜色的遗传规律进行了探索,开发了与茄子颜色基因精密联锁的分子标记等,为茄子果实颜色形成机制的深入解析和新品种的育种栽培提供了有益参考。

自然界中植物色素一般分为叶绿素、类胡萝卜素、类黄酮和甜菜素四大类,它们决定了果实多种多样的颜色。其中,类黄酮的主要组成成分是花青素,其能呈现的颜色范围十分广泛,因此在果色的形成过程中起着非常重要的作用。但是,花青素一般要通过糖苷键与糖类结合之后,才能以花色苷的形式稳定地存在于植物中。一般来说,花色苷与茄子果色成正比关系,其含量越高,果皮颜色就越深。Nothmann 等对 11 个深色杂交品种果实的颜色发育进行了比较,对 5 个品种非深色果实的果皮色素含量进行了筛选,结果发现最高的花青素水平同时也伴随着最高的叶绿素水平。紫红色果实的 2 种色素含量都相对较高,深绿色果实的叶绿素含量是浅绿色果实的 2 倍,而白色的果实几乎不含色素。花青素含量是影响紫色或紫红色强度的主要因素,叶绿素含量仅在几乎没有花青素的情况下才决定果实的颜色,但是叶绿素可能对紫色有加深的作用。廖毅等同样认为茄子的果实颜色主要由花青素和叶绿素决定,但是颜色的最终体现也受到各种环境因子的影响,并且花青素也有可能会掩盖叶绿素所表现出来的颜色。Gisbert 等也提出了类似的观点,认为花青素和叶绿素共同导致了许多品种从深紫色到黑色的着色特征,如果花青素不存在或者浓度很低,果实颜色是绿色,如果叶绿素浓度也很低,那么果实颜色是白色的。邹敏等对不同颜色共 14 份茄子材料进行研究发现,花青素含量与果色、果萼下色和果萼色呈显著正相关,即颜色越深花青素含量越高。

果色作为茄子果实的重要性状之一,是园艺作物育种的研究热点。果色的测定是进行果色相关研究的前提,目前目测法是最常用的方法之一,但是不够准确。而将其与色差仪以及色素含量测定相结合虽然能较为精准地评估果色的差异,但过程较为复杂,不适合大规模的果色分类,因此,发明一种快速准确的果色测定方法对今后的研究十分重要。

三、红辣椒

红辣椒（*Capsicum annuum* L.）又名牛角椒，茄科辣椒属，为一年或有限多年生草本植物。果实通常呈圆锥形或长圆形，未成熟时呈绿色，成熟后变成鲜红色、绿色或紫色，以红色最为常见。富含维生素 C、多酚、辣椒碱、辣椒素等多种功能性成分，具有抗氧化、祛寒除湿等功效。

红辣椒因具有极其丰富的营养物质，而且拥有鲜美的味道，所以现在在世界各地都有广泛的栽培种植，而且产量很高，也是农民增加收入的一类经济作物。辣椒除了可作为调味料外，其中还含有丰富的辣椒红色素，是一种天然无毒无害的有机色素。我国辣椒色素目前的生产及应用水平与发达国家尚存在一定差距，残留辣味较多，生产效率低，耗费成本较大，当前技术只能对其进行一些简单的粗提，然后廉价出口。而美国、日本等发达国家将其进一步深加工再返销我国，价格昂贵，如此造成了我国宝贵辣椒资源的极大浪费，而且滞后我国经济发展。鉴于此，迫切需要对辣椒红色素的提纯技术展开深入研究。

辣椒红色素属于类胡萝卜素，是一类脂溶性色素，具有很好的上色功能性质，而且营养丰富，还具有一定的保健功能。辣椒红色素色泽鲜艳，稳定性极强，不易受外界光、热及较强酸碱性物质的干扰，且不易被氧化，没有任何毒副作用，是国际上公认的绝对高品质的天然色素，在全球销量很可观。美国一项新研究显示，红辣椒中含有的天然化合物——辣椒素可延缓肺癌进展，未来有望以此开发抗癌药物，与化学疗法联用抗癌。由于辣椒红素兼具保健和优良的着色特性，许多发达国家，如美国、英国、加拿大、日本广泛采用辣椒红素作为食品色素的首选物质。在我国，辣椒红素主要用于调味品、水产品、果冻、冰激凌、奶油、色拉、烘烤食品的着色，口红等化妆品的着色等方面。目前，日本对辣椒红素的年需求量约为 260 吨，我国每年生产红色辣椒约为 100 万吨，因此，提高辣椒红素的产量和质量，将是辣椒红素产业化发展的首要选择。

四、紫甘蓝

紫甘蓝又名紫包菜、紫圆白菜，属十字花科，在我国大部分地区均有种植。研究表明，紫甘蓝叶片中的色素含量丰富，提取出来的色素为花色素苷，俗称紫甘蓝色素，其纯品呈深紫色粉末，价值很高。紫甘蓝色素属于有机弱酸、弱碱，在不同的pH 环境下有四种形式，即查尔酮、无色的醇型假碱、蓝色的醌型碱和红色的黄烊盐阳离子，它们之间存在着平衡反应，因此紫甘蓝色素存在着可变色的特点。近年来，人们还在关注紫甘蓝色素提取方法的改良和抗氧化性的研究。对于紫甘蓝色素的应用以往多见于果蔬鸡尾酒的色彩调配,而在其他色素产品的开发利用上却未受到人们的重视,在化妆品中的应用更是微乎其微。

紫甘蓝色素为水溶性色素,采用"水—微波提取法"能在最短的时间内获得紫甘蓝色素的浓缩液。紫甘蓝色素在不同的 pH 环境下显现不同色系,pH<5 时呈红色,pH 在 5~8 时呈紫色,pH>8 时呈蓝色。而紫甘蓝色素具有更灵敏的变色特性,其在不同的 pH 环境下有 11 种不同色系,即在 pH 1、pH 2、pH 3~4、pH 5、pH 6、pH 7、pH 8、pH 9、pH 10、pH 11~12、pH 13~14 时,分别为深红、粉红、粉紫、紫色、蓝紫、淡蓝、深蓝、蓝绿、淡黄、黄色、深黄,颜色变化较丰富,再加上可食用的优势,更便于测定日用品,甚至是食品的 pH 范围。

紫甘蓝色素具有多种色系、抗氧化等功效,根据紫甘蓝色素在不同 pH 环境下呈现不同色系的显色规律,可根据需要,通过食用酸或碱调节其显色,以制作迎合更多不同人群需求的各类化妆品。由于其随 pH 的改变所发生的颜色变化精确且易于观察,因此还可开发为新型环保指示剂。紫甘蓝色素不但色彩丰富,还富含抗氧化类物质,较低的浓度也可达到较高效的自由基清除效果,因而紫甘蓝色素是一种前景十分可观的天然抗氧化剂。

紫甘蓝色素可用于研发各类天然产品,相对于其他人工色素而言,其具有较强的抗氧化能力。相对于其他可应用于美容化妆品着色的天然色素而言,可有规律地对其进行颜色调节,而且色泽鲜艳。作为一种天然色素,将其添加到指甲油、口红、唇釉、胭脂、眼影等化妆品中,使人们美得更健康、自然。在食品色素应用上,紫甘蓝色素具有优良的稳定性和抑菌性以及色调柔和、着色力强和安全性高等特点,还具有清除自由基、抑制脂肪过氧化、抑菌和抗肿瘤等多种生理功能,是一种具有较好开发与应用潜力的天然色素,被广泛应用于食品添加剂、染色剂、酸碱指示剂、抗氧化剂的制备。紫甘蓝色素更可应用于药品、儿童玩具(如彩泥)等领域中,进一步加大可食用色素的使用与研发,生产一系列天然绿色产品,是一种极具开发潜力、极好发展远景和经济价值的天然色素。

五、洋葱

洋葱(*Attlum lepa* L.)又名玉葱、葱头、圆葱,属百合科葱属植物,在我国各地都有种植,是我国主栽蔬菜之一。洋葱肥大的肉质鳞茎为食用器官,不含脂肪,含有蛋白质、粗纤维、糖等多种营养成分。据测定,每 100g 鲜洋葱头含水分 88g,蛋白质 1~1.8g,碳水化合物 8.1g,还含有维生素、胡萝卜素及钙、磷、铁等矿质元素。新鲜洋葱除具有较高的营养价值外,还具有消炎抑菌、活血化瘀、降脂止泻、防癌抗癌、利尿、降血糖以及预防心血管疾病等功效,享有"菜中皇后"的美称。目前,对洋葱的研究主要集中在其含有的硫化合物和类黄酮化合物,红皮洋葱挥发油的化学成分的研究已有报道,但对黄皮和紫皮洋葱挥发油成分的比较研究至今未见报道。

洋葱栽培历史悠久,品种类型丰富。近年的研究表明,洋葱具有杀菌、降血压、降血糖、抗癌等功效,在国内外其细胞学研究都得到了广泛重视。迄今为止,已有多个品种或类型的洋葱进行过染色体基数的鉴定或减数分裂观察,但染色体核型分析的资料不多,尤其是不同种间的染色体核型比较研究在国内外尚未见报道。核型分析是染色体研究的重要基础,在起源分类、基因定位及染色体工程育种等方面具有十分重要的作用。

六、紫甘薯

紫甘薯色素是一种水溶性天然色素,属于类黄酮化合物。当 pH<3 时,溶液呈红色,随 pH 增加,颜色逐渐变成蓝紫色且降解指数增大。温度低于 60℃ 时,紫甘薯色素比较稳定。紫甘薯色素对 H_2O_2 和抗坏血酸耐受力较差。Al^{3+} 和 Zn^{2+} 对紫甘薯色素的颜色有一定的保护作用,而 Fe^{3+} 对其有一定的破坏作用,Cu^{2+}、Na^+ 对紫甘薯色素既没有保护作用,也没有破坏作用。

近年来,天然食用色素在市场上的增长率均保持在 10% 以上。紫薯中大量的色素颜色鲜艳自然,安全无毒,没有特殊气味,且颜色随 pH 的变化而变化,具有食用和药用价值,是一种很好的色素源。研究表明,该色素有很强的抗氧化、清除自由基、抗癌等功效,多数国家(中国、美国、日本等)允许其用作食品着色剂,美国 FDA 将其列入无许可证的着色剂。提取该色素最常用的方法是溶剂提取法。目前,国内学者对紫甘薯色素的研究主要集中在活性成分的提取和分离上,对药理作用研究较少,而国外在这方面的研究比较活跃。

紫甘薯花色苷的提取方法,归纳文献中所涉及的包括溶剂浸提法、酶水解法、超声波辅助技术、微波辅助法、高压脉冲电场辅助等。溶剂浸提法凭借操作简单、设备条件要求不高等特点成为实验人员主要的提取方法,其原理是利用紫甘薯花色苷是水溶性黄酮类化合物且在酸性条件下比较稳定的特性,以水或者醇类为提取剂加入酸性物质使花色苷溶解在提取剂中得到粗提液。所用提取剂包括酸类和乙醇等,我国学者李玲提供的最佳工艺参数为柠檬酸浓度为 4%,提取时间为 1h,提取温度为 50℃,料液比为 1:6,经两次提取获得率为 2.843mg/g。虽然溶剂浸提法操作简单,对设备要求较低,但粗提液内仍有大量杂质,这些杂质对花色苷的品质有极大的影响,且使用的大部分有机溶剂会对人体产生一定的副作用,对环境有一定的污染,溶剂残留也较难去除。

紫甘薯花色苷在实验室的提取方面有较多的方法,提取方法各有优劣,但由于缺乏对所有方法的统一比较和研究,且在不同实验室的影响因素下,很难单凭提取率得出哪种方法更好的结论。其中溶剂浸提法和树脂吸附法分别为主流的提取和纯化方式,各大科研人员也应根据自身设备及技术条件选择适宜的提取方式。众多研究表明紫甘薯花色苷具有较强的抑菌作用,但对分子水平的抗菌机理研究还不够彻底,仍需进一步投入研究以开发其利用价值。关于紫甘薯花色苷的抗氧化性目前有较多的研究,集中在体外自由基的清除率方面,有足够证据证明紫甘薯花色苷的强抗氧化性,其抗氧化性是应用在抑菌、食品业、抑制肝损伤、抗肿瘤等方面的基础。

紫甘薯花色苷可以促进癌症细胞(如乳腺癌细胞、膀胱癌细胞和肝癌细胞)的凋亡,主要是通过其抗氧化作用和抗炎作用直接或通过影响细胞因子间接影响信号通路介导癌细胞凋亡。目前对紫甘薯花色苷的研究较多,但其作用并未被公众所熟知和开发,其药理机制的研究也缺少系统化地开展。紫甘薯花色苷作为天然产物与主流治疗方式相比是否具有更小的毒副反应、较好的治疗效果以及如何应用在临床之中尚无定论,有待进一步研究。

七、心里美萝卜

心里美萝卜(*Raphanus sativus* var. L.)属十字花科萝卜属两年生草本植物,是中国北方形成较晚的一个萝卜品种。由于其皮薄肉脆、鲜嫩多汁、富含过氧化物酶和亮丽的色彩以及所含的色素而广泛地应用在饮食和食品工业中。

萝卜(*Raphanus sativus* L.)是国内栽培的主要蔬菜作物之一,种植资源非常丰富。经过长期的自然和人工选择,形成了众多不同皮、肉色的类型和品种,如红皮白肉的红萝卜、白皮白肉的白萝卜、绿皮绿肉的绿萝卜和绿皮红肉的"心里美"萝卜等。心里美萝卜营养丰富,因其维生素 C、维生素 B、钙等含量比鸭梨高,而被誉为"赛鸭梨"。心里美萝卜含有木质素化合物,可提高人体内巨噬细胞吞噬细菌及癌细胞的能力。同时,还可以解除烧焦肉类中的苯等致癌物的毒性,抑制亚硝酸胺在人体内的合成,具有明显的防癌作用,是天然的保健果蔬。另外,它所含的酶和芥子油也可帮助消化,润肠通便。因此,该品种极受商家和顾客青睐,市场潜力大,值得大力推广。

心里美萝卜中主要的色素为酰化天竺葵素糖苷。虽然提取天然花青素的方法很多,但不同的植物材料,其提取方法及纯化条件也存在差异。相关研究结果表明萝卜皮色是由多基因控制的,这些基因之间有复杂的连锁和互作关系。皮色遗传受到肉质色基因、细胞质基因和环境的影响。李鸿浙等用萝卜不同性状的亲本杂交,其后代性状表现较为复杂,皮、肉色多为中间类型。目前,对于心里美萝卜中花青素的提取方法及其功能研究的报道较少。

八、番茄

番茄为茄科茄属草本植物,是世界范围内重要的蔬菜作物之一,中国是主要产地。番茄中含有类胡萝卜素、酚类化合物、维生素 C 和生育酚等营养物质,其中类胡萝卜素通常呈黄、橙、红等颜色,它们赋予番茄果实鲜艳的色彩,被称为呈色类胡萝卜素,主要包括番茄红素、β-胡萝卜素等。这些化合物的含量因成熟阶段、种植环境或其他因素的作用而有显著的不同。同时,番茄中也含有一类呈色类胡萝卜素的前体物质,它们本身不呈现肉眼可见的色彩,被称为无色类胡萝卜素,主要包括八氢番茄红素与六氢番茄红素。Li 等研究发现,类胡萝卜素能改善人的认知功能和心血管功能,减少氧化损伤并可能有助于预防某些癌症,如前列腺癌、肺癌、乳腺癌、皮肤癌等,还能预防动脉粥样硬化等。

番茄果实呈色的物质基础是其中所含类胡萝卜素的种类及含量。目前,生产商倾向于优选红色番茄,因为通常情况下,红色番茄的颜色越深,其中的番茄红素,尤其是全反式番茄红素的含量就越高。番茄的红色成分是广受关注的类胡萝卜素组分,近年来,番茄红素以外的其他类胡萝卜素组分以其独特的生理功能而广受关注,如顺式构型番茄红素,为黄至橙色,比普通番茄中呈现红紫色的全反式番茄红素更易被人体吸收;在可见光区没有吸收峰(本身不呈现颜色)的六氢番茄红素、八氢番茄红素可有效保护皮肤免受紫外线伤害,有优异的美白作用,商业价值非常高。企业在筛选天然含有高含量顺式构型番茄红素或天然含有高含量六氢番茄红素及八氢番茄红素的番茄原料时,缺乏番茄色泽与类胡萝卜素组分相关性的基础信息。

番茄红素的提取及测定是目前国内外的一个研究热点,主要有有机溶剂提取法、酶反应法、色谱分离法和超临界流体萃取法等。其中酶试剂较贵,色谱分离法和超临界流体法设备昂贵,故常用操作简单、可行性强的有机溶剂提取法。如采用氯仿、丙酮、乙醚、乙酸乙酯等为提取溶剂的提取法,其中乙酸乙酯是常用的工业溶剂,对番茄红素的提取率较高,且成本低,常压下沸点低,易于回收。

九、胡萝卜

胡萝卜(*Daucus carota* L.)为伞形科草本植物,在我国分布面积辽阔,南北均有栽培,常被称为"小人参"。胡萝卜也是人们日常食用的最普遍的根茎类蔬菜之一,富含类胡萝卜素、酚类物质、膳食纤维等功能性成分,具有抗氧化、抗衰老、提高免疫力和防癌抗癌等功效,在保障人类健康方面发挥着重要作用。胡萝卜品系多样,按色泽可分为黄、橙、红、紫、白等,目前以橙色胡萝卜栽培最多、最为常见。近年来,随着健康意识的增强,富含花色苷的紫色胡萝卜(通常称黑胡萝卜)引起了人们的关注,栽培面积不断增加,而且作为功能性食品添加剂原料得到了广泛研究。

胡萝卜是一种营养价值很高的蔬菜,含有丰富的胡萝卜素,可以清除人体中血液和肠道的自由基,具有防治心血管疾病的作用。胡萝卜还含有丰富的维生素 A,这种维生素对保护皮肤、降低血脂有很大的帮助,最适合糖尿病患者日常食用。经常喝胡萝卜汁,具有祛斑的功效。对于经常用眼一族来说,常吃胡萝卜可起到缓解眼疲劳、促进生长发育、维持正常视力的作用,还不容易得夜盲症,眼睛近视的人要多吃胡萝卜。中医认为胡萝卜味甘、性平,有健脾和胃、养肝明目、清热解毒、透疹、止咳等功效,并有轻微且持续发汗的作用,可刺激皮肤的新陈代谢,增进血液循环,从而使皮肤细嫩光滑,肤色红润,对美容健肤有独到的作用。胡萝卜含有的 β-胡萝卜素具有抗癌的功效。

十、南瓜

南瓜(*Cucurbiat moschata Duch*),俗名为番瓜、北瓜、饭菜瓜等,南瓜是葫芦科属类草本植物。根据种植属类的不同分为印度南瓜、中国南瓜和美洲南瓜。南瓜是众多人喜欢的膳食食物。

南瓜(pumpkin)品种因没有受到环境条件的影响而广泛种植,具有抗病虫害、抗逆性、种植简单、产量高的特点。还具有防风固沙、改良环境和土壤的潜力。根据联合国粮食和农业组织 1994 年的报道,南瓜种植面积为 73.5 万公顷,总产量达到 840.4 万吨,在中国的种植面积约为 9.4 万公顷,栽培面积和总产量位于世界第一位。

南瓜的营养价值非常丰富,其含有人体需要的几十种氨基酸、粗纤维、维生素、β-胡萝卜素以及钾、钠、钙等微量元素,还含有较高的类胡萝卜素等营养成分。印度南瓜品种的红皮南瓜中 β-胡萝卜素、果胶、钙、磷的含量高。食用南瓜中的矿物质元素能补充人体对微量元素的需要,从而可提高人体对疾病的抵抗能力。南瓜中富含多糖成分,它即将有可能成为一种新的效率高、毒性小的保健降血糖药物。

从南瓜皮中萃取天然色素的研究结果表明,南瓜果皮色素是一种脂溶性色素,用一些稳定化技术可以把南瓜果皮色素变成水溶性色素,如乳化剂使色素改变性质。后续又做了毒理学验证试验,得到的结果为南瓜果皮色素安全、可靠,是一种具有发展潜力的天然色素。

关于南瓜的营养和食疗保健作用,我国有些书里面也有记载,《本草纲目》中提到南瓜具有"有益于肺气、精气、补肝气、心气"等功效,中医史书中指出,南瓜可缓解治疗咳嗽、便秘、哮喘等病情,还有性温、无毒性等特点。最近一系列研究结果指出,南瓜中的功能性因子能治疗疾病,可控制癌症的发生率。还有些实验证明,南瓜的多糖成分直接参与人体内进行的与降血糖、降血脂有关的生理活动。

近年来,关于南瓜的研究主要是南瓜果肉、南瓜子、叶等部分里面的活性成分和有关加工南瓜产品的方面。南瓜作为极具开发潜力的资源,其加工废弃物南瓜果皮也具有一定的应用价值,充分利用南瓜资源并研究南瓜果皮色素具有很大的现实意义。

十一、苦瓜

苦瓜(*Momordica charantial* L.)别名凉瓜、癞瓜、锦荔枝、癞葡萄等,为葫芦科苦瓜属中一年生草本植物的果实。苦瓜不仅是夏季佳蔬,又是一味良药,已日益引起人们的重视,逐渐扩大栽培区域。

苦瓜性寒、无毒,其根、茎、叶、花、果实和种子在世界各地均有药用记载,有清火明目、解毒降血压、滋养益气之功效。《本草纲目》记载,苦瓜具有"苦寒、无毒、除邪热、解劳乏、清心明目、益气壮阳"等功效。中医学认为,苦瓜具有清暑涤热、明目解毒,治疗肠胃炎、赤眼、严疮、中暑等症的效果。其果实富含维生素、多种氨基酸及丰富矿物质,因果实富含苦瓜甙而具有特殊苦味。苦瓜中含有很多活性成分,如苦瓜多糖、皂苷、苦瓜蛋白、苦瓜色素等。有报道称,苦瓜具有降血糖、免疫调节、抗病毒、抗菌、抗氧化等作用。因此,苦瓜是一种药食兼用的保健性蔬菜,有极高的加工开发价值。

当前利用苦瓜作原料的加工产品有很多,如苦瓜饮料、苦瓜胶囊、苦瓜酒、苦瓜罐头、苦瓜果酱等。从苦瓜中提取出来的纯天然叶绿素,可广泛应用于食品、医药、化妆品等行业,是很好的天然着色剂,如用于牙膏、口香糖、饮料等的着色。从生产苦瓜产品的废弃物滤渣中分离提取的有效成分叶绿素,是对资源的有效利用,原料易得且廉价,提取的苦瓜叶绿素产品附加值高,具有很好的市场发展前景。

十二、紫山药

紫山药(*Purple Dioscorea alata* L.),又名紫莳药、紫淮山、脚板薯、参薯,是薯蓣(*Dioscorea*)科薯蓣属草本蔓生植物,是一年生无公害的名贵蔬菜品种。块茎呈不规则的扁块形,形状似脚板,故俗称脚板薯。

紫山药味甘、性平,块根中含有 1.5%的蛋白质,14.4%的碳水化合物,以及多种维生素和胆碱,比普通山药的营养高 20 多倍。据《本草纲目》药书的记载,紫山药有很高的药用价值,既是餐桌佳肴,又是保健药材,有滋肺益肾、健脾止泻、降压利肝等作用,是集美味和保健作用于一体的珍贵的药食兼用的绿色蔬菜。经常食用,可增加人体抵抗力,调节血压、血糖、抗衰益寿等,现已列入《抗癌中草药大辞典》。

紫山药块茎长纺锤至柱形,表皮呈紫褐色,肉质柔滑,紫色亮丽,风味独特,营养丰富,特别是含有8种花色苷类化合物。花色苷作为一类广泛存在于高等植物中的天然水溶性色素,由于安全无毒,并在抗氧化、抗炎症、抗突变、抗肿瘤、改善视力、预防和治疗心血管疾病、神经系统疾病等方面具有良好的作用,使其受到人们的重视并成为研究热点。

紫山药不仅可以蒸煮后直接食用,还可经过加工后食用,如紫山药饮料、馅料、配菜、煲汤、紫山药面食、紫山药西点、面包等。总之,紫山药是药食同源的植物,深受广大消费者的喜爱。大量开发和种植紫山药不仅可发挥紫山药的天然功效,还可大幅调动农民种植紫山药的热情,为农民增收、农业增效奠定坚实的基础,对该特色产业的开发具有深远的现实意义和广泛的应用前景。

第三节　天然色素花卉原料

一、玫瑰茄

玫瑰茄又叫山茄,原产于非洲苏丹,故又名苏丹红。国外俗称罗塞尔、卡凯蒂。玫瑰茄是锦葵科木槿属(*Hibiscus*)一年生直立草本植物,分布于世界热带、亚热带地区。原为野生,由于花朵一时不易凋谢,被人们发现后移为家种,传到一些国家。栽培玫瑰茄主要是为了采收花萼,其萼片肉质呈紫红色,作为饮料已有300多年历史。

玫瑰茄花萼含有丰富的色素和营养物质,其红色素的主要成分是飞燕草色素及矢车菊色素的苷,化学结构属酚类色素结构。据有关资料及国外报道,萼片具有消暑、利尿、解毒、促进胆汁分泌、降低血液黏度、软化血管、降低血压、刺激肠壁蠕动、帮助消化、止渴生津、解氯气中毒、止咳化痰、去痛杀虫等作用,对心脏病、血管硬化、高血压、神经官能症等疾病具有一定的疗效。

玫瑰茄花萼可提取食用天然色素——玫瑰茄红色素。目前国内使用的合成食用红色素是苋菜红和胭脂红,由于有不同程度的毒性,且有致癌性的争论,引起人们的关注。因此,利用玫瑰茄提取食用安全性高的天然色素是我国食品工业的一个新途径。提取工艺采用物理过程,没有应用化学制剂。玫瑰茄呈鲜艳的紫红色,在食品中着色性、混合性均好,着色食品的透明性、贮藏期间的稳定性也好,适宜作果酱、糖果、汽水、果汁、低度酒、冰棒等食品的着色剂。

玫瑰茄花萼还可制成有营养、保健、清凉作用的多种食品,如蜜饯、果脯、晶体、果酱、软膏和糕点、糖果等,以及玫瑰茄酒、浓缩汁、汽水、浸提液、蜜制液、冰激凌等。

在欧美、日本,以玫瑰茄制成食品、配制品,风行各地。我国年出口日本及美国的玫瑰茄花萼达 5000~7000 吨。家庭直接食用玫瑰茄花萼也很方便,每杯用 1~2朵,掺入适当的白糖或蜂蜜,开水冲泡,即成玫瑰茄红色饮料,温凉后即可食用,每杯可冲泡 2~3 次,残渣还可拌白糖或蜂蜜食用。

二、藏红花

藏红花又名番红花或西红花,是鸢尾科番红花属球根类草本植物,主要分布在欧洲、地中海及中亚地区,既是上好的植物药,又是名贵的香料、色素,一般药用部位为柱头雌蕊。目前,世界上绝大部分的藏红花产自伊朗,我国也有种植,集中在浙江、上海等地。近年来,国内外研究者对藏红花的化学成分和药理作用进行了深入研究,发现其含有 150 余种挥发性和数种非挥发性活性成分。藏红花中主要的生物活性成分为藏红花素、藏红花苦素、藏红花醛以及藏红花酸,此外还含有大量的胡萝卜素、玉米黄质、番茄红素和多糖等物质。

有研究表明,藏红花素通过抑制非吞噬细胞氧化酶活性,降低氧化应激水平,保护心肌血管微内皮细胞,治疗急性心肌梗死。靳伟跃等开展动物试验发现,西红花苷能明显抑制垂体后叶素引起的心肌缺血心电图波抬高,显著降低大鼠血清中磷酸肌酸激酶、乳酸脱氢酶活性,增加超氧化物歧化酶活性,降低丙二醛含量,有效缓解垂体后叶素所致的大鼠缺血性心肌损伤。黄建成等开展的动物试验表明,采用不同剂量的西红花苷干预后,大鼠心肌细胞凋亡指数降低,心肌氧化应激程度减轻,西红花苷对缺血缺氧性心肌损伤具有显著的治疗作用,且具有剂量依赖性。赵志峰等研究发现,西红花酸除了通过抗氧、抗炎减轻三氧化二砷诱导的心肌细胞损伤外,还具有类似钙通道阻滞药的作用,可减轻心肌细胞内钙超载,调节心律失常。

现阶段,我国藏红花产品的开发主要还是围绕固体饮料、饮品及代用茶方面进行。梁艳等以藏红花粉和牛奶为主要材料,研制出风味独特、营养丰富的藏红花乳饮品。刘义等采用响应面试验对植物乳杆菌发酵藏红花芦笋复合饮品配方进行优化,得到的配方为藏红花、芦笋粉含量 2.5%,酵母粉 20.8g/L,葡萄糖 10.0g/L,乙酸钠 1.5g/L。耿磊等以藏红花提取物为原料研制藏红花口服液,通过小鼠动物试验验证了产品的抗疲劳效果。此外,研究人员还开发了藏红花保健饮料、藏红花冷冻饮品、藏红花茶、藏红花烈酒、藏红花葛根枸杞子固体饮料、无蔗糖藏红花火腿月饼等产品。

三、万寿菊

万寿菊(*Tagetes erecta* L.)为菊科万寿属植物,又名臭芙蓉、万寿灯、金盏灯等,万寿菊可作为叶黄素提取的主要原料。万寿菊中含有类胡萝卜素、黄酮、挥发油、多糖、蒽醌、氨基酸、生物碱等多种化学成分,具有抗氧化、抗炎、抗肿瘤细胞、抗动脉粥样硬化、调节血脂、增强免疫力和抑菌杀虫等生物活性。在动物生产中应用万寿菊作饲料添加剂时,能提高动物机体免疫力及生长性能,改善畜产品品质。

曾益等研究发现,万寿菊茎叶醇提取物能有效降低脂多糖(LPS)致炎小鼠肝和肺的脏器指数,显著下调血清中白细胞介素 1(IL-1)、IL-1β、IL-6、IL-8、前列腺素 E2(PGE2)、诱导型一氧化氮合酶(iNOS)和一氧化氮(NO)的含量,提高抗炎因子 IL-10 的含量。Meurer 等研究发现,300mg/kg 的万寿菊水醇提取物能抑制葡聚糖硫酸钠(DSS)导致的溃疡性结肠炎(UC)小鼠的体重减轻、结肠缩短,并能降低疾病活动指数(DAI)和组织病理学评分,且万寿菊水醇提取物能降低 UC 小鼠的结肠组织髓过氧化物酶(MPO)活性、肿瘤坏死因子(TNF)和 IL-6 含量,提高谷胱甘肽(GSH)水平和过氧化氢酶(GAT)、超氧化物歧化酶(SOD)、谷胱甘肽-S-转移酶(GST)的活性。Uotsu 等研究发现,万寿菊叶黄素能抑制大鼠关节炎指数(AI)评分和足趾肿胀,组织病理学分析表明,叶黄素能抑制胶原诱导性关节炎(CIA)模型大鼠足滑膜成纤维细胞增殖、浆细胞积聚以及血管翳和新骨的形成。

Saani 等研究发现,万寿菊花甲醇提取物浓度为 1g/L 时,具有较强的清除 1,1-二苯基-2-三硝基苯肼(DPPH)自由基的能力。Kang 等研究发现,万寿菊甲醇提取物对人的真皮成纤维具有抗氧化作用,且对 DPPH、2,2′-联氮-双-3-乙基苯并噻唑啉-6-磺酸(ABTS)自由基清除能力和 SOD 活性呈现剂量依赖性。Wang 等研究发现,万寿菊提取物对 DPPH、ABTS、羟基自由基(OH·)的半数抑制浓度(IC_{50})分别为 27.12、12.16、1 833.97μmol/L。张晓莉研究发现,万寿菊提取物可有效抑制三氧化二砷导致的小鼠胰岛素瘤 β 细胞(NIT-1)存活率下降、细胞凋亡以及氧化应激水平上升。Cui 等研究发现,万寿菊精油能降低胃癌大鼠的丙二醛(MDA)含量,提高 SOD、GAT 活性,抑制 IL-6、TNF-α 水平,具有抗凋亡、抗氧化活性等作用。

万寿菊作为天然着色剂,能提高鱼类观赏价值。且无公害、无副作用,在动物生产中具有广阔的应用前景。但目前我国对万寿菊在动物生产中的应用仅限于家禽与鱼类,在其他动物生产上的应用研究较少,且万寿菊及提取物在动物体内的作用机制尚不明确。因此,仍需不断开展试验研究,以便更好地开发利用万寿菊资源。

四、草红花

草红花又名红花,原产于埃及,但在巴基斯坦、印度等地的栽培历史也很长。红花可入药,有活血通络之功效。用于治疗闭经、痛经、恶露不行、胸痹、心痛、瘀滞腹痛、胸胁刺痛、跌扑损伤、疮疡肿痛等。草红花种子含油量达 55.38%,长期食用这种油,可降低血液中的胆固醇,防止血管硬化,因此,可用于治疗冠心病。草红花除药用之外,丰富营养的嫩叶可作为蔬菜及药膳食材,花色鲜艳和少刺的草红花品种也可用于切花作为观赏植物,另外草红花还是天然染料和食品着色剂,因此应用广泛的草红花具有非常大的发展价值。

全世界草红花种植面积约 116.8 万公顷,主要生产国为印度,总面积和产量占世界的一半以上。我国草红花的栽培地主要在新疆,四川、云南、河南、河北、山东、浙江和江苏等省也有栽培,虽然栽培区域分布比较广泛,但是栽培面积少和传统的生产方式制约着草红花产业的发展,而且不同的加工要求对草红花的品种品质要求也不同,缩短育种年限和加快各种优良品种选育是草红花深化发展的重点。在国内也有一些根据各地区的气候和地理条件选育合适的新品种,如新疆红花、川红花和云红花等,但草红花新品种选育工作仍处于起步阶段,目前还未见有草红花在海南进行南繁栽培的研究报道。海南南繁从 20 世纪 60 年代开始至今已经进行各种作物的育种,其中包含农作物、经济作物、中草药等。

从草红花花瓣中提取的红色素是一种纯天然色素,不仅可广泛应用于食品工业、染料工业,而且在化妆品工业中也大有作为。在食品工业中可作为红色着色剂,使食品产生悦目的色泽,增加人们的食欲,提高食品的商业价格。

草红花色素的提取:在盛花期采集新鲜花瓣 100g,揉碎后用自来水冲洗掉水溶性黄色素,然后在室温下发酵一昼夜,花瓣中黄色红花甙被氧化为红色的醌式红花甙,它属于水溶性较强的黄酮苷类。样品经前处理后在 60℃烘箱中烘干,再用亲水性较强的有机溶剂乙酸乙酯、丙酮、乙醇和水依次进行提取,在每种溶剂中加热回流提取两次,1 次/小时,合并提取液,浓缩回收溶剂,即得粗提物。

在化妆品工业发展史上,经历了由天然产物向合成又由合成产物向天然产物的第二次转变。并生产出了一批安全、方便、兼容多效的第一代化妆品。天然化妆品原料多数是从中草药中提取出来的,中草药的资源丰富、副作用小,并有一定的防病治病作用,作为化妆品添加剂,既保持了化妆品的特色,又有防病保健的效果。

而人工合成品常有皮肤过敏反应和蓄积中毒现象,不宜长期使用。用中草药做天然化妆品添加剂的有紫草、姜黄、红花、茜草等。而草红花中的红色素醌式红花甙因本身具有抗氧化作用,具有色泽鲜艳不易褪色等优点,还有活血通经、去瘀止痛的功效,是一种极为理想的化妆品原料。

五、菊花

菊花又名陶菊、黄华、日精等,是菊科、菊属的多年生宿根草本植物,性微寒,有清热解毒、平肝明目的功效,广泛分布于华北、华东、西南地区以及东南沿海城市等地。中医上常与桑叶、甘草、金银花配伍,用于治疗风热感冒、目赤眩晕、疮痈肿毒等。现代药理学研究表明,菊花具有降血压、降低胆固醇以及扩张冠状动脉等功效,并作为药食同源的名贵药材广泛用于各类保健食品。

菊花作为药食同源的中药,应用广、种植面积大。按照药材的产地和加工方法可分为亳菊、滁菊、贡菊、杭菊等。菊花味甘、苦,具有散风清热的功效,常用于风热感冒、头晕目眩、目赤肿痛、眼目昏花、疮痈肿痛的治疗。但在菊花的相关产业中,采摘花序后的茎、叶、根等直接残留在田间,并且花序在加工过程中也会产生大量的碎屑,这些副产物产量巨大,传统上以堆砌、焚烧、掩埋等方式进行处理,不仅污染环境,也是资源的浪费。近年来的研究结果表明,菊花副产物中含有与抗菌、抗氧化等相关的活性成分,是一种潜在的资源。

菊花及其副产物的化学成分中含有黄酮类、有机酸类、挥发油类、多糖类、氨基酸类等多种物质,其中黄酮类和有机酸类为菊花的主要药用成分。此外,不同种类的菊花因生长环境的差异会导致化学成分有所不同。有研究者通过水蒸气蒸馏法提取野菊花茎叶中的挥发油,并采用气相色谱—质谱联用技术(GC—MS)分析挥发油的化学成分,鉴定出化学成分共有 32 种,占挥发油总量的 65.75%,其中主要有单萜类、倍半萜类化合物及含氧衍生物。花序和茎叶部位的挥发油成分种类差异较大,含量也有所差异,但均含有樟脑、冰片、松油醇、石竹烯氧化物等成分。李丹霞等通过高效液相色谱法(HPLC)测定 6 个不同品种的杭白菊根、茎、叶、花序中的绿原酸、木樨草苷、3,5-O-二咖啡酰基奎宁酸的含量,用紫外分光光度法测定总黄酮的含量,结果表明杭白菊不同部位的绿原酸、3,5-O-二咖啡酰基奎宁酸、总黄酮含量不同。其中,绿原酸和总黄酮类主要集中在叶片部位,木樨草苷和 3,5-O-二咖啡酰基奎宁酸主要集中在花序。刘存芳等以秦巴山区的野菊花茎叶为原料,经过脱色脱脂后,用超声波辅助热水浸提法提取多糖。提取的多糖由半乳糖、葡萄糖、阿拉伯糖、鼠李糖、甘露糖、木糖 6 种单糖组成,其中主要的单糖为半乳糖、葡萄糖、阿拉伯糖,三者总量的占比为 85.51%。

六、玫瑰花

玫瑰(*Rosa rugose* T.),别名笔头花、刺玫、徘徊花,是蔷薇科(Rosaceae)蔷薇属(*Rosa*)常绿或落叶性灌木,原产地为中国,在全球范围内广泛种植,是世界上栽培最广、分布最多的花卉。在国外,蔷薇属的大部分品种都被称为玫瑰。在我国,根据枝条上枝刺的多少,每年开花的次数和所具有的香气等,将其分为月季、玫瑰和蔷薇三大类。我国现在所指的玫瑰一般是枝条上密生枝刺,春季开一次花,具有浓郁玫瑰花香的玫瑰。

玫瑰在我国的栽培历史悠久,目前在全国各地均有种植,其中以山东、甘肃、新疆、北京、山西、辽宁、陕西等地为主,著名的有山东平阴玫瑰、甘肃苦水玫瑰、北京妙峰山玫瑰等。玫瑰在国外的种植主要以保加利亚、土耳其、摩洛哥、法国、俄罗斯等国家为主,其主要品种有大马士革玫瑰、百叶玫瑰、法国玫瑰和白玫瑰等。玫瑰作为一种药食同源的植物,可用于治疗糖尿病所表现的疲劳、多饮、多尿等症状。除此之外,玫瑰提取物已广泛用于治疗腹痛胸痛、原发性痛经、消化问题、神经紧张和由于服用镇痛、抗炎、催眠和抗惊厥药物引起的皮肤问题等。

随着化学合成色素的安全性受到越来越多的质疑,众多研究者把重点集中在从玫瑰花中提取花色素的研究上。花青素作为食品色素,具有良好的抗氧化功效,可作为抗氧化剂应用于食品,在食品保鲜中具有一定的应用潜力。Ge 等测定了云南食用玫瑰花中花青素的含量,其含量高出青藏高原的野生黑果枸杞近 5 倍,并发现提取的花青素具有很高的抗氧化活性,可以清除 DPPH 自由基和 ABTS$^+$ 自由基。玫瑰花色素不仅用作食品色素,还可作为天然染料用于羊毛等织物的染色,但作为天然染料目前仅处于初步研究阶段,实现工业化应用还需进一步的研究。

花青素通过与糖苷键结合形成花色苷。花色苷具有极强的抗氧化能力,可清除多种自由基。因此,从天然植物材料中提取花色苷,并将其作为天然抗氧化剂应用于食品、药品、保健品等具有重要意义。张唯等以法国墨红玫瑰花为原材料,采用超高压法优化了玫瑰花色苷的提取工艺,并对花色苷的稳定性进行了研究。结果显示,在柠檬酸浓度为 13.2%、压力为 400MPa、维持压力时间为 6min、料液比为1:25(g/mL)的条件下,花色苷的提取量可达 1089.42mg/g,比传统提取方法提高了 69.52%。此外,花色苷的稳定性较好,但一些离子、氧化剂和还原剂会造成花色苷的降解。龚详以冻干的苦水玫瑰为原材料,研究了苦水玫瑰花色苷的抑菌效果和免疫活性。试验结果表明,苦水玫瑰花色苷对大肠杆菌、沙门氏菌和金黄色葡萄球菌均具有抑菌效果,通过对玫瑰花色苷免疫抑制小鼠脾脏指数及花色苷在刀豆蛋白刺激下对脾淋巴细胞增殖的影响的研究,发现了玫瑰花色苷能提高小鼠的机体免疫力。

七、一串红

一串红(*Salvia splendens* K.)又名鼠尾草、西洋红、墙上红、爆竹红、撒尔维亚、草象牙红等,在系统分类上是唇形科、鼠尾草属的植物。全世界约 1000 种,广布于热带、亚热带和温带,我国约 83 种、25 个变种、9 个变型,分布于全国各地,尤以西南最多。一串红原产自位于南美洲的巴西,19 世纪初引入欧洲,约 100 年前育出了早花矮性品种,首先在法、意、德等国栽培,至今仍为盆栽和切花生产的优良品种,世界各地广为栽培,在我国各地应用甚多。一串红为不耐寒多年生花卉,性喜温暖、湿润及阳光充足的环境,忌干热,不耐寒,忌霜害,原为短日照植物,经人工培育出中日和长日照品种。最适生长温度为 20~25℃,10℃以下叶子变黄脱落,高于30℃时叶、花变小。适于排水良好、肥沃湿润的土壤,花期为 7~10 月。

一串红花葵苷是一串红中的主要色素,为一种花色素苷,经 ICMS 分析估计,在一串红花瓣中,一串红花葵苷占 52%,在花萼中占 50%。同时,一串红属多年生草本植物,只要温度适宜,几乎可常年开花,每季可摘多茬,产花量大,提供了大量的色素资源。对一串红色素提取工艺及性质的研究报道很多,大多数报道认为,以添加一定量盐酸(一般为 0.1mol/L)的乙醇溶液为提取剂,提取效果很好,且提取方法较简单,成本低廉,无污染,安全性高,易于推广。

从红色花中提取的红色素,水溶性好,具有天然的芬芳气味,是一种很有开发潜力的色素资源。但对于其植物色素的系统研究和开发利用尚无报道,原因是植物不同色彩的花色苷一般不稳定,并受多种因素影响,限制了它作为食品着色剂在食品加工业中的应用。

对于一串红的研究尚停留在基础水平,还有许多问题需要解决,如色素的工业化使用,组织培养苗的大力推广等。其中最重要的是花色的增加,因为一串红颜色比较单一,只有红色系、白色系和紫色系等。如果要提高一串红的园林利用价值,就必须创造出新的花色,但从自然变异或人工诱导的变异植株中筛选,或通过具有优良性状的植株杂交等方式来获得新的花色品种,面临许多难以克服的困难,如变异频率不高、杂交不亲和、育种周期长以及盲目性大等问题。因此,找到一种快速有效的方法来获得新的花色品种,已成为最为紧迫的问题。

八、大花美人蕉

美人蕉(*Canna generalis* B.)又名兰蕉、凤尾花等,是美人蕉科美人蕉属。美人蕉为多年生宿根草本植物,全株为绿色或紫红色。开花从春季到夏季,花色鲜艳,有深红、橘红、黄等。美人蕉原主要分布于美洲热带地区,性喜高温,喜阳光,不耐寒,在肥沃湿润、排水良好的土壤上生长良好。美人蕉茎叶茂盛,花大色艳,花期长达五六个月,适合大片自然栽植或花坛栽培。美人蕉对有害气体的抗性较强,能吸收二氧化硫、氯化氢等有害气体,由于它的叶片易受害,反应敏感,所以被人们称为"有害气体 的活监测器"。美人蕉叶片受害后会重新长出新叶,很快恢复生长,是绿化、美化、净化环境的理想花卉。

现我国各地普遍引种栽培美人蕉的资源十分丰富,其茎叶常用作人造纤维或造纸,根状茎及花入药。紫叶美人蕉叶色紫红,叶中具有丰富的天然红色素,是良好的天然色素资源。

美人蕉叶多色艳,含有丰富的天然色素,而且易繁殖、生长快,是极具开发前景的天然色素资源。美人蕉叶红色素提取的最适宜条件是:pH 为 1 的 40%的乙醇作提取剂,料液比为 1:60,提取时间为 90min,提取温度为 80℃。美人蕉叶红色素属于一种稳定性较好的花色素苷类色素,有证据表明花色素苷不仅无毒和无诱变作用,而且有治疗特性。故美人蕉叶红色素作为食用天然色素具有良好的开发前景,但其化学结构、生理活性以及食用安全性还有待进一步研究。

九、鸡冠花

鸡冠花(*Celosia cristata* L.)为苋科(*Amaranthaceae*)青葙属一年生草本植物,又名鸡髻花、鸡冠头、老来少等。原产于非洲和亚洲热带地区,现在我国已有大面积种植,其花、茎叶、籽均可入药,味甘、涩,性凉,具有收敛止血、止带、止涩等功效。

鸡冠花是一种集观赏和药用于一身的经济作物,其药用价值很高。《本草纲目》记载鸡冠花味甘、较涩、性冷,主要以花序种子入药,具有清热、除湿、止血、止带的作用。鸡冠花中含有多种化学成分,包括鸡冠花红色素、鸡冠花黄色素、紫丁香苷、对羟基苯甲醛、对羟基苯乙醇、无机元素、蛋白质和膳食纤维等。现代药理研究也充分证明鸡冠花具有杀灭阴道滴虫、提高人体免疫力的作用,临床主要用于治疗慢性盆腔炎、带下、痢疾等,是一味很好的中药材。

鸡冠花适应性强,宜种宜管,适宜在我国长江以北的省区栽培。鸡冠花喜欢温暖湿润的气候环境,适宜生长温度在 15~30℃之间,对土壤要求不严,一般土壤均可种植,但以深厚壤土种植为好。pH 在 6 左右时最适宜,利于鸡冠花花序的生长和药性成分的固积。鸡冠花还喜欢阳光充足,不耐霜冻。不管是哪种颜色的鸡冠花,其适应性、生长规律、种植方法及药性都是一样的。

十、月季花

月季花(monthly rose)为蔷薇科(*Rosaceae*)蔷薇属植物月季(*Rosa chinensis* J.)的花,别名为四季花、月月红、长春花等。中国是月季的原产地之一,有着非常悠久的栽种和使用历史,月季花不仅具有良好的观赏价值,而且在香料、精油提取和食品加工等领域也有广泛的应用。月季花药用最早记载于明代李时珍的《本草纲目》。2015年版《中国药典》记载,月季花全年皆可采收,微开时采摘,阴干或低温干燥。月季花味甘、性温,归肝经,具有活血调经、疏肝解郁的功效。主要用于气滞血瘀,月经不调,胸胁胀痛等病症。

相关研究发现,自2000年以来从月季花中共分离鉴定出55个化合物,主要为黄酮及苷类化合物,其骨架主要为山奈酚和槲皮素。所含的黄酮苷类化合物主要为单糖苷和二糖苷,如阿福豆苷、胡桃苷、槲皮苷、银椴苷等。此外,还含有酚酸类,如没食子酸、琥珀酸;有机酸类,如癸酸;甾体类,如菜油甾醇、环桉烯醇;五环三萜类,如齐墩果酸、熊果酸,以及其他类化合物。

月季花从古至今就一直作为药材使用,人们研究发现月季花的化学成分具有抗肿瘤、抗真菌、抗病毒、抗氧化、抗衰老、增强机体免疫,抑制血小板聚集等多种药理作用,现也已开展了将月季花的提取物用于药物、化妆品等领域的相关研究。月季花含有的黄色素能清除自由基,袁克星等发现月季花色素可显著增强小鼠体内多种抗氧化酶的活性,延迟运动性疲劳的产生,提高运动能力。

近年来国内外对月季花活性成分的研究,可看出月季花中的活性组分种类繁多,结构复杂,活性组分与其性质和应用直接相关。然而,月季花中的化学活性组分及其结构目前仍未完全明确,故分离出新的活性成分并确定其结构仍是今后亟须解决的问题。

十一、香石竹

香石竹又名康乃馨,石竹科石竹属多年生草本宿根花卉,因其花色娇艳并且散发出芬芳的香气而得名。花朵有香气,花色有白、黄、红、粉红、橙、紫等,色泽鲜艳。花朵可提取香精和色素,是一种值得探索和开发的天然色素资源。在全球的栽培面积已超过8700多公顷,是最受欢迎的切花品种之一,在全球切花贸易排名中仅次于玫瑰。香石竹因花色娇艳、芳香,单朵花花期长而成为当代世界重要的切花植物,在世界各地广泛栽培。与月季、唐菖蒲、菊花并称为世界四大切花,是花束、花篮、捧花、胸花以及花环等高雅花卉礼品的主要使用花材,也是著名的"母亲节"之花。

香石竹花形美,花色娇艳,具有香气,品种繁多,插花观赏期长,深受人们的青睐,其单位面积产量最高,价格较为低廉,是大众普及的花材。为满足生产中对品种不断更新及品种多样性的要求,香石竹的引种筛选工作就显得非常重要和迫切。

相关研究发现紫色康乃馨色素为水溶性色素,不溶于有机溶剂,属花青素类色素,并在可见光区 340nm 处有吸收高峰。色素提取的最佳条件为在 pH=2,浓度为60%的柠檬酸溶液,1∶1500g/mL 的料液比下,于 40℃下提取 180min。在研究天然花青素稳定性时发现,pH 影响花青素的结构,使其颜色发生变化,pH 越高,色素颜色变化越明显,故不可选择碱性提取剂对色素进行提取。对非洲菊几个品种进行色素分析后得出,康乃馨红色素与紫色素虽同为康乃馨色素,但由于色素构成等差异,导致了色素间稳定性的差异。

十二、杜鹃花

杜鹃花又名映山红、小石榴,其色彩丰富、绚烂夺目、十分艳丽,观赏价值高,是世界著名花卉,有"花中皇后"的美称。科学运用繁殖技术,能有效提高杜鹃花的繁殖成活率,从而降低生产成本,获得优质的杜鹃花品种。

我国杜鹃花的种类比较多,主要分为天然原种、园艺两大类。天然原种包括白杜鹃、石岩杜鹃、映山红、锦绣杜鹃、云锦杜鹃等;园艺品种包括西鹃、毛鹃、东鹃、夏鹃,一般认为,西鹃的花朵是栽培品种中最美丽的。近年来,随着我国育种技术的不断进步,研发出许多新品种,出现了较多商品性杂交种,如久留米杜鹃(小花型杜鹃)、鲁塞福杜鹃(中花型杜鹃)、比利时杜鹃(大花型杜鹃),这些品种都有一个共同点,即遗传了我国杜鹃的血缘。

杜鹃花树体形态特点不一,既有胸径为 20cm 以上的高大乔木,又有胸径为10cm 的小灌木。杜鹃花因其花色丰富、颜色艳丽、花朵繁多、花型多样,具有较高的观赏价值,而受到人们的喜爱。因此,其应用范围较广,是街道、园林绿化、庭院种植的首选植物,被誉为"花中西施",尤其以鳞西洋杜鹃亚属、常绿西洋杜鹃亚属的观赏价值最高。此外,杜鹃花具有较高的生态价值,能吸收二氧化硫、臭氧,净化空气。由于杜鹃花含有杀死昆虫的成分,还可被用作杀虫剂。杜鹃花在中医上被称为"山石榴",其根茎能止咳平喘,同时,花体内含有的硒元素是人体必需的一种微量元素。

关于杜鹃花中色素的提取及应用,相关研究得出,杜鹃花色素提取的最佳工艺为料液比为 1∶20、超声频率为 40kHz、提取时间为 25min、提取温度为 60℃。对提取所得色素的理化性质进行研究,得出色素在酸性条件下较为稳定,金属离子和常用食品添加剂对色素稳定性的影响较小。以最佳工艺条件下提取的杜鹃花色素为原料,辅以天然基础油、白蜂蜡、维生素 E、香精而制得口红,口红的最佳配方为色素 29%、天然基础油 24%、食品级白蜂蜡 19%、香精 7%、维生素 E21%,采用该配方最终可得到质地均匀、色泽良好、滋润性较好的口红。

第四章 天然色素的提取与设备

提取是天然色素生产中比较重要的工序,提取工艺是否合理,溶剂选择是否恰当,直接关系到产品的产量和质量,故天然色素的提取在工艺方面要遵循以下要求:

第一,保持色素在提取中的稳定性。天然色素一般稳定性较差,对光、热、酶等都很敏感,易分解、破坏,因此,提取过程中应尽量避免由这些因素而导致的分解、破坏。

第二,尽量避免其他杂质随着色素的提取也被提取出来,这样可减少以后净化、分离的繁杂程度,虽然提取中其他杂质不可避免地也会被提取,但选择适当的溶剂,控制适当的萃取温度,往往对此是很重要的。

第三,保证达到足够的抽出率,这样才能使废渣中所残留的色素少,降低单位产品的原料消耗量及相应成本。

第四,保持提取液较高的色素浓度。色素溶液浓度太稀,将会增加下面浓缩的困难,增加蒸气消耗量,所以,在保证足够抽出率的前提下,应尽量提高提取液色素的浓度。

天然色素的提取应根据原料本身的性质、提取的难易程度、原料价格、所含色素的种类等不同情况综合考虑。近年来,随着现代科学技术的发展,超临界提取、超声波提取、微波提取、酶法提取、仿生提取、富集提取等新的提取技术大幅缩短了对天然色素有效成分的提取时间,提高了提取效率。但由于这些提取方法往往需要先进的仪器或严格的操作技术,目前尚未得到普及应用,因此,经典提取法仍非常重要。

第一节 天然色素的提取方法

天然色素来源广泛,种类繁多,取材方便,这促进了天然色素领域的进一步发展。近年来,随着研究者在天然色素领域的研究,发现以前被忽视、被认为是杂质成分而被剔除的天然色素具有较强的生理活性。由于这一惊喜发现,越来越多的科学工作者投入到天然色素的研究领域中来,特别是投入到天然色素的提取方法中来。

色素传统的提取方法主要有溶剂提取法、压榨法、粉碎法、酶反应法、培养法等。在各种提取方法中,溶剂提取法工艺简单、设备投资小、技术易掌握、适用范围最广,是目前较普遍采用的方法。在该法中,一般用水或亲水性有机溶剂乙醇、甲醇、丙酮等提取水溶性色素,而用己烷、二氯甲烷、石油醚等提取脂溶性色素。水是提取水溶性色素最常用的溶剂,为了提高色素的提取率,常用酸水或碱水,如碱水可用来提取黄酮、蒽酮、酚类等色素成分,酸水或酸性乙醇常用于提取花色素类。

传统的色素提取方法所需溶剂量大、能耗高、耗费时间长、污染严重,而且提取率较低。随着科技的发展,新技术不断涌现,逐渐替代了传统提取技术,如超临界流体提取技术、超滤技术、微波提取技术、超声提取技术、膜分离技术、大孔吸附树脂技术、生物酶解技术、冷冻技术、色谱分离技术、分子蒸馏技术等,这些先进的方法提取到的色素质量一般较好。

一、天然色素的传统提取方法

用溶剂提取色素时,首先要选择适宜的溶剂,若溶剂选择不当就很难把有效成分提取完全,甚至提不出来。适宜的溶剂应符合以下要求:对目标成分溶解性大,对共存杂质溶解性小;不与目标成分起化学反应;操作简单、取用方便、浓缩方便,并且安全无毒。

提取色素的有机溶剂主要包括乙醇、丙酮、石油醚、乙酸乙酯等。该类溶剂主要用于提取水溶性较差、甚至不溶于水的脂溶性色素,如用40%的乙醇提取橡子壳色素,用体积分数为70%的乙酸乙酯对石油醚的混合溶剂提取黄色素。

(一)浸渍法

该方法主要是将原料用适当的溶剂在常温或温热条件下浸泡出有效成分的一种方法。具体做法是取适量粉碎后的原料,置于加盖容器中,加入适量的溶剂并密封,间断式搅拌或振摇,浸渍至规定时间使有效成分浸出。倾取上清液、过滤、压榨残渣、合并滤液和压榨液,过滤浓缩至适宜浓度,进一步制备浸膏。按提取的温度和浸渍的次数可分为冷浸渍法、热浸渍法、重浸渍法。

1. 冷浸渍法

该法是在室温下进行,故又称常温浸渍法。是将被提取原料粉碎成粗粉,加8~10倍量的溶剂在常温下浸渍,利用溶剂的穿透性和溶解性将被提取的化合物溶入溶剂中,当溶质和溶剂达到溶解平衡时,过滤、收集浸渍液。此法可直接制成液体色素,若将滤液浓缩,可进一步制备流浸膏等。冷浸渍法适用于提取遇热易被破坏的物质及含淀粉、树胶、果胶、黏液质的样品。

2. 热浸渍法

该法是将被提取原料或碎块置于特制的罐中,加定量的溶剂,水浴或蒸气加热,使原料在 40~60℃下浸渍一定时间,使被提取物充分溶入溶剂中,再过滤、收集浸渍液。经浓缩,可进一步制备浸膏等。由于浸渍温度高于室温,故浸出液冷却后有沉淀析出,应分离除去。热浸渍法由于提高了提取成分的溶解度,可缩短浸提时间,故提取效果较冷浸渍好。

3. 重浸渍法

该法为多次浸渍法,可减少溶剂吸收浸液所引起的原料成分的损失量。

(二)渗漉法

该方法是将原料粗粉湿润膨胀后装入渗漉器内,顶部用纱布覆盖,压紧,浸提溶剂连续地从渗漉器的上部加入(液面超出原料 1/3),溶剂渗过原料层在往下流动的过程中将有效成分浸出的一种方法。通过不断加入新溶剂,可连续收集浸提液,由于原料不断与新溶剂或含有低浓度提取物的溶剂接触,始终保持一定的浓度差,浸提效果要比浸渍法好,提取比较完全,但溶剂用量大,对原料的粒度及工艺要求较高,并可能造成堵塞而影响正常操作。其中,渗漉法的两个主要工序为:一是溶剂浸泡,加入溶剂使原料全部浸没,并在上面保留 10~15cm 的液面,浸泡 24h,使溶剂充分溶胀植物细胞或组织细胞,溶出活性成分;二是收集渗漉液,原料浸泡后,打开渗漉筒下口,使渗漉液缓缓滴下,边渗漉边加新溶剂,原料上始终保持一定液面。渗漉液流速一般控制在 5mL/min 左右,大量生产时,一般每小时流量为渗漉筒容积的 1/48~1/24。当渗漉液经薄层检识被提取成分基本提尽时,便可认为提取完全。

渗漉法分单渗漉法、重渗漉法、加压渗漉法、逆流渗漉法。

1. 单渗漉法

单渗漉法是简单的渗漉法,其操作一般包括:原料粉碎→润湿→装筒→排气→浸渍→渗漉 6 个步骤。

2. 重渗漉法

重渗漉法是将渗漉液重复用作新原料的溶剂,进行多次渗漉以提高浸出液浓度的方法。由于多次渗漉和富集,其浸出效率较高。

3. 加压渗漉法

加压渗漉法是在上部加压,可使溶剂及浸出液较快地接触被浸泡的原料,有利于有效成分浸出,总提取液浓度大,溶剂耗量少,对于浓缩及回收溶剂等大为有利。

4. 逆流渗漉法

逆流渗漉法是被提取原料与溶剂在浸出容器中,沿相反方向运动,连续而充分地进行接触提取的一种方法。

渗漉法可不经过滤处理直接收集渗漉液,省去了过滤操作。渗漉法属于动态浸出,即溶剂相对被提取原料流动浸出,溶剂的利用率高,有效成分浸出完全,适用于贵重原料的提取,也可用于有效成分含量较低的原料的提取,但对新鲜易膨胀的原料、无组织结构的原料不宜选用。渗漉法因渗漉过程时间长,不宜用水作溶剂,通常用不同浓度的乙醇作溶剂,故应防止溶剂的挥发损失。

(三)煎煮法

煎煮法是指用水作溶剂,将被提取物加热煮沸一定时间,以提取其所含成分的一种常用方法,又称煮提法或煎浸法。该法是将原料适当地切碎或粉碎成粗粉,放入适当的容器中,如砂锅、搪瓷锅、不锈钢锅、玻璃锅等,加水浸过原料面,充分浸泡后,加热煎煮 2~3 次,每次 1h 左右。直火加热,要不断搅拌以免焦煳。分离并收集各次的煎出液,经离心分离或沉滤过滤后,浓缩至规定浓度。蒸气加热可用夹层锅,也可将蒸气直接通入锅内加热。煎煮法可分为常压煎煮和加压煎煮法。常压煎煮适用于一般性原料的煎煮,加压煎煮适用于物料成分在高温下不易被破坏或在常压下不易被煎透的原料。工业生产上常用蒸气进行加压煎煮。

煎煮法适用于有效成分能溶于水,对湿、热均稳定且不易挥发的原料。含淀粉、黏液质等成分的原料,煎煮后溶液黏度大,不易过滤,一些不耐热及易挥发的成分在煎煮过程中易被破坏或挥发损失。

(四)回流提取法

回流提取法是用乙醇等易挥发的有机溶剂提取原料成分,将提出液加热蒸馏,其中挥发性溶剂馏出后又被冷却,重复流回浸出容器中浸提原料,这样周而复始,直至色素回流提取完全。如需用有机溶剂加热提取时,为避免溶剂挥发损失,装有原料粗粉的容器上要装一冷凝器,这样溶剂蒸气经冷凝器冷凝后,又变为液体回流到容器中,如此反复回流提取,直至色素提尽。

回流提取法一般用低沸点有机溶剂,如乙醇、氯仿、石油醚等,容器置水浴上加热或以蒸气通入夹层锅加热,一般提取 3 次,第一次回流 1h,滤出提取液,再加入新溶剂,依次回流 40min、30min,最终合并 3 次提取液即可。因为溶剂能循环使用,回流法较渗漉法的溶剂耗用量少,但回流热浸法的溶剂只能循环使用,不能不断更新,而循环回流冷浸法的溶剂既可循环使用又可不断更新,故溶剂用量减少。回流法提取液在蒸发锅中受热时间较长,故不适用于受热易破坏的原料成分的浸出,若再装上连续薄膜蒸发装置,则可克服此缺点。

(五)连续提取法

为了弥补回流提取法中溶剂需要量大、操作较繁的不足,可采用连续提取法。

当提取的有效成分在所选溶剂中不易溶解时,若用回流提取则需提十几次,既费时又耗费过多的溶剂,在此情况下,可用连续回流提取法,用较少的溶剂提取一次便可提取完全。该法的优点是一次加入较少的溶剂便可将色素提取完全,效率较高。但连续提取法提取液受热时间长,因此受热易分解的色素不宜用此法。该法为多次浸渍法,可减少溶剂吸收浸液所引起的原料成分的损失。

（六）加压溶剂萃取法

加压溶剂萃取法(pressurized solvent extraction,PSE)是通过外来压力提高溶剂沸点,进而增加物质在溶剂中的溶解度,提高萃取效率。如采用样品为2.5g,温度为99℃,提取时间为7min,溶剂为水∶乙醇∶甲醇=94∶5∶1(体积比)来提取紫甘蓝中的花青素,此法可获得更多的酰基化花青素。

（七）粉碎法

粉碎法是将新鲜的茎、叶等用水洗净后,浸渍于含碳酸氢钠和氯化钠(浓度为1%)的弱碱性渗透液中,待茎、叶被完全润湿后,于-30~-20℃下冷冻数小时,使细胞液膨胀,以胀破细胞膜,然后在室温下解冻后进行离心脱水,除去细胞液,再经清洗、脱水、干燥,最后用粉碎机粉碎即得粉末体。

（八）组织培养法

将植物组织细胞在适宜条件下进行人工培养增殖,培养出大量色素细胞,然后采用通常的方法(如萃取法等)进行提取。

（九）其他方法

1. 压榨法

压榨法是利用挤压的方法,将粉碎后的新鲜植物的叶、果、皮中的色素成分随植物浆液挤压出来。该法适宜于水溶性色素的提取,但压榨出来的成分过于复杂,需用其他方法精制。

2. 酶反应法

酶反应法即通过酶反应产生所需要的颜色,再用其他方法提取出来,如经酶处理产生的栀子蓝色素、红色素。

3. 培养法

培养法是将菌株散布于培养基中,培养后经干燥、粉碎、浸提得到色素,如蓝藻色素。

二、天然色素的现代提取方法

（一）超临界流体萃取技术

超临界流体萃取(super critical fluid extraction,SCFE)技术是一种用超临界流

体作溶剂对原料中所含成分进行萃取和分离的新技术。在临界压力和临界温度以上相区内的气体称为超临界流体。可作为超临界流体的气体有二氧化碳、一氧化二氮、乙烯、三氟甲烷、六氟化硫、氮气、氩气等。二氧化碳因临界条件好，无毒、不污染环境，安全和可循环使用等优点，成为超临界流体技术中最常用的气体之一。

超临界流体萃取技术就是利用物质在临界点附近发生显著变化的特性进行物质提取和分离的，能同时完成萃取和蒸馏两步操作，也即利用超临界条件下的流体作萃取剂，从液体或固体中萃取出某些有效成分并进行分离的技术。

1. 超临界流体萃取法的优点

（1）萃取分离效率高、产品质量好。超临界流体的密度接近于液体，但黏度只是气体的几倍，远小于液体，而扩散系数比液体大 100 倍左右。和液体比较，超临界流体更有利于进行传质。因此，超临界流体萃取比通常的液—液萃取达到相平衡的时间短，分离效率高。同时，该技术不会引起萃取物质的污染，也无须进行溶剂蒸馏。从萃取到分离可一步完成，且萃取后 CO_2 不会残留于萃取物上。

（2）适合于含热敏性组分的原料。用一般蒸馏法分离含热敏性组分的原料，易引起热敏性组分分解，甚至发生聚合、结焦。虽然可采用真空蒸馏，但通常温度也只能降低 $100 \sim 105℃$，对于分离高沸点热敏性物质仍受到限制。采用超临界流体萃取工艺，虽然压力较高，但可在比较低的温度下操作，比如 CO_2 稍高于 $31℃$ 即可。因此，采用超临界流体萃取工艺对热敏性天然色素产品的分离具有十分重要的意义。

（3）节省热能。无论是萃取还是分离都没有物料的相变过程，因此不消耗相变热。而通常的液—液萃取，溶质与溶剂的分离往往采用蒸馏或蒸发的方法，需消耗大量的热能。相比之下，超临界流体萃取技术的节能效果显著。

（4）可采用无毒无害气体作溶剂。在食品、制料等工业部门，不仅要求分离出的产品纯度高，而且要求不含有毒有害物质。超临界流体萃取技术可采用 CO_2 这样的无毒无害气体作萃取剂，从而防止有害物质混入产品。超临界流体多选用低价易得、安全无毒、稳定性好的 CO_2 作提取溶剂，不仅避免了有机溶剂残留所带来的安全隐患，而且可有效地保留萃取物中的易挥发性和热不稳定性成分。如利用超临界二氧化碳技术萃取番茄红素可保留番茄的全部生物性，该技术在提取焦糖色素和胡萝卜素领域中也有应用。

2. 超临界二氧化碳萃取的工艺流程

超临界二氧化碳萃取的工艺流程是根据不同的萃取对象和为完成不同的工作任务而设置的。从理论上讲，某物质能否被萃取分离取决于该目标组分（即溶质）在萃取段和解析段两个不同的状态下是否存在一定的溶解度差，即在萃取段要求有较大的溶解度以使溶质被溶解于二氧化碳流体中,而在解析段则要求溶质在二氧化碳流体中的溶解度较小以使溶质从二氧化碳中解析出来。

超临界二氧化碳萃取基本流程的主要部分是萃取段(溶质由原料转移至二氧化碳流体)和解析段(溶质和二氧化碳分离及不同溶质间的分离),工艺流程的变化也主要体现在这两个工序。

由于被萃取物质的固有性质(热敏性、挥发性等)及其在二氧化碳中的溶解度受温度、压力的变化而改变的敏感程度均有很大的差别,因此在实际萃取过程中需针对这些差异采用不同的萃取工艺流程。其目的是使溶质在萃取段和解析段呈现较大的溶解度差,以达到萃取分离的经济合理性。为此,可对超临界二氧化碳萃取流程做如下分类:依萃取过程的特殊性可分为常规萃取、夹带剂萃取、喷射萃取等;依解析方式的不同可分为等温法、等压法、吸附法、多级解析法;还有萃取与解析一起的超临界二氧化碳精馏法。

(二)超声提取技术

超声提取(ultrasound assisted extraction,UAE)是利用超声波辐射所产生强烈的空化效应、热效应、机械效应、乳化效应、扩散效应、击碎效应、化学效应以及凝聚作用,从而增大物质分子的运动速率,增强溶剂穿透力,加速目标成分进入溶剂的一种新型提取技术。

1. 超声提取技术的原理

超声提取原理是利用超声波具有的空化效应、机械效应及热效应,通过增大介质分子的运动速度,从而增大介质的穿透力以提取原料中的有效成分。

(1)空化效应。通常情况下,介质内都或多或少地溶解了一些微小气泡,这些气泡在超声波的作用下产生振动,当声压达到一定值时,气泡由于定向扩散而增大,形成共振腔,然后突然闭合,这就是超声波的空化效应。这种增大的气泡在闭合时会在其周围产生高达几千个大气压的压力,形成微激波,此波可造成植物细胞壁及整个生物体的破裂,而且整个破裂过程在瞬间完成,有利于有效成分的溶出。

(2)机械效应。超声波在介质中的传播可使介质质点在其传播空间内产生振动,从而强化介质的扩散、传质,这就是超声波的机械效应。超声波在传播过程中产生一种辐射压强,沿声波方向传播,对物料有很强的破坏作用,可使细胞组织变形,植物蛋白质变性。同时,还可给予介质和悬浮体不同的加速度,且介质分子的运动速度远大于悬浮体分子的运动速度,从而在两者之间产生摩擦,这种摩擦力可使生物分子解聚,使细胞壁上的有效成分更快地溶解于溶剂之中。

(3)热效应。和其他物理波一样,超声波在介质中的传播过程也是一个能量的传播和扩散过程,即超声波在介质的传播过程中,其声能可不断被介质的质点吸收,介质将所吸收的全部或大部分能量转变成热能,从而导致介质本身和原料组织温度的升高,从而增大了料物有效成分的溶解度,加快了有效成分的溶解速度。由于这种吸收声能引起的物料组织内部温度的升高是瞬时的,因此可使被提取成分的结构和生物活性保持不变。此外,超声波还可产生许多次级效应,如乳化、扩散、击碎、化学效应等,这些作用也促进了植物体中有效成分的溶解,促使色素成分进入介质,并与介质充分混合,加快了提取过程的进行,并提高了色素成分的提取率。

2. 超声提取技术的特点

超声提取技术具有提取时间短、提取率高、环保、能耗小、适应范围广、有效成分易于分离纯化的特点,而且具有杀菌作用。

(1)超声提取时不需加热,避免煎煮法、回流法长时间加热对有效成分的不良影响,适用于对热敏物质的提取,同时由于不需加热,也节省了能源。

(2)超声提取提高了色素有效成分的提取率,节省了原料,有利于色素资源的充分利用,提高经济效益。

(3)溶剂用量少,节约溶剂。

(4)超声提取是一个物理过程,在整个浸提过程中无化学反应发生,不影响色素有效成分的生理活性。

(5)提取物有效成分含量高,有利于进一步精制。

向洪平等近期专门对超声波辅助萃取功能性天然色素作了综述。黄丹等对红曲霉液态发酵的菌体内红曲色素采用超声波辅助法进行了提取,得到了较好的提取效果。薛敏敏等研究了微波-超声波协同提取法对野生毛葡萄皮色素提取效果的影响。微波-超声波协同提取的效果优于传统水浴提取法,提取时间由70min缩短为2min,总花色苷含量提高了41%。

3. 超声提取技术的影响因素

(1)时间对提取效果的影响。超声提取通常比常规提取的时间短。超声提取的时间一般在10~100min之间即可得到较好的提取效果。

(2)超声频率对提取效果的影响。超声频率是影响有效成分提取率的主要因素之一。超声频率不同,提取效果也不同,应针对具体的原料品种进行筛选。由于介质受超声波作用,所产生的气泡的尺寸不是单一的,存在一个分布范围。因此提取时超声频率应有一个变化范围。

(3)温度对提取效果的影响。超声提取时一般不需加热,但其本身有较强的热作用,因此在提取过程中对温度进行控制也具有一定意义。

(4)原料组织结构对提取效果的影响。原料本身的质地、细胞壁的结构及所含成分的性质等对提取率都有影响,只能针对不同的原料进行具体的筛选。对于同一原料,其含水量和颗粒的细度对提取率也会有一定的影响。

(5)超声波的凝聚机制对提取效果的影响。超声波的凝聚机制是超声波具有使悬浮于气体或液体中的微粒聚集成较大颗粒而沉淀的作用。在静置沉淀阶段进行超声处理,可提高提取率和缩短提取时间。

(三)微波萃取技术

微波是波长在 1mm~1m、频率在 300MHz~300GHz、波长介于短波和远红外间的一种高频电磁波,物质中的分子因在电磁场作用下形成极化分子,在微波的高频振荡下极化分子产生撕裂和相互摩擦的效应引起发热。微波的这种产热机制可使细胞内部温度急剧升高,从而导致细胞破裂,使胞内物质流出,被提取剂溶解。与传统方法相比,微波萃取技术环保、成本低、可大幅缩短生产时间、降低能耗、提高产率和溶剂利用率以及提高提取物纯度,而且微波还能杀灭微生物,因此被广泛应用于色素提取。

1. 微波萃取的基本原理

微波萃取的基本原理是微波直接与被分离物作用,微波的激活作用导致样品基体内不同成分的反应差异使被萃取物与基体快速分离,并达到较高产率。溶剂的极性对萃取效率有很大的影响,不同的基体,所使用的溶剂也完全不同。从植物物料中萃取精油或其他有用物质,一般选用非极性溶剂。这是因为非极性溶剂介电常数小,对微波透明或部分透明,这样微波射线自由透过对微波透明的溶剂,到达植物物料的内部维管束和腺细胞内,细胞内温度突然升高,而且物料内的水分大部分是在维管束和腺细胞内,因此细胞内温度升高更快,而溶剂对微波是透明(或半透明)的,受微波的影响小,温度较低。连续的高温使其内部压力超过细胞壁膨胀的能力,从而导致细胞破裂,细胞内的物质自由流出,传递转移至溶剂周围被溶解。

而对于其他的固体或半固体试样,一般选用极性溶剂。这主要是因为极性溶剂能更好地吸收微波能,从而提高溶剂的活性,有利于使固体或半固体试样中的某些有机物成分或有机污染物与基体物质有效分离。

2. 微波萃取的特点

传统的萃取过程中,能量首先无规则地传递给萃取剂,再由萃取剂扩散进基体物质,然后从基体中溶解或夹带多种成分出来。即遵循加热—渗透进基体—溶解或夹带渗透出来的模式,因此萃取的选择性较差。

对于微波萃取,由于能对体系中的不同组分进行选择性加热,因而成为一种能使目标组分直接从基体中分离的萃取过程。与传统萃取相比,其主要特点是快速、节能、节省溶剂、污染小,而且有利于萃取热不稳定的物质,可避免长时间的高温引起物质的分解。特别适合处理热敏性组分或从天然物质中提取有效成分。与超临界萃取相比,微波萃取的仪器设备比较简单、廉价,适用面广。

3. 微波萃取的影响因素

影响微波萃取的主要工艺参数包括萃取溶剂、萃取功率和萃取时间。其中萃取溶剂的选择对萃取结果的影响至关重要。

(1)萃取溶剂的影响。通常溶剂的极性对萃取效率有很大的影响,此外,还要求溶剂对分离成分有较强的溶解能力,且对萃取成分的后续操作干扰较少。常用微波萃取的溶剂有甲醇、丙酮、乙酸、二氯甲烷、正己烷、乙腈、苯、甲苯等有机溶剂和硝酸、盐酸、氢氟酸、磷酸等无机试剂,以及己烷—丙酮、二氯甲烷—甲醇、水—甲苯等混合溶剂。

(2)萃取温度和萃取时间的影响。萃取温度应低于萃取溶剂的沸点,而不同物质的最佳萃取回收温度不同。微波萃取时间与被测样品量、溶剂体积和加热功率有关,一般情况下为 10~15min。对于不同的物质,最佳萃取时间也不同。萃取回收率随萃取时间的延长会增加,但增加幅度不大,可忽略不计。

(3)溶液 pH 的影响。实验证明,溶液的 pH 对萃取回收率也有影响。

(4)试样中水分或湿度的影响。因为水分能有效吸收微波能而产生温度差,所以待处理物料中含水量的多少对萃取回收率的影响很大。对于不含水分的物料,要采取再湿的方法,使其具有适宜的水分。

(5)基体物质的影响。基体物质对微波萃取结果的影响可能是因为基体物质中含有对微波吸收较强的物质,或是某种物质的存在导致微波加热过程中发生化学反应。

(四)色素的膜分离技术

膜分离技术是近年来在全球迅速崛起的一项新技术,近半个世纪以来,膜分离技术得到了迅速发展。膜分离技术作为一种新型的高效分离技术,包括超滤、微滤、纳滤、电渗析和反渗透等类型,具有较好的应用前景。而且与传统分离方法相比,膜分离技术具有选择透过性、节能、无污染、分离效率高(常温下色素截留可达100%)、操作简便以及生产工艺简化等优势。

1. 膜与膜器件

膜是构成膜器件、膜分离系统乃至膜分离过程的核心要素。膜可以是均相的,也可以是非均相的。常见的有下列几种或其组合形式:无孔固体、多孔固体、多孔固体中充满流体(液体或气体)、液体。膜的材料可以是天然的、有机的,也可以是合成的、无机的。常用的制膜材料主要有纤维素、聚碱、聚酰胺、聚酰亚胺、聚酯、聚烯烃、含硅聚合物、甲壳素类等有机物和金属、陶瓷等无机物。

膜器件的基本要素主要包括膜、膜的支撑体或连接物,与膜器件中流体分布有关的流道、膜的密封、外壳或外套以及外接口等。

2. 膜分离的实质

膜分离过程的实质是小分子物质透过膜,大分子物质或固体粒子被阻挡,因此,膜必须是半透膜。膜分离的推动力可以是多种多样的,一般有浓度差、压力差、电位差等。膜的分离性质主要用选择性和透过性来描述,选择性是指不同物质在两相中的浓度变化比;透过性是指单位推动力下,物质在单位时间内透过单位面积膜的量。好的膜必须具备高选择性、大透量、高强度,在分离器中有较高的填充率,能长时间在分离条件下稳定操作(如耐温、耐化学性)等条件。

3. 膜分离技术的特点

膜分离技术是 20 世纪 60 年代以后发展起来的高新技术,目前已成为一种重要的分离手段。与传统的分离方法相比,膜分离具有以下特点。

(1)膜分离通常是一个高效的分离过程。如在按物质颗粒大小分离的领域,以重力为基础的分离技术的最小极限是 nm,而膜分离却可以做到将相对分子质量为几百甚至几千的物质进行分离(相应的颗粒大小为 nm)。

(2)膜分离过程的能耗(功耗)通常比较低,大多数膜分离过程都不发生相的变化。对比之下,蒸发、蒸馏、萃取、吸收、吸附等分离过程,都伴随着从液相或吸附相至气相的变化,而相变化的潜热是很大的。另外,很多膜分离过程通常是在室温附近的温度下进行的,被分离物料加热或冷却的消耗很小。

(3)多数膜分离过程的工作温度在室温附近,特别适用于热过敏物质的处理。膜分离在天然活性产物、食品加工、医药工业、生物技术等领域有独特的适用性。

(4)膜分离设备本身没有运动的部件,工作温度又在室温附近,所以很少需要维护,可靠度很高,操作也十分简便。而且从开动到制得产品的时间很短,可以在频繁地启、停下工作。

(5)膜分离过程的规模和处理能力可在很大范围内变化,而它的效率、设备单价、运行费用等都变化不大。

(6)膜分离的分离效率高,通常设备体积比较小,占地较少。

膜分离技术在天然产物领域中的应用已非常广泛,可根据不同的应用范围,采用膜电解、电渗析、透析、微滤、超滤或反渗透技术,达到分离的目的。

4. 膜分离技术的应用

膜分离技术最具优势的是所应用的膜是利用天然或人工合成的具有选择透过性的薄膜,在膜两侧存在推动力时,实现溶质与溶剂的选择性分离、提纯以及富集。另外将纤维素超滤膜和反渗透膜、微孔滤膜技术联用,可简化工艺流程,提高效率。

在对栀子黄色素的提取过程中,采用无机陶瓷微滤膜对浸提液进行精密过滤,用聚酰胺卷式膜进行反渗透浓缩过滤液,不仅工艺过程简单,又可保证色素的质量。此外,还尝试采用壳聚糖膜对天然色素进行富集,2%的壳聚糖膜对萝卜红色素的富集率达84%。在红曲色素的精制中就可使用聚酰胺或聚丙烯腈膜,且溶解状态与沉淀的姜黄色素相分离。日本专利报道,在由蚕沙制得的叶绿素粗制品中加入脂肪酶的活化液,可除去异味,制得优质叶绿素。史晓博等利用膜分离技术研究新疆番茄皮中番茄红素的提取工艺,结果表明,不同孔径、不同材料和不同压力下的膜,过滤后经乙酸乙酯浸提,均有较好的分离效果。

(五)色素大孔吸附树脂法

大孔吸附树脂是一种具有大孔结构以及不含交换基团的有机高分子聚合物,根据骨架材料的不同分为极性、中性和非极性3种类型,且大孔吸附树脂还是吸附性与筛选性相结合的分离材料,多为白色球状颗粒。因表面吸附和形成氢键具有吸附作用,因其本身的网状孔隙结构和较高的比表面积具有筛选性,因对色素的吸附力较强、损失少、分离纯度高,而被应用于天然色素的提取,如姜黄素、原花色素、红花黄色素的提取等。栀子黄色素是一种天然的水溶性类胡萝卜色素,来源于茜草科植物栀子的果实,其主要化学成分为藏花素和藏花酸,具有着色力强、稳定性好、溶解度大、无异味、安全无毒的特点以及抗氧化、抗癌、抗自由基等生理活性,因而被广泛用于医药化工和食品加工领域。高丽等利用HPD-400树脂分离纯化栀子黄色素,结果表明,栀子黄色素的最佳得率为98.8%。廖湘萍等选用YW、NKA、D3520、HPD-100A 4种不同型号的大孔吸附树脂精制栀子果中的栀子黄色素,得率均在95%以上。钱冬伟等用HPD-100型大孔吸附树脂精制栀子中的栀子黄色素,得率为82.86%。大孔吸附树脂在花生衣红色素、番茄红素、火龙果果肉色素、红花黄色素等中也有应用。

(六)分子蒸馏法

分子蒸馏是一种特殊的液-液分离技术,可在高真空度下进行连续操作。该技术能大大降低高沸点物料的分离成本,极好地保护热敏性物料的品质,真正保持了纯天然的特性。分子蒸馏技术适合把粗产品中高附加值的成分进行分离和提纯,并且这种分离是其他常用分离手段难以完成的。曾凡坤等采用分子蒸馏法以冷榨甜橙油为原料,提取其中的类胡萝卜素。王芳芳等应用刮膜式分子蒸馏装置对辣椒红色素的提纯进行研究。分子蒸馏技术在制备天然色素方面具有独特的优势,制得的色素产品质量、外观、得率都高于真空蒸馏,克服了传统分离提取法的种种缺陷,其必将在天然色素的制备方面起到巨大的推动作用。

(七)双水相萃取法

与传统的萃取方法相比,该技术所形成的两相大部分为水,不会影响色素的生物活性,且操作方便、分离时间短,易于工程放大和连续操作。刘晶晶等采用酸性水溶液从甜菜块根中浸泡提取甜菜红色素,得到色素粗提液,然后调整 pH 值,加入聚乙二醇和硫酸铵形成双水相系统,进行充分的混合萃取,静置后形成两相,甜菜红色素进入聚乙二醇上相,糖类杂质进入硫酸铵下相。上相采用超滤膜法将甜菜红色素和聚乙二醇分离,甜菜红色素采用反渗透或纳滤膜进行浓缩,然后再真空浓缩至固含量为 20% 以上,最后采用喷雾干燥的方法得到甜菜红色素产品。

(八)高压脉冲电场法

高压脉冲电场法(PEF)是一种处理时间短、处理温度低、保质期长、提取率高的提取方法。针对天然色素而言,提取率在很大程度上取决于生物材料的破壁状态。传统的破壁方法包括物理振动、冲击法、化学分解法和生物破壁法。PEF 是一种新型破壁技术,它是将复杂的生物样品放置在暴露于高强度电场的两个电极之间,以持续时间约为几纳秒到几毫秒的重复脉冲形式施加电压。La 等在实验中证明了电穿孔可通过改善细胞膜的渗透作用,促进细胞内物质的释放。G. Pataro 等的研究表明,高压脉冲处理有效地提高了提取类胡萝卜素的得率及其抗氧化能力,且在提取过程中类胡萝卜素没有发生异构化或降解。这项工作表明 PEF 在湿式植物组织的有效细胞解体预处理方面比传统的提取方法有着更加温和且有效的优势。

近年来,针对 PEF 的各种规模设备和工业原型已得到开发,但电场辅助在提取技术中依然属于比较新颖先进的技术,究其原因是该法需足够峰值功率的高压脉冲,这也导致了 PEF 仍处于实验室阶段,未能达到大规模的工厂化应用。

(九)酶法

对于一些被细胞壁包围而不易提取的原料可用酶法提取。利用微生物或酶的作用将细胞壁成分降解,使该胞内的花青素成分迅速扩散出来,提高提取效率。如薛伟明等采用纤维素酶法提取工艺提取红花中的红花黄色素,与传统的水浸提取工艺相比,提取率大大提高。孙晓侠等研究了黑豆皮色素的酶法提取工艺,与未加纤维素酶的工艺相比,提取率提高了 8.2%。赵玉红等采用超声波辅助纤维素酶提取榛子壳色素,实验结果表明超声波辅助酶法能更好地提取榛子壳色素。

(十)微生物发酵法

将富含色素的原料进行微生物发酵,以获得色素,如红曲色素就是将稻米或糯米经水浸、蒸熟后,加红曲霉发酵而制得的。

第二节 天然色素提取的主要工艺及设备

天然色素是从天然原料中提取并经精制而得的产品,可用于食品和饲料的着色,也可用于化工产品,在医药工业用作药片外衣的着色,在化妆品工业还可用于化妆品的着色。利用相关设备将多种水溶性和脂溶性色素充分地从天然原料中顺利提取出来至关重要。本节对色素提取的主要工艺和相关设备作简要介绍,但针对具体的产品还需对相关设备进行不断改进和提高。

一、干燥

几乎所有的植物材料,无论是直接使用或用于制备提取物,均需干燥。需得到新鲜风味的提取物或花青素之类的水溶性色素时,则不用干燥。干燥是为了确保不发生腐败。干燥也有助于细胞破碎,以利用蒸气或溶剂使活性组分流出。大部分植物材料,特别是在热带地区,多利用日晒方式进行干燥。有些植物材料可利用干燥机干燥,预热空气以横流或穿流的方式通过被干燥材料。

目前,应用较广的干燥技术有真空干燥、微波干燥、真空微波干燥以及热风—真空微波干燥、真空微波—热风干燥等,这些干燥方式各有优缺点。涉及的设备有热恒温鼓风干燥箱、真空微波干燥设备、微波炉及真空干燥箱等。如喷雾干燥机,喷雾干燥机是一种将提取物、配料溶液或配料悬浮液转化成干粉末的装置。通常由于液体以喷雾颗粒的状态通过干燥区,干燥作用只需几秒钟。

喷雾干燥机的主体为一个带圆锥形底的高大金属圆筒,外部的热风炉连续将热风输入干燥机上部区域。干燥机入口温度的范围在 185~195℃ 之间,出口温度一般在 90~95℃ 之间,具体温度根据待干燥材料确定。干燥机顶端设有将水溶液状或悬浮液状待干燥材料雾化的装置。喷雾系统包括一台泵,此泵使液体经过喷嘴后成为雾状。根据待喷雾材料的性质和所需的最终粒度,可选择不同形式的喷嘴。喷滴下落通过干燥室上部的热空气区时脱去水分而得到干燥,形成固体颗粒。喷雾干燥设备的其他特殊结构有干燥室圆锥形底部收集和排出干燥物料的出口,避免热量损失的干燥室绝热层,以及促使粉粒下落到锥底的敲击或振动装置。干燥室下部有一个湿空气流排出口,此空气出口与旋风分离器或布袋过滤器相连,以便对外逸的喷雾干燥产品进行回收。将从两个位置收集产品的装置进行改造,可变成从一个位置收集产品的形式。最好在干燥器底部出料口位置设一间空调或调湿室,对吸湿性产品进行保护。

中等大小的喷雾干燥机的干燥室直径约为 3m,高约为 6m,其中锥体高度为总高的一半。圆锥体的垂角约为 60°,用于食品喷雾干燥的干燥室必须用不锈钢制作。

喷雾干燥设备的核心是雾化器,用于对黏稠状胶体溶液进行喷雾。高速旋转雾化器的顺流旋转作用可产生细粉体,其转速范围为 15000~35000r/min。位于干燥器顶部的高压雾化器可产生较粗的粒子粉体。压力喷雾干燥室以细长形为宜。雾化器有许多专门形式,可根据待干燥材料和所需的粉体性质加以选用。有一种装于干燥室中间部位的双流雾化器,这种雾化器可将空气和待干燥料液朝上喷雾。

二、粉碎

所有天然风味的色素材料均需粉碎。这些材料即使直接使用,将其粉碎成粉末也可确保其在制备食品中得到均匀分散。为了制备提取物必须将其进行粉碎,这样有利于溶剂与细胞内部接触。

农产品可用冲击力、摩擦力、剪切力和压缩力进行粉碎。如摩擦和剪切作用可用于对红辣椒之类的鞘状物进行粉碎。对于如生姜、咖啡、姜黄和菊苣之类的韧、硬产品,则需多种力组合进行粉碎。

(一)锤式粉碎机

锤式粉碎机中,活动锤头连接在高速转盘上,转盘外是金属外壳。旋转锤片与金属壳的间隙很小,物料受到转动锤片的冲击而被粉碎。粉碎机底部开口处可安装不同尺寸的筛网。被粉碎材料在粉碎机内一直受到冲击,直到成为足以通过筛孔大小的颗粒为止。锤式粉碎机非常适用于粉碎韧性产品。其主要缺点是有可能产生高热,且不易调节产品粒度。

(二)固定头粉碎机

固定头粉碎机的旋转体上安装的不是摆动锤,而是固定的粗实突出物,旋转体与外壳之间的间隙很窄。这种粉碎机设计上的一种变形是转动盘带两到三排粗钉,这些粗钉可在间距窄小的固定粗钉排间运动。此种粉碎机也称为针盘式粉碎机。由于是通过均匀分布的钉子实现粉碎,因此积累的热量较少。

(三)盘式粉碎机

盘式粉碎机中,物料在两个圆盘之间受到粉碎,其中一个为运动转盘,材料主要 受到剪切力和摩擦力作用。两圆盘表面可适当粗糙。虽然盘式粉碎机的磨盘垂直安装,但其作用与水平安装的手动旋转的石磨相似。由于高度摩擦作用,因此发热量通常很大。

（四）切碎机

切碎机设备中,高速旋转的薄刀片安装在较大间隙的壳体内。这类粉碎机类似于厨房用混合器,可用于粉碎新鲜未干燥的植物材料。旋转薄刀片与植物产品垂直,可将其切成片状。

三、均质

许多提取物,尤其是用有机溶剂提取到的提取物,其组成可能并不均匀一致,有许多亲脂性成分会使其外观混浊。无论是用溶剂还是用水提取的材料,会含有沉积物、细颗粒和黏稠液滴之类的不纯物,使提取物呈现浑浊外观。有时提取物有可能同时含精油和非挥发性两种主要组分,从而不会形成均质体。以下介绍解决这类问题的各种操作。

（一）机械均质机

均质是一个使物料成为均匀溶液或提取物的过程,尽管化学乳化剂可以做到这一点,但机械均质机可更有效地完成这个过程。均质还有助于降低乳化剂用量。均质过程利用压力使液体颗粒或液滴细分成更小的颗粒。打破凝固状亚微米大小液球,可以创建稳定的分散体系。普通家庭使用打蛋器或研钵研杵操作时,应用的是相同的技术。

（二）胶体磨

不均匀黏稠提取物最好利用胶体磨进行均质处理。胶体磨的作用类似于降低固体颗粒粒度所用平板磨的作用。在胶体磨中,由高速液流引起的流体剪切作用使颗粒或液滴得以均匀分散。如此形成的小颗粒将使分散体系或乳液稳定,除了可使粒度降低以外,有时也可将弱键形成的缔合物打散。胶体磨得到的颗粒重量小于 $5\mu g$ 时,通常具有稳定性。

典型胶体磨中,料液由料斗进入间距很近的两个相对运动的表面,一个表面的运动速度大于另一表面的速度。有一种胶体磨使液体通过由圆盘转子与外壳构成的间隙而得到处理,两者间隙可调至低于 $20\mu g$。为了避免摩擦生热,需采用循环水对胶体磨进行冷却。

（三）研磨机

研磨机通常用以减小硬脆材料(如矿物)的尺寸。然而,适当大小的研磨机也可用于将食品提取物颗粒磨细,以使食品得到均质化处理,这种机器的作用很像研钵和杵槌的作用。由于所处理的是食品材料,筒体必须使用不锈钢,并且要用重质陶瓷球作磨介。用于黑胡椒油树脂均质处理的典型球磨机包括一个可水平旋转的不锈钢滚筒,筒体有一主要敞口,对面有另一开口,带有供均质化液体产品排出的龙头。机器一般容量约为 1000L,用容量三分之一的空间充填 1000kg 直径为 30mm 的陶瓷球。装有材料的转鼓由电机驱动旋转,转速和持续时间可根据被均质提取物的性质进行调节。

(四)砂磨机

现代加压卧式砂磨机,由用于均质的球磨机发展而来。在砂磨机中,有一系列高速旋转的转盘,来自转盘的离心力使小玻璃珠(粒度范围为 1.5~2.0mm)在夹套腔内旋转,靠近转盘边沿的玻珠运动速度较内侧玻珠的运动速度快。当黏稠物通入此系统时,不动转速玻珠引起的剪切作用可将其中的颗粒物研碎。玻珠的旋转速度和装填量可根据黏稠产品的黏度和所含颗粒的性质进行调节。这种设备也可用于不同密度组分的均质化处理。

(五)高压均质机

市场上有不同生产能力的各种知名品牌高压均质机,待均质产品在非常高的压力作用下,通过专门可调节间隙的均质阀。这种装置一般利用往复泵迫使液体通过均质阀,在静止表面撞击产生的压力,能将液滴打碎成微米级液滴。这种类型的均质机特别适用于由水、香料提取物和亲水胶液体构成的用于喷雾干燥的混合物。在油状提取物可利用乳化剂获得水溶性或水中分散性时,高压均质机有增效作用,并可减少乳化剂用量。

许多用有机溶剂提取得到的天然风味物质和色素大多数本质上属于脂质,且在水中的分散性非常低,使用乳化剂可加大其在水中的溶解性或分散性。当然,机械均质对这些所有的情形均有促进作用。通过机械均质作用使分散相粒度降低,是获得稳定胶体溶液的关键。

四、渗漉及设备

渗漉器示意图如图 4-1 所示,渗漉器一般为圆筒形设备,也有圆锥形,上部有加料口,下部有出渣口,底部有筛板、筛网或滤布等,以支持料粉底层。大型渗漉器有夹层,可通过蒸气加热或冷冻盐水冷却,以达到浸出所需的温度,并能常压、加压及强制循环渗漉操作。为了提高渗漉速度,可在渗漉器下边加振荡器或在渗漉器侧边加超声波发生器以强化渗漉的传质过程。

五、萃取及设备

(一)固定式萃取罐

平衡式顶盖固定式萃取罐装置示意图如图 4-2 所示。

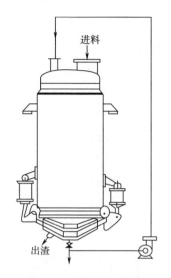

图 4-1 渗漉器示意图

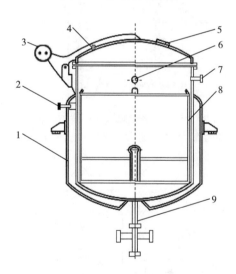

图 4-2 平衡式顶盖固定式萃取罐装置示意图

1—蒸气加热夹套 2—进气管 3—平衡锤 4—温度计插口
5—视镜 6—冷凝器接口 7—进液口 8—悬筐 9—出液口

(二)连续提取器

连续提取器根据提取物性质的不同,可分 U 形螺旋式提取器、平转式连续逆流提取器、多功能提取罐等。U 形螺旋式提取器的主要结构如图 4-3 所示,由进料管、出料管、水平管及螺旋输送器等组成,各管均有蒸气夹层,以通蒸气加热。U 形螺旋式提取器属于密封系统,适用于挥发性有机溶剂的提取操作,加料卸料均为自动连续操作,劳动强度低,提取效率高。

平转式连续逆流提取器可密闭操作,用于常温或加温渗漉、水或醇的提取。该设备对材料粒度无特殊要求,若材料过细应先润湿膨胀,可防止出料困难,影响溶剂对材料粉粒的穿透及连续浸出的效率。

多功能提取罐按设备外形分为正锥形、斜锥形、直筒形三种形式;按提取方法分为动态提取和静态提取两种;按提取时罐内的承压情况大致分为真空提取、常压提取和加压提取。真空提取为$-0.1MPa \leq$罐内压力$\leq -0.02MPa$;常压提取为$-0.02MPa <$罐内压力$< 0.1MPa$;加压提取为罐内压力$\geq 0.1MPa$。静态多功能提取罐示意图如图4-4所示。

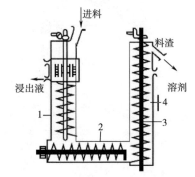

图4-3　U形螺旋式提取器示意图

1—进料管　2—水平管　3—螺旋输送器　4—出料管

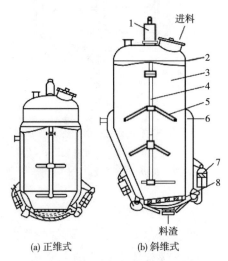

(a) 正维式　　　(b) 斜维式

图4-4　静态多功能提取罐示意图

1—上气动装置　2—盖　3—罐体　4—上下移动轴　5—料叉
6—夹层　7—下气动装置　8—带滤板的活门

(三)超临界流体萃取设备

超临界二氧化碳萃取设备从功能上可分为七部分:冷水系统、热水系统、萃取系统、分离系统、夹带剂循环系统、二氧化碳循环系统和计算机控制系统。具体包括二氧化碳升压装置、萃取釜、解析釜(或称分离釜)、二氧化碳贮罐、冷水机、锅炉等设备。由于萃取过程在高压下进行,所以对设备以及整个高压管路系统的性能要求较高。这里仅介绍升压装置、萃取釜等关键设备。

1. 二氧化碳升压装置

超临界二氧化碳萃取设备的升压可采用压缩机和高压泵。采用压缩机的流程和设备都比较简单,经分离后二氧化碳不需冷凝成液体即可直接加压循环。但压缩机的体积和噪声较大,维修难度大,输送二氧化碳的流量较小,不能满足工业化过程对大流量二氧化碳的要求,仅在一些实验室规模的装置上采用。

采用高压泵的流程具有二氧化碳流量大、噪声小、能耗低、操作稳定可靠等优点,但进泵前需经冷凝系统冷凝为液体。考虑到萃取过程的经济性、装置运行的效率和可靠性等因素,目前国内外中型以上的升压装置一般都采用高压泵,以适应工业化装置要求有较大的流量和能够在较高压力下长时间连续使用的要求。

二氧化碳高压泵是超临界二氧化碳萃取装置的"心脏",是整套装置最重要的设备之一,它承担着二氧化碳流体的升压和输送任务。二氧化碳高压泵与普通高压柱塞式水泵的使用大体相同,因此很多超临界二氧化碳萃取装置用高压水泵来输送二氧化碳流体。作为整套装置中主要的高压运动部件,其能否正常运行对整套装置的影响是不言而喻的。但不幸的是,它恰恰是整套装置中最容易出故障的地方。出现此问题的根本原因是泵的工作对象性能上的不同,水的黏度较大且可在泵柱塞和密封填料之间起润滑作用,因此高压水泵的密封问题很好解决。

高压柱塞泵是靠柱塞的往复运动来输送 CO_2 液体,当柱塞暴露于空气的瞬间,其表面的二氧化碳就迅速挥发,使柱塞杆而失去润滑而变得干涩,柱塞杆与密封填料间磨损加剧,造成密封性能丧失,密封填料剥落,堵塞二氧化碳高压泵单向阀等。要保证二氧化碳泵的正常使用,必须解决如下几方面的问题:①柱塞杆与密封填料之间润滑机制的建立;②强化柱塞杆表面的耐磨性;③正确的使用方法。

2. 萃取釜

萃取釜的设计应根据原料的性质、萃取要求、处理能力等因素来决定萃取釜的形状、装卸方式、设备结构等。萃取釜是装置的主要部件,必须耐高压、耐腐蚀、密封可靠、操作安全。目前大多数萃取釜是间歇式的静态装置,进出固体物料需打开顶盖。为了提高操作效率,生产中大都采用两个(或三个)萃取釜交替操作和采用装卸的半连续模式。为了便于装卸,通常是将物料先装进一个吊篮中,然后再将吊篮放入萃取釜中。吊篮的上下有过滤板以使二氧化碳流体通过,但其中的物料不会被二氧化碳流体带出来。吊篮的外部有密封机构,以保证二氧化碳流体不会不经过物料就从吊篮外壁和萃取釜内壁间穿过。对于装量极大($10m^3$)、物料基本上以粉尘为萃取对象的超临界二氧化碳萃取,可采用从萃取釜上端装料、下端卸料的两端釜盖快开设计。

萃取釜快开盖的结构有楔块式、螺栓式和卡箍式等,各有其结构特点,均能达到快开的目的,应根据装置的使用要求和特点进行选取。考虑到大型萃取装置实际操作的可行性和方便性,采取有别于中小型装置螺栓式快开结构的卡箍式全膛快开结构是较为合适的,如图 4-5 所示。

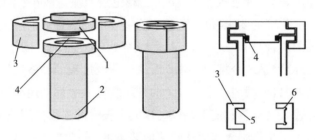

图 4-5 卡箍式全膛快开萃取釜结构示意图

1—釜盖 2—釜体 3—卡箍 4—密封件 5—卡箍直角过渡 6—卡箍圆角过渡

萃取釜卡箍安装于精密导轨之上,其开合可由液压系统或手动完成。液压系统自动化程度高,但费用也较高,还需配备压力监测安全系统,确保萃取釜压力为零时才能开盖;采用手动装置不存在此问题,但当萃取釜有压力时,人力无法拉开卡箍,在压力为零时,可轻松将卡箍拉开,十分方便可靠。当然手动装置的自动化程度较低,不太适用于 1000L 以上卡箍质量较大的大型装置。

萃取釜盖的升降(即打开与盖上)采用一带机械手的液压装置完成。该方式与手动升降开盖相比,具有对位准确、快捷和安全的优点。超临界二氧化碳萃取装置的密封问题与普通的高压密封不同,它要求卸压后的萃取釜必须马上开启,以满足生产上频繁装卸的要求。

萃取釜快开装置的全部密封问题包括以下几方面:萃取釜盖与萃取釜体之间的密封,其作用是保证萃取釜中二氧化碳压力,这是整套装置中要求最高的密封问题;萃取釜吊篮外壁与萃取釜内壁之间的密封,其作用是防止超临界二氧化碳流体不经装有物料的萃取吊篮而从吊篮外壁与萃取釜内壁之间短路流过;萃取吊篮盖与吊篮内壁之间的密封,其作用是防止物料粉尘随二氧化碳流体从吊篮盖与吊篮内壁间泄出。

（四）超声提取设备

目前,超声技术在天然色素提取工艺中已广泛应用,并越来越受到关注。超声提取设备也由实验室用逐步向中试和工业化发展。图4-6、图4-7所示为常见的清洗槽式超声提取装置。超声波通过换能器导入萃取器中。

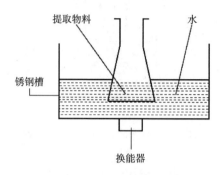

图4-6　清洗槽式非直接超声提取装置

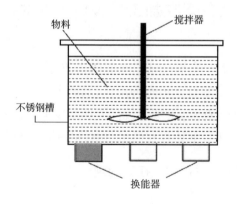

图4-7　清洗槽式直接超声提取装置

图4-8所示为一般工业用探头式直接超声提取装置。探头是一种变幅杆,即一类使振幅放大的器件,因而使能量集中。变幅杆与换能器紧密相连,然后插入萃取系统中。在探头端面能达到很高的声能密度,通常大于$100W/cm^2$,根据需要还可做得更大。功率一般连续可调。探头式萃取器的优点是:①探头直接插入萃取液,声能利用率高;②通过变幅杆的集中,声能密度大幅提高。

（五）微波萃取设备

用于微波萃取的设备分两类:一类为微波萃取罐;另一类为连续微波萃取机。两者的主要区别在于:一个是分批处理物料,类似多功能提取罐;另一个是以连续

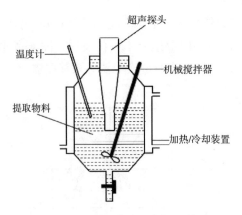

温度计

超声探头

机械搅拌器

提取物料

加热/冷却装置

图4-8 探头式直接超声提取装置

方式工作的萃取设备,具体参数一般由生产厂家根据使用厂家的要求进行设计。

第三节 天然色素在加工过程中存在的问题及新进展

多数天然色素安全性高,有些还具有着色自然、生理活性等优势,使天然色素更易被接受,从而成为色素行业消费的主流,发展十分迅速。但是,天然色素由于存在稳定性差、着色弱等缺点,再加上传统的加工技术和工艺落后,加工设备简单等原因,使天然色素加工行业还存在诸多问题,制约了天然色素加工的快速发展。

一、天然色素在加工过程中存在的问题

(一)加工工艺方面

传统天然色素的加工过程主要包括粉碎、提取、分离精制、浓缩和干燥等。经过多年的发展,天然色素加工工艺取得了长足的进步,出现了超临界流体萃取、微波提取等提取工艺以及柱层析、膜分离等分离工艺,这促进了天然色素加工的发展。但由于新型工艺应用范围有限,无法完全替代传统工艺,加上天然色素自身的缺点等原因,其加工工艺仍存在着一定的问题。如传统工艺无法有效解决天然色素纯度不达标、稳定性差及提取率低等问题,某些色素还无法避免颜色转移作用,使得色素产品的附加值、科技含量大大降低,限制了天然色素的开发利用向多元化方向发展。我国虽然引进和开发了许多先进加工技术,但由于成本较高、技术不完善等原因,使其应用范围受到制约,这很难满足消费需求,这限制了我国天然色素

加工的发展。

我国大多数天然色素加工企业仍然采用的是传统干燥技术,微波干燥技术仍然没有得到普及。传统干燥技术加工效率低,加工过程中过度重视天然色素的提取与分离,而忽视了资源的重新利用,造成了巨大的资源浪费,加工过程中排出大量废水,且废水的处理一直难以有效地解决,不仅增加了能耗,降低了产品的附加值,还造成了严重的环境污染。

天然色素在提取分离过程中存在着安全隐患。目前,天然色素的提取仍采用正己烷、甲醇溶液、丙酮等有机溶剂,甚至有些企业使用苯等有毒溶剂,这些溶剂的安全性以及在后续工艺中的残留都会对天然色素的安全性造成一定的影响。此外,从微生物中提取的天然色素,其安全性有待考证,如红曲霉素,虽然产品性能优良,但安全性仍是限制其发展的一大障碍。

(二)加工设备方面

我国目前的天然色素加工企业多为乡镇企业,加工能力小、加工设备简单、能耗高、技术力量薄弱、抗风险能力差,导致产品质量差、原料消耗大、价格高、附加值低。此外,加工企业没有做到标准化、系列化,除个别产品外,大都没有标准化产品,难以进入国际市场。如溶剂提取法所需加工设备十分简单,但提取的天然色素质量差、纯度低,影响产品的适用范围;超临界流体提取具有加工能力强、效率高、环保等优点,但其加工设备存在操作复杂且昂贵、运行成本高等问题,适用范围较窄。因此,尽管天然色素具有美好的前景,但其加工设备没有同步,限制了天然色素加工的快速发展。

(三)加工过程方面

色素行业在加工过程中存在许多不规范的现象,企业在加工过程中未采取有效的措施来控制天然色素的质量,然而天然色素成分复杂,有些可能存在毒性,有些在提取中化学结构可能发生变化,此外,在加工过程中可能被污染。因此,天然色素在加工过程中必须进行毒理试验,确定质量符合标准后,方能对其进行加工,并严格控制加工过程,避免二次污染。天然色素加工过程中存在的诸多问题,制约着天然色素加工的发展,需进一步规范。

二、天然色素加工新进展

近年来,我国色素业发展迅速,国家对色素行业提出了"天然、营养、多功能"的发展方针。天然色素营养价值高,具有一定的生物活性,这些优势决定了天然色素必将取代合成色素,成为消费的主流。在 GB 2760—2014《食品安全国家标准 食品添加剂使用标准》中我国允许使用的天然色素已有 40 多种。通过多年的竞争和结构调整,我国色素行业开始规模化经营,生产相对集中,竞争力明显提高,国内一批天然色素加工企业迅速崛起,出现了一批知名企业。

天然色素加工工艺取得了明显的进步,新加工工艺适用范围正在逐步扩大,如微波和酶法提取等提取工艺以及膜分离、柱层析等分离工艺在天然色素中的应用大大地节约了资源,提高了加工效率。微波提取具有加热均匀、节能减排、环保和成本低等优点,可以提高天然色素的产率和提取物纯度。其克服了超临界萃取和溶剂提取的缺陷,既符合环保要求,又降低了操作费用,发展前景良好。王伟华等发现利用微波提取番茄红素,在最佳工艺条件下可使番茄红素的提取率达到95%,且可大大缩短提取时间。黎或等使用微波提取野菊花黄色素,与溶剂法相比,提取率从88.6%提高到91.1%,提取时间由12h减为450s,大大提高了提取效率。

酶法提取的应用也促进了天然色素加工的发展。酶法提取不破坏植物成分,且可提高活性成分的提取率。余清等研究出添加纤维素酶及果胶酶提取乌饭树叶中的色素,与传统方法相比,提取率提高了13.2%。

膜分离、柱层析等分离工艺也促进了天然色素加工的发展。膜分离工艺简单、效能高,可用于可可色素、红曲色素等色素的分离,可将90%以上的果胶等大分子物质脱除,常温操作即可实现对色素100%截留。大孔吸附树脂对天然色素具有良好的吸附和提纯效果,利用大孔吸附树脂的吸附和筛选作用可达到分离物质的目的。

天然色素的精制工艺也在飞速发展。引入先进的分离纯化技术对天然色素进行精制,可提高天然色素的性能,扩大适用范围。目前应用于天然色素的精制技术主要有超滤精制法、吸附树脂精制法、凝胶层析法等技术。随着生物技术、核磁共振技术等先进技术的出现,我国应将这些先进技术应用到天然色素的精制工艺上,从而大大提高天然色素的加工效率,提高产品的综合利用率和附加值。

稳定性差、着色强度弱一直是限制天然色素向更大市场范围发展的重要因素。近年来,我国针对解决天然色素稳定性差的问题进行了各种探索,取得了显著的成绩。如利用微胶囊技术提高天然色素的稳定性,利用生物技术改变天然色素的色调来改善其稳定性、溶解性与着色力。控制适当的加工条件,如避免高温加热、稳定色素的最佳 pH 等作用。2011 年哈尔滨工业大学攻克了天然色素分离纯化系统及花色苷类色素稳定化技术,解决了以往天然色素加工过程中提取率低、稳定性差及纯度不达标等技术难题,促进了天然色素加工的发展。然而,大多数天然色素稳定性差的问题仍难以解决,这需要我国继续加大投入力度,进一步研究和探索新技术,以解决天然色素稳定性差的技术难题。

第四节 天然色素加工发展对策

近年来,我国天然色素业发展迅速,开发天然色素已成为色素和医药等行业的发展趋势之一。我国天然色素产量正在逐年上升,目前我国有 65 种色素在食品中使用,其中植物类色素 48 种,每年生产的色素中天然色素占了 90%。我国的辣椒红、栀子黄、红曲等色素均已实现规模化生产,并打入了国际市场。然而天然色素由于存在稳定性差、着色弱等缺点以及加工水平落后等原因,使我国还处在合成色素与天然色素并存及同时发展的状态。同时,我国色素行业面临着色素质量问题频繁爆发等严峻形势,与行业发展需求存在较大差距。提高天然色素的质量和加工水平是当前亟待解决的问题。

一、树立现代加工理念

传统天然色素加工过度重视天然色素质量,而忽视资源的重新利用,导致副产品综合利用率低,附加值小,已经不符合现代天然色素的加工要求,必须树立现代加工理念。现代加工理念要求在保证天然色素质量的前提下,提高副产品的综合利用率,做到加工过程中实现零排放,从而达到节约资源、提高产品附加值的目的。按照循环经济的理念,树立高效、环保和节能意识,积极发展低消耗、低排放、高效率的现代加工模式,加大节能环保力度,降低资源消耗,减少废弃物排放,提高天然色素资源综合利用水平,增加产品附加值,建设安全、环保、高效、低耗、高附加值的现代天然色素加工体系,是促进我国天然色素加工发展的重要途径。

二、改进加工工艺

用先进加工技术改进传统加工工艺是研究天然色素的热点之一。利用酶技术、核磁共振技术等改进传统工艺,解决了天然色素稳定性差、着色度弱等缺点,提高了天然色素加工的整体水平,实现了加工过程零排放,提高了产品附加值,促进了天然色素加工的快速发展。如在加工过程中应用酶技术可减少对健康不利的化学品的使用,节约设备投资,减少污染物排放,有利于环境保护,符合"绿色、高效、安全"的要求。再如利用酶的催化分解作用,可将杂质通过酶反应除去,起到精制天然色素的作用。如蚕纱提取叶绿素,利用酶精制法可除去令人不愉快的气味,得到优质的叶绿素。微波提取克服了溶剂提取和超临界提取方法的缺陷,既降低了操作费用,又节约了资源,符合"高效、环保、节能"的要求,表现出良好的发展前景和巨大的应用潜力。有人利用微波处理柚皮,发现微波提取天然色素的效率大约是传统加工方法的 30 倍,且纯度较高、耗能少,有利于工业化生产。充分利用现代微波技术,可推动天然色素加工行业快速发展。

在天然色素加工过程中建立科学的管理机制,可规范天然色素加工,提高产品质量。在加工过程中实施 HAC-CP 管理方法,能最大限度地保证天然色素产品的安全性,做到从原料采购到加工、销售、包装等环节统一标准。并制定可行工艺参数,规范加工过程,使其符合工业化食品厂的标准,从而促进天然色素加工规范化生产。

三、提高加工设备水平

在充分利用现代加工技术和加工工艺的基础上,也要同步提高加工设备水平,从而提高天然色素行业整体竞争能力。不断更新和研发包括粉碎、提取、分离精制、浓缩和干燥等全过程所需的加工设备,提高天然色素加工能力和效率。通过引进和创新,研发与先进加工技术相配套的加工设备,同时研究和开发节能减排、高效、环保的加工设备,可节约资源、保护环境,提高天然色素产品的附加值。通过提高天然色素的加工设备水平,可促进天然色素加工又好又快发展。

四、加强有特殊生理活性天然色素的开发

我国天然色素资源众多,已开发的有姜黄色素、茶色素、红曲色素等。新型天然色素不仅优点突出,而且具有众多生理功能,是我国开发功能性色素的重要资源。如姜黄色素具有着色强度好、抗氧化、抗肿瘤、降血脂等作用,此外,姜黄色素还具有抗炎、抗感染、抗凝、防止老年斑形成等多种生理功能,是一种不可多得的功能性天然色素。

天然色素营养价值高,且具有一定的生物活性,研究与开发天然色素成为色素业的发展趋势。目前我国天然色素需求旺盛,正是发展新型天然色素的大好时机。加快新型天然色素的研究与开发,有利于发展我国的优质天然色素资源;提高天然色素产量,有利于满足人们在营养与健康方面日益增长的需求,从而促进天然色素行业的发展。

第五章 天然色素的化学修饰与分析

第一节 天然色素的化学修饰

天然色素的化学修饰,就是在不改变天然色素分子基本结构的前提下,通过有限的化学反应,仅改变天然色素分子末端的活性基团如—OH、—CH$_2$、—CHO、—COOH等,而达到改变色素某些性质的方法。如改变溶解性、稳定性、抗氧化性、蛋白质和淀粉的着色性或者提高某种特有的生理活性等。将这些统称为天然色素的化学修饰,关于这方面的研究也越来越多,通过这些研究,使色素既保持了原有的基本结构、基本性质,又改善了色素在使用中的性能,对扩大天然色素使用范围,提高其使用效果有很好的促进作用。

一、天然色素的化学修饰原则

(1)天然色素分子的主体结构不发生变化,改变的是分子末端或边缘连接的基团。

(2)经过化学修饰后,天然色素分子的结构形式一般是在原植物中也存在的一种结构形式,无毒、无害。若某些天然色素经化学修饰后形成的新结构形式作为药物使用,就必须经过毒理试验。

(3)在化学修饰过程中不得使用有毒、有害物质,以免色素遭到污染。

(4)经过化学修饰后,天然色素的某种性质或生理活性得到提升,能充分体现化学修饰的价值。

二、常见天然植物色素的化学修饰

(一)花青素的酰基化反应

许多研究表明,酰基化的花青素其稳定性要比花青素提高很多,同时发现花青素一般是在 pH 为 2~3 时最稳定,但是酰基化的花青素即使在 pH 提高到中性时仍比在酸性时具有更高的稳定性,比 pH 为 3 时还稳定。

1. 酰基化提高稳定性的机制

花青素在酸性溶液中存在着 4 种花色苷结构的平衡,花青素的化学性质随着 pH 的升高,结构平衡向醌式碱移动,显蓝色。在碱性条件下,由于温度升高、氧的作用或酶的催化,都可能导致黄锌盐离子进一步由于水合作用而形成无色的假碱,假碱以缓慢的速度与开键的无色查尔酮趋于平衡。但是如果花青素分子中有酰基存在,会有效地阻碍这几种结构的转化,分子中的糖基就像一条带子将折叠好的酰基缠绕在 2-苯基苯并吡喃骨架的表面,这种堆积作用不仅对花青素具有保护作用,而且对系统色泽的稳定性具有积极作用。酰化作用还能较好的抗亲水攻击和其他类型的降解反应。MM Giusti 等提出了酰基化的花青素存在一种"三明治"结构,这种结构阻止了其水化而提高了稳定性。Dangles、Saito、Yoshida 等也都对花青素酰基化做了很多研究,证明了"三明治"型结构的排列。酰基化对花青素稳定性的影响和酰基数量、酰基连接位置、糖的数量及连接位置、酰基糖键空间长度等都有关系。

2. 酰基化方法

(1)对现有花青素进行化学修饰。通过人工酰化已使花青素酰基化取得一定的进展。Donalcd. K. Dougall 等利用胡萝卜细胞进行培养生产花青素,培养过程中向培养液滴加苯乙烯酸和其他芳香酸,结果得到了 14 种新型单酰花青素。酰化反应一般都发生在原来花青素糖部分 C_0 位置上。这些酰基化的花青素在 pH=6 时的稳定性比在 pH=2 时的好。酰基化花青素的结构及空间排列如图 5-1 所示。

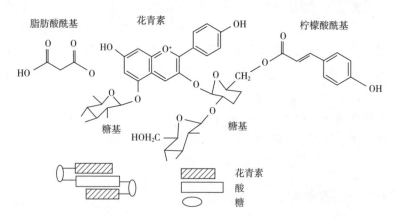

图 5-1 酰基化花青素的结构及空间排列

(2)通过植物细胞培养的方法。KeiZo Hosokawa 体外培养风信子花朵并提取其中的酰基化花青素时发现,酰基化花青素产量受赤霉酸和培养基中蔗糖含量及温度的影响。试验表明，当培养基中含有 1mg/L 的赤霉酸和 30g/L 的蔗糖时，15℃下培养 3 周，该花朵中酰基化花青素含量最大，是一般未处理花朵含量的 1.2 倍。以上 2 种方法都是通过改变培养条件提高原料中酰基化花青素的含量，方法可行但过程较长，条件难于控制。

（3）利用酶的作用，促使花青苷酰基化。田中良和胜元幸久等利用酶促反应使芳香族酰基转移到花色苷 C_3 位糖上，提高了花青素的稳定性，使花色更蓝。过去的许多研究表明，修饰花色苷的芳香族酰基越多，花色苷越稳定，颜色越蓝。同时还发现以翠雀定为例，在 C_5 和 C_3' 的羟基上由 1 分子葡萄糖和 1 分子咖啡酸形成的酰基化侧链，C_3' 位的糖-芳香族酰基比 C_5 位的更有助于提高色素的稳定性和蓝化。相关研究发现，龙胆植物（*Gentiana scabra* Bunge）的 C_5 位芳香族酰基转移酶同时也具有 C_3' 酰基转移活性，该酶是单一酶，但能够同时催化在花色苷 C_3' 和 C_5 这两个位置的糖上分别转移芳香族酰基的反应。为了使用更加方便，将此龙胆酰基转移酶的基因在大肠杆菌等宿主中表达而得到重组酶，表达结构为 PQE8。将导入了 PQE8 的大肠杆菌 JM109 株用 SB 培养基在 37℃下培养至吸光值 $A_{600}=0.8$ 后，将培养温度降至 15℃再培养 1h。添加 IPTG 使其最终浓度为 0.1mol/L。集菌后菌体进行超声波破坏，并用下面的方法精制。将破坏后的菌体加入 DE52（Whatman），通过含有 150mol NaCl 的 25mL Tris-Hal（pH=7.5），回收可径直通过的组分。再通过硫酸铵盐析，回收 40%～60% 的硫酸铵饱和组分，溶解于少量的 20moL Tris-Hal（pH=7.5）中，采用经 20moL Tris-Hal（pH=7.5）平衡后的 SepHadex-25 进行脱盐处理，并测定其酶的活性（方法略）。

结果表明，增加底物量或延长反应时间，DEL3G-5CafG-3'G 和 DEL3G-5Ca1000-fG-3'-CafG 生成量会增加，其他化合物增加很少。研究表明，这些酰化物的稳定性由高到低依次排列是 DEL3G-5CafG-3'CafG（最稳定、难褪色）> DEL3G-5G1001-3'CafG>DEL3G-5CafG-3'G>DEL3G-5G-3'G。而其蓝色程度由深到浅排列是 DEL3G-5CafG-3'CafG>DEL3G-5G-3'CafG。

（4）花青素直接酰基化反应。反应过程为将萝卜红粗提液经浓缩后，再用 AB-8 柱处理，先用蒸馏水洗，除去糖类杂质，再用 90% 的乙醇溶液洗脱，得精制色素。再浓缩、真空干燥得萝卜红花色苷粉末。称取 0.5g 此粉末原料，溶解于 50mL 30% 的甲醇水溶液中，调 pH 至 6，将 0.37g 丁二酸酐加入溶液，于 60℃下反应 3h，过滤。再浓缩滤液，真空干燥，得酰基化产品。由于萝卜红本身成分复杂，化学结构各异，尚无法确定反应产物中每种成分的变化，只能通过反应前后产品的红外光谱图变化，推断可能发生的反应。

（5）花青素与有机酸类化合物的酯化反应。试验说明分别加入质量浓度为

0.063%、0.041%和0.039%的羟基苯甲酸、水杨酸钠、甘氨酸,使蓝靛果花色苷保存率从未加时的48.9%提高到88.01%,提高31.8倍。其反应机制是这些有机酸和花青素或和花青苷糖中的—OH脱水酯化,生成内酯化产物。这些都大大提高了花色苷的稳定性。

(二)叶黄素的化学修饰

1. 修饰目的和修饰机制

在已知的600多种类胡萝卜素中,被多数国家批准使用于食品、饲料、药物以及化妆品的类胡萝卜素有10多种,其中主要有叶黄素(Lutein)、玉米黄素(Zeaxa-thin)、虾青素(Astaxanthin)(又称虾黄素)。叶黄素和玉米黄素互为同分异构体,分别是α-胡萝卜素和β-胡萝卜素的3,3-二羟基衍生物。它们都有相同的生物学功能,如可防患眼部黄斑退化,对视网膜有保护作用,还有一定的抗氧化作用等。虾青素主要存在于虾、蟹、鱼和鸟类羽毛中,它的重要生物学功能是抗氧化。Lee等研究了叶黄素、玉米黄素、番茄红素和虾青素(双键数分别为10、11、11、13)在豆油光氧化作用中淬灭活性氧的能力。它们淬灭活性氧的速率常数分别为5.72×10^9、6.79×10^9、6.93×10^9、9.79×10^9,表明虾青素淬灭能力最强。它清除自由基的能力是维生素E的100倍以上,具有很强的抑制脂质过氧化的能力。Tanaka和Nashino研究了虾青素的抗癌效果,发现它对口腔癌、肝癌、膀胱癌等有一定的疗效。这三种类胡萝卜素中,虾青素在自然界中的含量是最少的,而且提取及合成的方法都较为复杂,而叶黄素含量是最多的,特别是在对万寿菊原料的开发利用时,让我们得到了大规模生产、提纯叶黄素的原料和方法。而且通过叶黄素的分子修饰可得到虾青素,这也不失为制取虾青素的又一途径。修饰过程主要是首先通过异构化使叶黄素成为玉米黄素,再将玉米黄素乙酰化,再进行溴化、氧化,即得到乙酰化虾青素。

2. 修饰方法

(1)叶黄素的异构化。本方法使用的原料可以是提纯后的叶黄素,也可以是万寿菊的提取物叶黄素酯,将叶黄素酯的皂化和异构化过程同时完成。称取200g叶黄素浸膏于高压反应釜中,加入80mL丙二醇,搅拌混合均匀,开始加热,50℃时加入50g氢氧化钾,并在此温度下反应30min,然后继续加入30g氢氧化钾,并将反应容器密封好,充入氮气进行保护,防止氧化反应发生,同时升温到100℃左右,并保持100~105℃下反应3h,反应期间搅拌器转速为120r/min。

(2)乙酰化反应。游离的叶黄素和玉米黄素与乙酸酐发生酰化反应。乙酸酐缓慢加入反应器中搅拌,乙酸酐用量为色素的0.5~2.0倍,反应温度为80~100℃,反应时间为12~16h。当酰化反应开始后,会有油相从混合物中流出。整个反应体系要在惰性环境下进行,否则色素本身会降解。采用的惰性稀释剂有乙烯二醇、丙烯乙二醇或环烷烃。

(3)溴代反应。溴化试剂使用 N-溴化丁二酰亚胺(NBS)。按照 Goldfinger 的研究,溴化剂由于微量水存在而产生 HBr,进一步和溴化剂反应,即:

$$HBr+NBS \longrightarrow Br_2+SI$$

NBS 通过和溴化氢反应,不断提供溴的来源。每 3g 乙酰化玉米黄素加 0.1g NBS,溴化剂溶于 CHCl 溶液中,逐步加入,慢慢完成反应。反应时间为 3~4h,反应过程加氮气保护。反应完静置,油水两层分离,油层用水洗几次再浓缩。

(4)氧化反应。氧化反应的关键是控制反应温度和氧化剂的选择,过强的氧化作用会破坏色素分子中的双键。氧化剂选用 $NaClO_3$,每 3g 乙酰化玉米黄素加 10mL $NaClO_3$(0.614g),pH 为 8,加氮气保护。反应完成后,静置,油层和水层分离,油层用水洗几次再浓缩,加入一定体积的己烷,离心除去其中的沉淀。滤液浓缩干燥,残渣溶解在一定体积的无水乙醇中,然后水洗几次,混合物冷至 5℃时过滤,固体用 20% 的乙醇溶液洗涤、干燥。

3. 产品性能

通过薄层对照检查产品,展开剂正己烷∶石油醚∶丙酮=10∶5∶2,结果表明产品为虾青素。

(三)姜黄色素的化学修饰

1. 色素羧基还原成羟基

为了提高姜黄色素的水溶性和与胶原蛋白间的作用力,即提高姜黄色素对皮革的着色能力,使用还原剂将姜黄色素的羧基还原成羟基。

(1)姜黄素还原产物的制取。准确称取 1.8419g(约 5mmol)姜黄素,室温下溶解于盛有乙醇的圆底烧瓶中,搅拌数分钟。称取 10 倍于色素过量的硼氢化钠于小锥形瓶中,然后向锥形瓶中加 1% 的 NaOH 水溶液与乙醇的 1∶1 混合液,轻轻摇匀并转移至 250mL 的滴液漏斗中待用。将圆底烧瓶放在冰浴中,慢慢旋转滴液漏斗的悬塞,使液滴以 2 滴/s 的速度滴入圆底烧瓶中。滴完后,室温下反应 1h。常压蒸馏除去大部分乙醇,残液用无水乙醚萃取数次并分液,合并有机相。有机相用无水硫酸镁干燥,真空过滤,减压蒸发,去除大部分乙醚,转移至表面皿真空干燥,得修饰后的姜黄素。用硅胶柱精制,湿法上柱,洗脱剂石油醚∶乙酸乙酯=5∶3(体积比),得到浅黄色粉末产品。

(2)修饰后姜黄素的产品性能。修饰前姜黄素的熔点是 186~187℃,修饰后熔点为 136~137℃。修饰前在甲醇中的 λ=480nm,修饰后 λ=510nm,λ 出现红移;修饰后姜黄素红外光谱(KBr 压片)表明,姜黄素的羧基 1632.5cm^{-1} 处峰消失。说明羰基被还原,且在 2846.8cm^{-1} 处增加一个峰,表明有仲醇的伸缩振动峰;修饰后的姜黄素对稀土—胶原蛋白体系有一定的荧光增强作用,对皮革染色有增强效果。

2. 为提高姜黄素抗癌抑菌效果进行的化学修饰

姜黄素具有抗癌抑菌的功效,为了进一步提高医学疗效,对姜黄素进行化学修饰。刘剑敏等为了提高姜黄素的抗癌活性及选择性,从几种氨基酸(如甘氨酸、亮氨酸等)出发,经马来酸酐和氨基酸反应形成合成物,再与姜黄素反应得到两种化合物,经过抗肿瘤活性的评价,这两种化合物 a 和 b 的抗肿瘤活性都来于姜黄素。

3. 为提高姜黄素丝织物的染色率进行的化学修饰

将姜黄素和对氨基苯磺酸重氮盐偶合反应,生成对氨基苯磺酸——姜黄素,它溶于水,染色工艺简单,染色后水洗牢度从姜黄素 2 级达到 4~5 级。同时也提高了耐晒度,从改性前的 1 级提高到改性后的 2 级。

(四)花青素与糖的成苷反应

花青素在 3、5、7 位常有羟基,它们和糖在一定条件下能发生反应生成苷,花青苷比花青素稳定性更好,水溶性也更好,先以萝卜红为例。

(1)反应机制。萝卜红的基本结构是天竺葵定及其衍生物,本反应是通过酶的作用使天竺葵定尚未与糖连接的—OH 能和糖反应生成苷。常使用的糖和酶是麦芽糖和 α-葡萄糖苷酶、乳糖和半乳糖苷酶、木糖和 β-木糖苷酶。

(2)制取过程和工艺方法。制备萝卜红溶液。称一定量的萝卜红为原料,用纯净水作溶剂,按照萝卜红(g):纯净水(mL)= 1:50 的比例,加入纯净水搅拌溶解 10min。得到的萝卜红溶液经过真空过滤膜,再经过孔径为 0.22μm 的微滤膜进行微滤,最终得到的滤液为萝卜红溶液。

(3)苷化反应。将上述所得萝卜红溶液置于反应釜中,夹层通气加热至釜内温度为 45℃,按萝卜红色素:麦芽糖:α-葡萄糖苷酶(质量比)= 1:0.1:0.01 的比例,先加入麦芽糖,搅拌溶解后再加入 α-葡萄糖苷酶,于 45℃ 恒温下搅拌反应 2h,得萝卜红色素的苷化反应液。

(4)制备浓缩液。将上述制得的萝卜红色素苷化反应液置于截留分子质量为 10000u 的超滤器中,在压力为 0.1MPa 下进行超滤,当超滤器中截留液体积降至原来体积的 10% 时,补充蒸馏水至原体积,于同样条件下再次超滤,如此重复 3 次,直至超滤器中的截留液无色为止。分别收集截留液和滤过液,截留液多含多糖、单糖、蛋白质等,经浓缩干燥做饲料添加剂;滤过液即为苷化后的萝卜红溶液,在温度为 60℃,真空度为 0.06MPa 下真空浓缩,直至溶液中可溶性固形物含量达 25% 时,即得萝卜红浓缩液。

(5)制备萝卜红冻干粉。将上述所得萝卜红浓缩液在 -10℃ 下预冻 2h,再置于冷冻干燥机中,压力为 20Pa,温度为 -40℃ 的条件下,冷冻干燥 24h,制备出纯度为 82.6% 的葡萄糖苷化的萝卜红冻干粉产品,产品总得率为 90.4%。

(6)产品特点。由上述方法制得的产品相比原萝卜红色素,其主要改进点是:①增强在冷水中的溶解性能,溶液透亮,不再有混浊现象,在低温下不会产生沉淀,产品可用在高档食品及化妆品中;②产品纯度高、色价高;③可脱去萝卜硫苷的异臭味;④提高了在光、热下的稳定性。

(五)醇溶性栀子蓝的制取

栀子蓝是一种分子极性较强的水溶性色素,在水和浓度为 70% 以下的乙醇中有较好的溶解性,但不溶于浓度为 80% 的乙醇和无水乙醇,更不溶于植物油,但可通过化学修饰改性,封闭其亲水基,降低亲水性,制成能溶于无水乙醇的醇溶性栀子蓝。制取过程及工艺方法如下。

(1)将栀子蓝用适量冰醋酸溶解,按栀子蓝∶乙酸酐 = 1g∶20mL 的比例加入乙酸酐,20~30℃ 下反应 4h,反应后过滤,得滤液。

(2)在上述滤液中加入乙醚,将反应产物析出、过滤,除去溶剂,得粗品。

(3)洗涤、干燥、乙醚洗涤、真空干燥得醇溶性产品。

(六)耐酸性胭脂虫红酸的制取

胭脂虫红酸虽然在酸性时稳定,但色调受 pH 影响。当 pH<6 时胭脂虫红酸的色调开始变为枯黄。当 pH = 2 时色调变为淡黄,无法使用。胭脂虫红铝在酸性条件下会沉淀,这使胭脂虫红的应用受到限制。但 Schul Jose 通过化学改性的方法可获得在不同酸碱度下色调稳定的色素,且可在酸性条件下使用不含铝的胭脂虫红色素。制取过程及工艺条件如下。

按胭脂虫红酸∶有机酸∶NH_4OH = 1∶(0.4~1.8)∶(0.5~3.0) 的比例将三种原料均匀混合,加热至 80~120℃,反应 10~60min,再将最终反应产物喷雾干燥得产品。如 6% 的胭脂虫红酸、7.2% 的柠檬酸和 20% 的 NH_4OH 反应,温度为 115~120℃,时间为 40min,所得产品良好。

(七)紫草色素的化学修饰

1. 化学修饰的目的

紫草色素的主要成分是紫草宁及其衍生物,对其结构进行修饰的目的主要有:①降低毒性和抗肿瘤作用的选择性。紫草是我国传统中药,其主要活性成分紫草宁及其衍生物具有抗肿瘤、抗炎、抗病毒、治疗烧烫伤等作用,尤其是抗肿瘤作用已被许多研究证实。抗肿瘤作用的机制主要是生物还原烷基化作用,萘醌结构还原产生的活性氧对肿瘤细胞具有杀伤作用(DNA 拓扑异构酶抑制作用及蛋白酪氨酸游酶抑制作用等)。但目前还没有任何紫草宁的衍生物正式成为抗癌药物,主要问题是紫草宁及其衍生物同时具有广泛的细胞毒性和抗肿瘤作用的选择性,通过对紫草宁衍生物的修饰提高其安全性和选择性,就可能使其成为正式用药;②可增加水溶性;③提高对光、热的稳定性;④提高对纤维的着色能力。

2. 化学修饰的方法

(1)5,8-二甲基紫草宁的制取,降低紫草宁本身的毒副作用。在 25mL 反应瓶中加入天然紫草宁(144mg,0.5mmol)、干燥的碳酸钾(690mg、5mmol)、DMSO(15mL)和 KI(20mg),在氮气保护下,室温 25℃下,反应 24h,反应结束后,加 10mL 水稀释,用乙酸乙酯(20mL)萃取 3 次,萃取液用水(15mL)洗涤 2 次,再用无水硫酸镁干燥,经过滤、浓缩至干,得 139mg 粗品。经 PTLC 分离,得 78.4mg 橙红色 5,8-二甲基紫草宁和 39.3mg 5,8-二甲基-2-(1′羟基-4′-甲基-3′戊烯)-1,4-萘醌,得率分别为 49.6%和 21.1%。

(2)5,8-乙酰氧基-1′-乙酰氧基紫草宁的制取,降低化合物的毒副作用。称取紫草宁(228mg,1mmol)溶入醋酸酐(5mL)中,加入碘(28.8mg)催化,反应在常温下进行 20min。加入甲醇(10mL)将过量的醋酸酐淬灭,再加入过量的亚硫酸钠还原碘催化剂。乙酸乙酯萃取后,分别用 5%碳酸钠、水和饱和食盐水洗涤乙酸乙酯层,再用无水硫酸镁干燥,经过滤、浓缩至干,得 450mg 粗品,再用柱层析制备,得391.3mg 三乙酰紫草宁,得率为 94.5%。

(3)紫草色素磺化提高对羊毛织物的着色能力。为了提高紫草色素对蛋白质的着色能力,在印染工业上制取磺化紫草色素,提高对羊毛织物的染色能力,此法已得到应用。

(八)黄酮类色素的化学修饰

直接从天然植物中提取的黄酮类化合物一般以游离态或糖苷形式存在,分子中含有多个酚羟基。黄酮类化合物分子中的苯环为疏水基团,酚羟基为亲水基团,所以黄酮类化合物有亲水性。但大多数黄酮化合物在水中和油中的溶解度都不高,所以对黄酮类化合物分子的修饰大多是为了改善其在水中或油中的溶解性能,或赋予黄酮类化合物特殊的功能,如提高抗氧化性,提高降血糖的医疗性能等。总体分为以下几个方面。

1. 改善化合物水溶性的分子修饰

增强黄酮类化合物的水溶性,不但提高使用的方便性,而且人体更易吸收,可提高黄酮类化合物在人体内的代谢活性。因为水溶性黄酮类化合物能够富集在细胞浆相,消灭细胞浆相中的过剩自由基,从而促进细胞的新陈代谢。同时更容易和身体内的毒素细胞产生交互作用,将毒素包裹携带并溶入体液随尿排出体外。

2. 改善油溶性的分子修饰

由于黄酮类化合物有多个酚羟基,所以亲油性较差。此外酚羟基含量越多其氧化还原电位就越低,氧化失效越快,抗氧化作用时效就越短。提高黄酮类化合物的脂溶性,可使其更易进入细胞膜内,清除附着在细胞膜表面的一些脂溶性垃圾,提高医疗作用。

提高黄酮类化合物油溶性的分子修饰,主要采用的方法是对黄酮类化合物上的羟基或对黄酮苷中糖基上的羟基进行酯化。常用的方法有两种,酶法和化学法。

3. 多穗柯色素的化学修饰

多穗柯色素含有丰富的黄酮化合物,已被证实具有清除自由基、抗衰老、扩张血管、调节血管渗透性、防止动脉硬化、利尿、抗菌消炎、抑制肿瘤等药理作用。多穗柯有三种二氢查尔酮:根皮苷、三叶苷、根皮素。如果将多穗柯色素中的根皮苷通过反应生成异戊烯根皮苷,可提高根皮苷的抗氧化活性和清除自由基能力,并且可将原来只能溶于水、不能溶于其他有机溶剂的根皮苷改性。异戊烯根皮苷可溶解于乙酸乙酯,大幅提高其油溶性。

4. 多穗柯色素中根皮苷的酶法修饰

和前面实例不同的是本方法采用了酶催化反应,化学修饰更重要的目的是增强其清除自由基的能力。

(1)根皮苷的提纯。将经过 ADS-7 大孔树脂提纯后的根皮苷固体样品,溶解于 pH=5 的 60% 的乙醇溶液中形成 80mg/mL 的溶液,放置于冰箱 4℃下结晶,可获得纯度为 99.8% 的根皮苷结晶。

(2)酶催化酯化反应。以固定化脂肪酶 Novozym 435R 作催化剂,以过量底物水杨酸甲酯为溶剂进行反应,脂肪酶浓度为 24g/L,反应温度为 75℃,搅拌速度为 80r/min,反应 48h 形成根皮苷水杨酸酯,转化率为 87.5%。

5. 槲皮素的化学修饰

槲皮素是槐花色素和高粱红中的重要成分,常以与糖生成的苷的形式存在(芦丁和槲皮黄苷)。很多研究表明,芦丁可抑制氧自由基对膜的脂质过氧化作用,有消炎作用,能降低毛细血管的异常通透性、脆性,可用于高血压等的治疗预防。槲皮素有抑制恶性癌细胞生长、抗血小板凝集等作用。正是其医疗价值促进了槲皮素分子化学修饰的研究,目的是进一步提高本身的医疗作用和价值。

6. 红花红的乙酰化反应

红花红是水溶性色素,只溶于二甲基亚砜、水等极性大的溶剂,经乙酰化处理后的红花红,其脂溶性大幅提高,能够在二氯甲烷、三氯甲烷中溶解。而且色素的稳定性也有所提高,胡君等在这方面做了相关研究。

(1)反应机制。红花红乙酰化过程如图 5-2 所示。从反应中可看出,色素中的酚羟基被醋酸酐取代。

(2)乙酰化红花红的制取方法。①红花红粗品制取:取 200g 干红花原料,加入 4L 水,超声 20min,静置 12h,过滤,弃去滤液,重复此操作 4 次,充分除去黄色素。再将残渣充分干燥,并放入粉碎机中粉碎,再用 Na_2CO_3 的 95%的乙醇饱和溶液萃取,同样超声 20min,共提取 5 次,合并浸提液,再经旋转蒸发除去溶剂,即得到 12.49g 黏稠状的深红色红花红粗品(红色);②乙醇化反应:将 100mg 红花红粗品,溶于 10mL 吡啶中,加 5mL 醋酸酐,在室温下反应 36h。旋转蒸发除去溶剂,然后用乙醇溶解,再次旋转蒸干,重复 3 次,得到深红色的乙酰化红花红粗品;③乙酰化红花红色素的精制:将上述所得粗品用硅胶柱精制,硅胶为 200~300 目。湿法装柱,用洗脱液(二氯甲烷:甲醇 = 10∶1)洗脱,收集洗脱液,旋转蒸发除去溶剂,得 32mg 乙酰化红花红精制品。

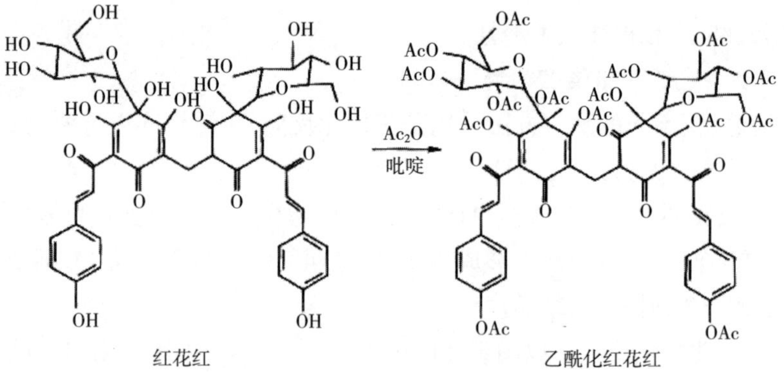

图 5-2　红花红乙酰化反应

第二节　天然色素的分析

天然色素的测定分析包括三种不同类型:化学成分分析、残留物分析和微生物分析。

一、化学分析

活性组分含量测定最重要。每种活性组分都有某些特征表象作用,这些表象作用,除可用常规方法分析以外,可能需要借助仪器进行分析。许多组分涉及紫外或可见光谱分析。此外,有些挥发性组分可通过气相色谱法(GC)进行分析,也可采用高压液相色谱法(HPLC)进行分析。而气相色谱法(GC)与质谱(MS)结合而成的GC—MS先进分析法,是通过质谱(MS)对气相色谱法(GC)分离得到的化合物进行鉴别。

美国分析化学家学会(AOAC)方法是公认的植物产品官方分析方法。美国食品与药物管理局(FDA)和欧洲联盟(EU),分别按联邦法典(CFR)和欧洲食品安全条例(EFSA),规定了监管方面、指标基准方面和分析方面事宜。食品香料工业国际组织(IOFI)对风味剂材料也有类似的细节规定。食品法典在这方面也有分析指南。食品化学品法典(FCC)对许多风味剂、着色剂及试验方法有非常详细的阐述。

二、残留物分析

残留物通常不受欢迎,但有可能存在于天然风味剂和着色剂中,残留物包括提取物中的溶剂、黄曲霉毒素、杀虫剂、重金属。

食品法规对残留溶剂有限制。溶剂残余的测定方法是对50g提取物在规定条件下进行水蒸馏,使用1mL甲苯收集蒸馏出的残留溶剂,然后用GC测定所含的溶剂。这种方法基于Todd于1960年发表的论文。为了将这种方法改进成标准化方法,人们做了许多努力,但均没有取得成功。FCC在溶剂残留测定方面有详细介绍。

黄曲霉毒素由黄曲霉(毒素以此菌命名)及一些曲霉菌和青霉菌产生。欧盟对黄曲霉毒素B1的限量为5μg/kg,对霉菌毒素的限量为10μg/kg。FDA对黄曲霉毒素总量的限量是20μg/kg。黄曲霉毒素的检测方法参见AOAC和ASTA(只针对香料)方法。欧盟最近对赭曲霉毒素污染实行了限制,建议的限值为30μg/kg,AOAC有关于这种毒素的分析方法。黄曲霉毒素可利用高效液相色谱与荧光检测器结合进行测定。

农药残留分析具体方法参见美国食品药品监督管理局(FDA)出版的《农药分析手册》。AOAC在农药残留分析方面也有很好的参考资料。农药残留按有机氯、有机磷和拟除虫菊酯分类。这些农药残留可用气相色谱法测定。有机氯化合物和拟除虫菊酯类要用电子捕获检测器(ECD)检测;有机磷化合物,则要用火焰光度检测器(FPD)检测。这些人工染料的起始限量曾经定为10μg/kg,这意味着要用LC/MS/MS分析手段才能检出,一台液相色谱仪(LC)与两台质谱仪可对较低水平含量进行定量测定。目前,这一限量可增至500μg/kg,因而可以用HPLC测定,这是一个必须检验的限量值。

三、微生物分析

对于蒸气蒸馏得到的精油和溶剂提取得到的风味剂和着色剂,由于处理过程具有灭菌效果,因此微生物污染不是主要问题。然而,对于植物产品和水提取物,微生物污染却很严重。在维持一般良好卫生条件的情形下,只需对菌落总数、酵母和霉菌进行评估就已足够。然而,在严重污染情况下,需要测试下列致病菌:大肠菌群(特别是大肠杆菌)、沙门氏菌、金黄色葡萄球菌和蜡状芽孢杆菌。

FCC 对许多风味和着色材料进行过描述。AOAC 和 ASTA(香料)给出了一些分析程序。风味提取物制造商协会(FEMA)和化学文摘社(CAS)均有用于各种天然风味剂和着色剂的识别编号。欧盟为经过各方面检验证明使用安全的各种添加剂指定相应 E-编号。到目前为止,这些编号已包括食品颜料和一些其他物品。香料及其活性组分尚未制定编号。美国 FDA 给出有关指标和 CFR 编号。

第六章　天然色素的应用

在天然色素的开发与应用方面,日本居于世界前列,早在 1975 年天然色素的使用量就已超过合成色素。目前日本的天然色素市场已超过 2 亿日元的规模,而合成色素仅占市场的十分之一,约 20 亿日元。至 1995 年 5 月,日本批准使用的天然色素已达 97 种。日本市场上年需求量在 200 吨以上的是焦糖色素、胭脂树橙色素、红曲色素、栀子黄色素、辣椒红色素和姜黄色素 6 种天然色素产品,其中焦糖色素需求量最大,每年消费量达 2000 吨,约占天然色素消费总量的 40%。

我国天然食用色素产品中焦糖色素的产量最大,年产量约占天然食用色素的86%,主要用于国内酿造行业和饮料工业。其次是红曲红、高粱红、栀子黄、萝卜红、叶绿素铜钠盐、胡萝卜素、可可壳色、姜黄等,主要用于配制酒、糖果、熟肉制品、果冻、冰激凌、人造蟹肉等食品。由于天然食用色素的价格还较高和受目前生活水平所限,其在国内食品制造业中的应用量还较少。随着我国人民生活水平的进一步提高,回归大自然、食用全天然原料的产品必将成为今后食品消费的主流,国内食品制造业对天然食用色素的需求将不断增长,同时也将开辟天然色素在医药、日化等方面更广阔的应用领域。

第一节　天然色素在食品中的应用

食品都讲究"色、香、味",随着人们生活水平的提高,各种各样的食品首先要有诱人的色泽,再加上优美的香味,才能吸引顾客。食品的色泽光靠本身的颜色是不行的,必须人为地加以强化和修饰。18 世纪 50 年代,人们开始将合成色素应用到食品中,近代由于环境的严重污染和食品污染给人类的健康带来了不容忽视的危害,一部分合成色素已被证实对人类健康有明显的影响而被禁用。食用色素的短缺促使人们又将视线转移到天然产物中,从大自然中提取各种各样可供食用的天然色素用于食品、饮料做色素添加剂。天然色素不仅富有色泽且安全无毒害,有的天然色素还有一定的生理作用,具有防病治病的效果。当然也存在一些问题:第一个问题是大部分天然色素均存在色泽不稳定,在光热、酸碱作用下易发生褪色或

变色。因此必须提高其稳定性,解决的办法是探索合理的色素提取分离方法,设法
纯化产品。也可用稳定剂、抗氧化剂来减少褪色或变色;另一个问题是色价低、价
格高,难以和合成色素相比。解决的办法是对产品进行必要的改性,提高着色力,
改进加工工艺,减少加工过程中色素的分解和破坏,提高产品色价。

一、天然色素在食品中的作用

天然色素具有自然界一样的天然色彩,可应用在多层、多色的甜品中,使其看
起来更诱人。该类食品都需要色彩鲜艳的糖衣和引人注目的色调吸引顾客。由于
这类食品通常暴露在阳光下,所以要选用对光和氧化具有稳定性的水溶性天然色
素着色。

根据中国食品添加剂和配料协会统计数据显示,2018 年食用着色剂产销总量
将达到 47.35 万吨,同比增长 0.34%;总销售额将超过 45.6 亿元,同比增长
9.47%。可见,当今全球市场对天然色素的需求不断攀升。

第一,食品的颜色常常意味着食品的新鲜程度,用天然食用色素着色,会使食
品颜色接近新鲜食品的颜色和自然色,使食品具有更好的自然新鲜感。

第二,食品的各种色泽,是评定食品质量的一个重要方面,许多食品合理的着
色,使食品更鲜艳,可诱发人的食欲,增加诱人的力量。

第三,许多天然食用色素,本身就含有人体需要的各种营养物质,如 β-胡萝卜
素,本身是天然食用色素,而且也是人体中维生素 A 的来源;又如玫瑰茄天然色素
含有 17 种氨基酸(其中天冬氨酸含 1.71%,谷氨酸含 0.8%)和大量维生素 C(含量
达 0.5%),这些都是对人体具有营养价值的物质。此外,还有一些天然食用色素,
对某些疾病具有疗效作用,对人体有保健功能。

二、天然色素在食品中的应用现状

据资料统计,1971~1981 年世界公开发表的食用色素专利为 126 个,其中
87.5%是食用天然色素。其主要表现在以下几方面。

(一)用量剧增

日本 1995 年食用天然色素的用量达 23604 吨,食用合成色素仅为 186 吨,日
本目前有 45 家工厂生产食用天然色素。美国 1976 年食用天然色素的使用量为
4500 多吨,是化学合成色素的 5 倍。中国 1996 年合成色素的产量约为 800 吨,而
食用天然色素的产量约达 1 亿吨(其中焦糖色素为 7000 吨)。目前,在中国生产食
用天然色素的工厂有百余家,1998 年产量已达 2.5 亿吨。

(二)产值猛增

全世界食用色素的总金额约为 13.4 亿美元,其中合成色素约为 4 亿美元,天然色素约为 9.14 亿美元。近年来合成色素的增长量不大,而食用天然色素却以每年 4%的速度递增。

(三)原料丰富

提取食用天然色素的原料多为植物性原料,主要包括:从人工种植的植物提取食用天然色素;从农产品副产物或废弃物提取食用天然色素;从野生植物和野生浆果类提取食用天然色素。上述资源在我国取之不尽、用之不竭,如能科学合理地应用,不但可大大降低食用天然色素的成本,增加经济收入,同时对国家农业种植业结构的调整都将具有潜在的意义。食用天然色素原料资源广泛,色调丰富,如何选择那些资源丰富、成本低廉、色素稳定、色调艳丽、无毒无害、市场需求的品种,是科研人员最迫切的任务。随着未来研究的不断深入,食用天然色素也将会在实验室中通过克隆所需材料而进行生产,使食用天然色素的生产从头到尾实现工厂化、工业化。

三、天然色素在果蔬饮料和果酒中的应用

在食品中添加天然色素,由于色素本身具有一定的生理功能,不仅会增加食品的营养性,而且也会提升食品的色香味。与人工合成色素相比,天然色素的稳定性较差,尤其在加工过程中,天然色素对氧化、光和酸碱度显示出的稳定性直接关系到食品和饮料的品质。如罐藏食品、饮料和超高温乳制品,在生产过程中需经过热处理,因此必须考虑到色素对热氧化的耐受力与持久力;瓶装饮料和袋装糖果,由于使用透明的包装材料销售,要求色素光稳定性极高;果汁饮料的 pH 较低,糖果、糕点的 pH 偏高,色素应用在不同 pH 条件下的稳定性就显得相当重要了。所以,选择适合的天然色素,开发稳定性高的新式色素是极其必要的。

各类果蔬饮料和酒精饮料通常都要全面着色,以烘托其产品的风味。如草莓饮料需要强烈的红色,才能更具吸引力;桂花陈酒加入褐色的天然色素,使酒色更迷人。应注意的是,许多饮料是装在透明容器中出售的,所以需加入对光稳定性高的天然色素。有些水果饮料所含有的果浆或其他混浊剂,彼此能与天然色素产生稳定作用。廖远东等在果汁饮品中添加天然红色素,发现饮品的着色效果较好,具有很强的应用价值。

四、天然色素在乳制品中的应用

干酪、乳基甜食和冰激凌制品早在 100 多年前,就已开始加入胭脂树橙色素和

姜黄色素了。这是由于乳制品中的乳蛋白能与油溶性色素结合的很稳定,质地纯正。如今,用于奶油和人造奶油中最理想的色素仍是油溶性天然色素。

五、天然色素在鱼、畜肉和罐头制品中的应用

鱼、畜肉经过储存或加热处理后,血红蛋白会发生变化,会出现明显的变色和褪色。生产者要求这类食品在加工后仍能保持原来的色泽,以吸引消费者,提高其商品价值。以往的发色方法是将鱼、畜肉放在含有亚硝酸盐或硝酸盐的酸菜液中浸泡一定时间,固定上述色素以防止变色和褪色。但亚硝酸盐是致癌物质,在使用上受到严格控制,适用范围仅限于极少数肉制品,既不受消费者欢迎,也有损商品价值。黄韬睿等通过在腊肉中添加红曲红色素来代替亚硝酸盐,既杜绝了亚硝酸盐的使用,又减少了有毒物质的残留,着色效果与亚硝酸盐的着色效果差异不大。

目前,有几种红色和橙色的天然色素,如甜菜红和辣椒红色素,均可用于香肠、火腿、肉(酱)罐头、鱼(酱)罐头、果酱罐头和其他产品中,发色效果良好。以天然色素取代有致癌危险的合成发色剂,既提高了食品的食用安全,又保护了消费者的身体健康与合法权益。

六、天然色素在调味料中的应用

新鲜的果蔬在加工成蜜饯、果脯和脱水蔬菜的过程中,原本艳丽的颜色会因高温、干燥而消退,如方便面中的蔬菜加料、鸡汁蘑菇汤、番茄汁等汤料和调味料都需要叶绿、金黄到橙红的颜色,这就需要叶绿素、辣椒黄色素、姜黄色素、大麦芽色素和焦糖色素。

七、天然色素在烘焙食品中的应用

烘焙食品是以粮油、糖、蛋等为原料,添加适当的辅料,并通过和面、成型、焙烤等工序制成的口味多样、营养丰富的食品,由于美味、可口、食用方便等优点,受到人们的欢迎。特别是儿童,更钟情于颜色鲜艳的糕点,但经常食用含合成色素的糕点,对健康来说无疑是潜在的杀手。这是因为过量的合成色素进入幼儿体内,容易沉着在孩子未发育成熟的消化道黏膜上,从而引起食欲下降和消化不良,干扰体内多种酶的功能,并且增加肾脏过滤负担,影响肾功能。还可妨碍神经系统的冲动引导,容易引起幼儿的多动症,对新陈代谢和体格发育造成不良影响。因此我国 GB 2760—2014 规定,糕点只能用天然色素,合成色素只能用于糕点上彩装。但是,糕点没有鲜明的色彩,就无法吸引顾客的眼球。虽然合成色素具有着色力强、不易褪色、容易调色等优点,但过于鲜艳的颜色会使一部分顾客产生抗拒。而天然色素的

颜色相对柔和自然,容易令人接受。鉴于糕点生产的庞大市场,应用于生产糕点类的天然色素更是迫在眉睫。

用于烘焙食品的天然色素添加剂产品开发的关键技术就是降低天然色素对光、热及 pH 的敏感性,提高抗氧化性,从而提高其稳定性。要达到这一目的,主要的工艺突破点是抗氧化剂、稳定剂的选择、合成及引入微胶囊化技术。用于烘焙食品的天然色素类产品主要包括:天然色素喷粉、香粉系列产品,天然食品色素、色香油、果膏等产品。天然色素粉剂产品主要是选用优质的天然色素加以填充剂、香料、分散剂、稳定剂(包括抗氧化剂)等进行混合后,经干燥、粉碎、微胶囊化制成各种不同颜色的喷粉、香粉系列产品。天然食用色素制剂、色香油等产品,同样是以优质的天然色素为基料,选用适当的食用乳化剂、酸味剂、稳定剂(抗氧化剂)和香料等,经加热、均质,按品种要求制成不同品种的天然色素制剂产品。

第二节　天然色素在人体保健中的应用

目前,人们对健康也越来越重视,这促进了保健品行业的快速发展。在保健品中添加天然色素,一方面是因为有些天然色素具有抗氧化性,可防止氧化;另一方面是因为天然色素的着色性,可提升感官性状,使人们的购买欲望增强。

一、花青素

许多研究已经揭示了花青素的抗菌活性。花青素的抗菌活性可能是对细胞壁、细胞膜和细胞间基质的破坏,也可能是通过剥夺有机体生长所需的底物来影响微生物的代谢。

花青素具有一定的抗癌活性,Nichenametla 等综述了花青素的抗癌作用及其机制。Xu 等研究了花青素-3-葡萄糖苷(C_3G)阻断乙醇诱导的 ErbB2/FAK 通路激活作用。C_3G 具有阻止细胞迁移/侵袭的能力,被认为有助于预防乙醇诱导的乳腺癌转移。该研究揭示了花青素存在的抗癌性工作机理:诱导细胞凋亡和抑制血管生成。Bontempo 等研究了马铃薯中花青素的抗癌活性。Yi 等研究了白葡萄花青素对癌细胞活力和凋亡的影响。紫茶中的花青素具有抗氧化、促进免疫和抗癌活性。天然花青素在欧洲、日本、美国和其他许多国家被允许用作食品和饮料中的食品色素。研究者通过对诱变性、生殖毒性、致畸性、急性毒性和短期毒性进行毒理学研究得出结论,含花青素的提取物的毒性非常低。

二、叶绿素

作为常见的药用天然色素,叶绿素存在的生物活性对人类的健康产生了重大影响,一方面是因为它们有助于平衡肠道微生物群;另一方面是因为它们的化学结构使其显示抗氧化性和抗菌特性。科学研究表明,在食物中摄入叶绿素可能通过抗氧化、抗诱变和抗基因毒性活性等方式对人类健康产生益处。大量体内和体外研究显示,叶绿素对人类有化学预防作用。叶绿素在结构上与血红蛋白相似,在血红蛋白缺乏的情况下,叶绿素可再生或替代血红蛋白。在临床上,如地中海贫血和溶血性贫血等病人,建议食用富含叶绿素的果汁。叶绿素与超氧化物歧化酶、植物激素脱落酸或休眠素等酶在碱性条件下能发挥出重要的抗癌功能。

三、类胡萝卜素

在预防、抑制癌症方面,研究者实验表明,类胡萝卜素有着巨大的潜力,另外,类胡萝卜素在改善骨质疏松、治疗肺部疾病、改善神经性疾病等方面也有着部分积极作用。

四、番茄红素

番茄红素在食品添加剂领域有着比较悠久的使用历史。一般而言,番茄红素是类胡萝卜素在加热或搅拌时释放的。Wang 等的研究显示,番茄红素可通过抑制细胞生长、增殖、侵袭和诱导凋亡等方式降低患癌风险。

五、姜黄素

从姜黄提取物中提取的姜黄素等有机活性物质会对大多数病原微生物产生抗菌活性。Mari Selvam 等通过实验着重考察了姜黄素对大肠杆菌和霍乱弧菌的抗菌效果,其抗菌活性是由于酚类化合物的存在。一些报道称姜黄素纳米颗粒由于较小的尺寸和较大的暴露表面积,比姜黄素有更好的抗菌性能。Bhawana 等发现纳米姜黄素比姜黄素对不同种类的病原微生物有更好的抑菌效果。Shlar 等报道了两种增加姜黄素水溶性的解决方案。在水溶性姜黄素制剂完成后,Shlar 分别在避光、光照环境下,使用细菌活力试剂盒测定姜黄素纳米颗粒影响下的大肠杆菌细胞活力。在光照 24h 后,细菌活力呈下降趋势;而避光 24h 后,细菌活力仅呈轻微下降趋势。这证明了姜黄素在光照下有更加优秀的抗菌作用。

第三节　天然色素在纺织品中的应用

1856 年,英国化学家首次合成了苯胺紫,开创了合成染料的新纪元。100 多年来,合成染料作为纺织品主要的着色剂进入我们生活的每一个色彩空间。这类染料色彩缤纷,色谱齐全,耐洗耐晒,价格便宜。但这些合成染料在合成和加工过程中会对人类赖以生存的环境造成严重影响,其染色废水还会污染环境,破坏生态平衡,有些合成染料染色的服装可能会影响人类健康。随着社会经济的不断发展,这种担忧与日俱增。相关研究表明,有多种常用的染料有可能产生致癌物质,德国等发达国家颁布了禁用这些染料的法规。为此,科研人员正在研制合成染料的代用品和探索绿色清洁型染整工艺,环保型染料的开发与研究迫在眉睫。

一、天然色素纺织品染色的历史

人类自古就知道对纺织品进行染色。当时主要使用矿物颜料、植物性染料,也有动物性染料。在有名的古埃及文化楔形文字中,已有关于天然染料制取和应用的详细记载。

我国古代劳动人民很早就利用矿、植物对纺织物进行染色,并在长期的生产实践中,掌握了各类染料的提取、染色等工艺技术,生产出五彩缤纷的纺织品。古代染色的发展,首先是从天然矿物颜料到植物染料的转变。早在六七千年前的新石器时代,我们的祖先就能用赤铁矿粉末将麻布染成红色,到了周代开始使用茜草,春秋战国时已能用蓝草制靛染青色。

随着染色技艺的不断发展,染色技术发展到从染原色到套色的转变。商周时期,染色技术不断提高。宫廷手工作坊中设有专职的官吏"染人""掌染草",管理染色生产,染出的颜色不断增加。《诗经》里提到的织物颜色就有"绿衣黄里""青青子衿""载玄载黄"等。新疆民丰东汉墓出土的"延年益寿大宜子孙""万事如意""阳"字锦等,所用的丝线颜色有绛、白、黄、褐、宝蓝、淡蓝、油绿、绛紫、浅橙、浅驼等,充分反映了当时染色、配色技术的高超。

掌握了染原色的方法后,再经过套染就可得到不同的间色。随着染色工艺技术的不断提高和发展,我国古代染出的纺织品颜色也不断丰富。有人曾对吐鲁番出土的唐代丝织物做过色谱分析,共有二十四种颜色,其中红色有银红、水红、猩红、绛红、绛紫,黄色有鹅黄、菊黄、杏黄、金黄、土黄,茶褐青、蓝色有天青、翠蓝、宝蓝、赤青、藏青,绿色有胡绿、豆绿、叶绿、果绿、墨绿等。

后来,染色技术日臻成熟,进而实现了在织物上画花、缀花、绣花、提花到应用天然色素手工印花的转变。目前我们见到的最早印花织物,是湖南长沙战国楚墓出土的印花敷彩纱。长沙马王堆和甘肃武威磨咀子的西汉墓中,都发现有印花的丝织品。马王堆所出的印花织物用两块凸版套印的灰地银白加金云纹纱,工艺水平相当高。

二、国内外对天然色素纺织品染色的研究

国际上,天然染料的研究已经成为一股热潮,其中日本、印度和韩国等国家处于先进水平。日本在天然染料的开发中,最大的成果主要集中在染料染色牢度的提高上,并开发了多种色系的染料,产品色泽光艳,形成了"西阵织""大岛绸""京友禅"等多种品牌。印度对天然染料的研究也比较广泛,主要在利用超声波技术提高染色牢度、动物染料染色以及媒染方法的探讨等方面进行了深入研究。韩国的优势在于天然生物活性物质的萃取及提纯技术、染料分子结构分析技术、天然染料染色机理等的研究。

近年来我国对天然色素纺织品染色的研究主要集中在大学和一些科研单位。北京服装学院的于伯龄等人研究了栀子、姜黄、天然棕、可可、番茄、红曲、高粱红、辣椒红、茶叶、咖啡等多种天然色素对羊毛和丝绸的染色。结果表明,栀子、姜黄、天然棕、可可、番茄、高粱红、茶叶、咖啡直接染羊毛和丝绸,皂洗牢度都在 4 级以上,姜黄和天然棕还可以用铝、铁等无害金属媒染羊毛,皂洗牢度可提高到 4 级。

第四节　天然色素在化妆品中的应用

随着人们生活水平的提高,对于化妆品的需求也越来越高。因此在化妆品中添加天然色素也成为一种新的研究方向。

天然海藻提取物——虾青素,作为自然界中最强的抗氧化维生素,具有"超级维生素 E"的美誉,其抗氧化活性是维生素 E 的 550 倍,能有效保护皮肤免受紫外线(UVA,UVB)的损害。在皮肤受到光照时消耗腐胺,作为潜在的光保护剂,用于阻止皮肤光老化,防止诱发皮肤癌。现阶段作为新型化妆品原料,其因优良的特性广泛应用于膏霜、乳剂、唇用香脂、护肤品等各类化妆品中。

虾青素用于护肤品,具有防止和延缓皮肤衰老的作用和减少皱纹及雀斑的产生,用于美白、抗衰老的护肤霜中,其配方示例(质量分数)为:粉末天然虾青素0.2%,可溶性蛋壳膜 0.5%,十六烷基磷酸甜菜碱 0.5%,角鲨烷 10%,白蜡 5%,十

六醇 4%,司盘 602%,吐温 602%,甘油 5%,香精 0.1%,对羟基苯甲酸甲酯 0.1%,去离子水加至 100%。此配方使肌肤润泽、柔嫩、富有弹性。长期使用,能减少皱纹,祛色斑和增白,并延缓皮肤衰老等。

虾青素应用于防紫外线的防晒乳液中的配方示例(质量分数)为:粉末天然虾青素 0.5%,十六/十八醇 8%,白油 4.5%,棕榈酸异丙酯 4.5%,二甲基硅油 1.5%,sPP2200 2.5%,单甘酯 2.5%,羊毛脂 1.5%,聚乙二醇 26000 0.5%,椰子油 4%,香精、防腐剂 0.1%,去离子水加至 100%。此配方能持久抵御紫外线照射、抗氧化,消除自由基,对晒黑、晒伤及衰老等有出色的防御效果,能长时间抑制及淡化黑色素,给肌肤提供长效美白效果。

用于化妆品的色素,虾青素可作为脂溶性色素,其具有艳丽的红色和强的抗氧化性能。在化妆品中,不仅能有效地起到保色、保味、保质等作用,而且还可作为长时间保持的色素,如唇膏、口红等。另外邓全富等通过在牙膏中添加天然植物提取物,不仅增强了牙膏的感官性状,而且在一定程度上增加了牙膏的药理作用和保健功能。用天然色素代替人工合成色素在染发剂上的应用,不仅减少染发剂对头皮的损害,还可使色彩更自然。

第五节　天然色素在造纸中的应用

近年来,食品安全问题引起社会各界的广泛关注和重视。食品安全问题不仅仅和食品本身的卫生质量有关,作为食物载体的食品包装的安全性,也不容忽视。开发食品"绿色包装"纸已成为食品包装行业的共识。而食品包装纸正朝着技术含量高、功能化方向发展,具有防湿、保鲜、感温、可食、杀菌、防腐等功能的特种食品包装纸已越来越多地出现在人们的生活中。

我国造纸科研人员也尝试用天然染料作为纸张染色的着色剂,并取得了一定成果。郑荣辉等人用天然紫荆花色素代替或部分代替合成色素生产儿童用包装纸和食品用包装纸。王男、王晓敏等用植物天然色素对生产彩色纸浆模塑包装制品染色进行了研究。骆雪萍等研究了天然烟杆色素对卷烟纸染色性能的研究。通过对纸浆纤维素纤维改性提高天然染料上染率的研究是一项崭新的课题,仍处于试验性阶段,还有待进一步的研究与开发。

利用天然染料和天然色素对纸张染色,虽然绿色环保,但存在上染率低,牢度较差等问题。如何在保证安全性的前提下,使用各种助剂和物理化学方法对纤维进行预处理,使其达到所需的染色效果,意义重大。卢秀娟等人采用天然染料高粱红和食用色素柠檬黄、亮蓝作染料,进行纸张染色性能的研究,探讨了影响纸浆内染色和纸张表面施胶染色的因素,在实验室条件下优化了染色工艺,为开发彩色食品包装纸奠定了基础。

高粱红天然染料可用于纸张浆内染色,但高粱红色素受 pH 影响极大,控制染浴中的 pH 是保证染色效果的关键。使用硫酸铝作媒染剂可有效地使染料分子固着在纤维上。在实验室条件下进行的染色实验研究,得出优化的实验条件为:染色温度为 40℃,反应时间为 45min,染浴 pH = 5,纸浆打浆度为 450SR,高粱红染剂用量为 1%(相对于绝干浆),媒染剂硫酸铝用量为 1%(相对于绝干浆)。

第六节　天然色素在皮革染色中的应用

染色的目的是赋予皮革一定的颜色,以便使革的外观质量得到很大改善。除底革、工业革和本色革外,大多数轻革在鞣制后都需进行染色,使皮革呈现各种颜色,以满足人们的要求和适应各种用途的需要。特别是用于制作女鞋、服装、手套、家具的皮革,颜色对其时髦感有很大的影响。皮革染色艺术几乎和动物皮变成革的艺术一样早,都发生在史前时代。古埃及已能制造花色革,罗马、希腊时代也都对革进行染色,整个中古时代制出的皮革,尤其是手套革和服装革,大部分都是彩色革。

染色是皮革生产中必不可少的一个环节,它可以赋予皮革产品良好的色泽,美丽的外观,满足消费者对皮革产品的不同需求,赋予皮革产品时尚气息,提高皮革产品的附加值。目前大量使用的皮革染料大多数是以石油化工产品为原料,经多种化学反应制得的合成染料。合成染料色泽鲜艳,染色稳定,但是在生产过程中会产生多种有害物质,不仅污染环境,而且还会在染料产品中残留致癌物质,对人体造成伤害。1994 年,德国政府就颁布法令,禁止生产、使用和销售可分解出苯胺等有害物质的合成染料,并且引发了一股禁用、限用一系列合成染料的趋势。因此,寻找环境友好,与人体亲和的染料替代产品就尤为迫切。

一、天然植物染料上染皮革

王全杰等阐述了以栲胶作为染料对皮革进行直接染色和媒染的机理,介绍了落叶松、红根、五倍子、云杉、栲树、栗木、铁杉、柚柑、黑荆树、橡椀等植物染料在皮革染色中的应用。张丽平等探讨了天然红米、天然虫胶红和天然红花黄对皮革的染色工艺。王应红等研究了茜素和姜黄染色皮革的工艺,茜素染料在经壳聚糖处理及纳米 TiO₂ 改性后的皮胶原有很好的上染效果,而姜黄素经稀土媒染后的染色效果较好。汪晓鹏等指出"绿色"是我国皮革工业的发展方向,只有天然染料才能顺应可持续发展理念。王全杰等指出天然染料有良好的环境相容性和药物保健功能,我国应重视天然染料的开发。

二、天然植物染料上染毛皮

蔡道龙等提出媒染法能改善天然染料的染色牢度,扩大染色兔毛的颜色范围。以硫酸亚铁作媒染剂探究落叶松栲胶对兔毛皮染色的影响,结果表明,落叶松栲胶使得兔毛皮拥有较好的染色性能。于凤等以选取杨梅栲胶对兔毛皮进行染色,在最优条件下,可获得黑色色调的兔毛皮。

羊毛本身的性质决定其对天然植物染料和媒染剂都有很好的接受能力。耿晓堵等将天然染料栀子黄应用于羊毛染色中。任燕飞等用铁观音茶叶提取液作天然染料对羊毛织物进行直接染色。吴志奔等选取玫瑰花瓣为原料,提取玫瑰花瓣中的天然染料色素,并用于羊毛织物染色。李珂等探讨了橘皮色素对羊毛纤维染色的最佳工艺。贾梦莉等研究了肉桂皮中提取的色素对羊毛织物染色的工艺。陈美云等从鹿蹄草中提取天然染料,并用于羊毛织物染色。杨东霞采用黑米染料对羊毛织物进行染色。何佩峰等将天然茜草和姜黄染料复配后对羊毛织物进行染色。陈垒等研究了天然荆芥色素对羊毛的染色性能。吴国辉等制备了不同浓度的石榴皮色素染液,对羊毛织物进行染色。苗爽等研究提高姜黄色素染色的羊毛织物的色牢度的方法。郭丽萍等研究了五倍子色素对毛织物染色的性能。

可以说天然植物染料在皮革和毛皮染色中的应用研究已基本成熟,但染色机理研究还不够深入。另外,我国对天然植物染料的开发不够重视,对其潜力与前景缺乏长远的认识。随着人们环保意识的增强,以及对天然植物染料研究的不断拓展与深入,更多的天然植物染料会应用于皮革和毛皮相关产品中。

第七节 天然色素在饲料中的应用

随着家禽业及水产养殖业的发展,肉鸡及水产品越来越丰富。动物肉品质是一个复杂的概念,不但包括味道、鲜嫩度、多汁性等肉质指标,还包括外形、色泽等胴体外观指标。根据心理学家的分析结果,人们凭感觉接受的外界信息中,83%的印象来自视觉,可见外观色泽的重要性。对畜、禽、水产品而言,消费者是否乐于购买食用,胴体表皮的颜色、水产品的外观色泽、禽蛋的卵黄颜色等都是极主要的因素。由于畜、禽及水产动物自身无法合成色素,其外观颜色取决于所采食的饲料中的色素含量,因此,人们对天然色素叶黄素的研究越来越深入。

(一)叶黄素的吸收、利用和显色机理

肉禽及水产品的着色是通过叶黄素在动物皮肤、脂肪等不同的组织中沉积而获得。动物自身不能合成色素,必须从饲料中摄入,不同来源的色素,在不同动物的不同组织中生物学利用率(沉积效率)差异较大,一般只有游离态的叶黄素才能被吸收。据推测叶黄素的吸收和脂溶性维生素的吸收相似。在体内与胆汁形成胆汁—类胡萝卜素微团,进入小肠黏膜表面静水层,一部分叶黄素可能在小肠黏膜中重新酯化,一部分以扩散的方式进入淋巴和血液循环,通过脂蛋白在血液中传输,少数可能在肝脏中发生代谢,但大部分都沉积在特异组织中。动物的着色分为两个阶段:一是饱和阶段,通过黄色色素加深而达到饱和;另一着色阶段即是在黄色的基础上,通过添加红色素来增强颜色。每种动物只有完成这两个阶段,才可达到自身所需的色泽。

(二)叶黄素对人类及畜禽、水产动物的功效探讨

目前,许多人认为,饲料中添加叶黄素只是为了着色,这一观点在今天可能有点片面。Cheng 等研究表明,日本在虾饲料中添加 0.1%的虾青素对改善对虾体色效果最佳,而且成活率与色素浓度呈正相关。Darachai 等比较了含天然虾青素、合成虾青素、不含虾青素及天然饵料对不同生长阶段对虾幼体生长存活的影响,结果发现,喂天然虾青素的幼体存活率最高,其生长率和喂天然饵料组的接近,但生长速率要比喂合成虾青素和无虾青素组的高许多。他还比较了上述 4 种食物对不同生长阶段对虾幼体的抗盐胁迫能力的影响,发现喂天然虾青素组的最能忍受低盐胁迫,测定虾体中类胡萝卜素的含量,发现食用天然虾青素组的要高于投喂合成虾青素和无虾青素组的。Christiansen 进行的一项试验发现,虾青素对大西洋鲑鱼苗的生长和存活都有显著影响,只有当饲料中虾青素的含量达到 5.3×10^{-6} 时,大西洋鲑才能正常生长,如果饲料中虾青素的含量低于 1×10^{-6},则鱼苗死亡率将达到 50%。

上海交通大学植物系成功地研发出在万寿菊中提取的叶黄素产品能延缓老年人因黄斑退化而引起的视力退化和失明症,以及因机体衰弱而引发的心血管硬化、冠心病和肿瘤疾病。在国际市场上,1g 叶黄素的价格与 1g 黄金相当。目前,国内市场上,饲料中所用的叶黄素,大都来源于万寿菊。1995 年批准将叶黄素作为食品补充剂,为人类的健康着想,应大力提倡使用天然提取的叶黄素。

第八节　天然色素在医学领域中的应用

在社会的发展进程中,色素一直发挥着重要作用,尤其是在食品、化妆品、制药等领域占有举足轻重的地位。由于人工合成色素性质稳定、可调性强、生产效率高,逐渐取代了天然色素,但人工合成色素存在过敏、致癌等健康问题,各国对其使用均有严格限制。如今,随着公众健康意识和生态保护意识的增强,以及国家对食品安全问题的重视程度增加,实际生产中使用的人工色素正在减少。而天然色素凭借其无毒、可降解,且对健康有益等优点重新进入人们的视线,受到大多数消费者的青睐,引起国内外广大研究工作者的关注,相比于人工合成色素其有更广阔的应用前景,尤其是在食品和医药领域。

目前针对天然色素水溶性差、不稳定、生物利用度低等问题,首先开发了一种通用的微流控技术,将疏水性天然色素成功包裹到理化性质可控的纳米颗粒中,实现了极高的包裹率。同时提高了天然色素的稳定性、在水中的分散性和生物利用度,然后通过数值模拟与实验探究了天然色素与聚合物共沉淀的机理,总结出共沉淀过程的理论模型,证明了微流控技术对纳米共沉淀过程的可控性。最后结合单晶掺杂技术设计了一种纳米颗粒——单晶复合载体,进一步提高了天然色素的稳定性,并实现了一种独特的双重 pH 响应模式,拓展了天然色素在食品、医药领域的应用。

一、天然色素包裹的应用

天然色素包裹的研究主要采用微囊或纳米颗粒作载体,通过包裹技术为天然色素添加一层保护涂层,以抵抗不利的环境条件,如光线、温度、水分和氧气,包裹后的天然色素更易于加工处理,并能为活性成分提供更高的稳定性。常用的微囊化技术有喷雾干燥法、相分离法、乳化—溶剂挥发法、界面聚合法、冷冻干燥法等。Claudia P. Coronel-Aguilera 等采用羟丙基纤维素作包封剂,首先通过喷雾干燥法干燥 β-胡萝卜素乳液,然后使用硫化床涂层来包封 β-胡萝卜素,制备了尺寸在 $48.6 \sim 69.5\mu m$ 的 β-胡萝卜素微胶囊。分析了涂料溶液的温度和进料速率对储存期间 β-胡萝卜素稳定性的影响,将上述 β-胡萝卜素微胶囊在酸奶中保存 4 周后,表现出较好的颜色稳定性。Kiattisak Duangmal 等采用麦芽糊精和海藻糖作包封剂,将花色苷与包裹材料一起冷冻干燥,在储存过程中证明花色苷具有较好的颜色稳定性,证明麦芽糊精和海藻糖的加入延迟了花色苷的降解。Chen Dong 等采用乳化—溶剂挥发法制备了装载 β-胡萝卜素的微型颗粒,首先通过微流控技术将 β-胡萝卜素和聚合物在溶剂中的溶液乳化成液滴,待溶剂扩散后,β-胡萝卜素和聚合物共同沉淀,形成分散在聚合物基质中的 β-胡萝卜素固体微粒,所得颗粒尺寸均一,最小可至 19μm。其中的 β-胡萝卜素在聚合物基质的保护下免受氧化,稳定性显著提高,并且通过改变 β-胡萝卜素的浓度可获得不同颜色的颗粒。George S Serris 等研究了包封在聚合物基质中的甜菜根色素的降解动力学,将甜菜输送到特定的靶点并释放,此过程中如何设计载体的材料和结构,实现活性物质的靶向输送及智能控制,是提高天然色素稳定性和生物利用度的关键。

二、天然色素在中药中的应用

随着对中药色素的进一步研究,其潜在的药理作用开始受到重视。经过现代药理学研究,中药色素的药理作用成为研究热点。孔祥东等通过红花黄色素对乳腺癌细胞增殖、凋亡、迁移和侵袭的影响以及其相关分子机制的研究,观察红花黄色素对乳腺癌细胞的影响。实验结果表明,红花黄色素能在体外通过激活凋亡通路而促进凋亡,并能通过抑制 MMP2 来抑制乳腺癌细胞的转移,因此,红花黄色素是一种潜在的治疗乳腺癌的药物。B Ye 通过临床对 60 例急性脑梗死患者的临床研究发现,注射用红花黄色素能有效改善急性期脑梗死指标,包括血液流变学和血流动力学指标,这对脑梗死的临床治疗具有积极意义。唐立明等将患者随机分为治疗组(100 例),对照组(100 例),两组均予西医常规疗法,治疗组给予注射用红花黄色素加西医常规治疗,治疗有效率达到了 99%。实验结果表明,注射用红花黄色素治疗冠心病、心绞痛有显著疗效,且无明显不良反应。吴畏等以 30 例 2 型糖尿病(T2DM)患者为研究对象,给予红花黄色素治疗,观察其治疗前后红花黄色素对血脂的影响,探讨对 T2DM 患者的降血脂作用。研究显示,治疗组的总胆固醇及甘油三酯显著降低,红花黄色素能显著改善 T2DM 患者的血脂,从而改善临床症状。

我国植物类中药资源丰富,药用理论体系成熟,中药色素来源于植物,安全性高,全面系统地开发中药色素资源具有广阔的应用前景。但是中药色素稳定性差,容易受光、热、酸碱度、金属离子等因素的影响,这制约了中药色素的应用。目前亟待加大技术力度开展中药色素稳定性和先进提制技术的研究,使主要技术指标符合国际标准要求。所以,进一步优化色素提取工艺,提高现有中药色素的产率和品质,并充分挖掘和发现新的中药色素,开发新的安全性色素产品满足市场需求,是研究中药色素的关键。相信在天然色素的开发应用中,中药色素凭借其天然的优势会逐步代替合成色素,且将会在食品、化妆品、医药保健等领域得到更加广泛的应用。

为了适应社会的不断进步,满足人们的生活水平快速提高所产生的新需求,将会有更多的天然色素被开发及在食品工业中被使用,甚至完全替代合成色素。但目前来说,对天然色素的开发和利用不仅存在技术方面的问题,还存在如何提高天然色素的稳定性,如何使天然色素更高产等问题,甚至还存在工业化生产方面的问题,如目前批准可批量生产的天然色素数量远小于人们所发现的天然色素数量。

第九节　天然色素在电池中的应用

随着社会经济的快速发展,化石燃料能源面临枯竭,环境污染等问题日益严重,人们越来越注重绿色环保和可持续发展,太阳电池有着很大的成长空间。目前全球太阳电池市场依旧主要以硅基太阳电池为主,虽然硅基太阳电池的光电转换效率相对较高,但制备工艺复杂,成本也较高。而染料敏化太阳电池(DSSC)作为一种环保、高效、廉价、清洁的太阳能利用形式,其研究、开发和利用都受到了研究人员的广泛关注,被誉为"第三代太阳电池"。在追求染料敏化太阳电池高效率的同时,还应突出它的工艺简单、成本低和环境友好等优点,染料敏化剂的性能对整个电池的光电转化效率起着决定性作用,而天然色素是作为敏化剂的最佳选择之一。因此,用天然植物色素染料做敏化剂是太阳电池未来发展的途径之一。植物染料是天然染料应用最多的一类。可用于制备太阳电池的天然染料敏化剂有花青素、类胡萝卜素及衍生类、叶绿素及衍生物类、类黄酮化合物、青蓝素、单宁酸,其中前四类是目前研究最多的植物染料。近些年来,人们已经进行了大量关于天然植物染料 DSSC 方面的研究,使天然染料敏化太阳电池的光电性能得到了很大提高,增强了人们用植物色素作敏化剂敏化 DSSC 的信心。

Alhamed 等通过使用覆盆子、木槿、柠檬叶和叶绿素以 1:1:1:1 的比例产生细胞来评估增敏剂的协同效应。研究结果显示,与其他制备的太阳能电池相比,用混合染料(树莓、芙蓉、叶绿素)敏化的太阳能电池的太阳能转换效率最高为3.04%。Hosseinnezhad 等报道使用花青素色素制造染料敏化太阳能电池,其太阳能转换效率最高为 1.57%。可见,天然色素制备太阳能电池虽然生产成本比较低,但该类电池的能量转换效率较低,为了达到广泛应用效果,还需继续进行应用开发基础研究工作。

目前染料敏化太阳电池最常用的染料主要为钌吡啶染料,此染料可获得较高的量子效率,但价格昂贵。而从植物中萃取的色素,是研究最广泛的光敏剂之一,具有成本低、分布广、种类繁多、萃取工艺简单、无污染、吸附系数大、捕光效率高、易获得和完全可生物降解等优点。利用植物色素染料敏化太阳电池可实现高效低成本的光电转换,对缓解能源危机,减少环境污染都有着非常现实的意义。

第十节　天然色素在油墨中的应用

传统油墨无论是溶剂型油墨还是水性油墨,由于含有大量有机溶剂或者原料不具可食性,都不能直接用于食品、药品、可食性包装材料的装潢和印刷。可食性油墨是近年来受到广泛关注的一种新型绿色环保油墨,其成分均为可供人食用的物质。可食性油墨能够通过现有的印刷方式直接转移到食品、药品及可食性包装材料的表面,增强了相关产品的表面装饰效果,满足了消费者的个性化需求,提高了产品竞争力,应用前景非常广阔。可食性油墨的研发和应用已成为当前的一个研究热点。

一、可食性油墨的制备及性能

(一)喷印油墨

喷墨印刷技术是数字印刷中的一种,作为一种新的成本低、无污染、流程简单、智能化水平高的印刷技术,近年来喷墨印刷高速发展,优势明显,是目前可食性油墨最理想的印刷方式。只需把存储在计算机中的信息输入喷墨印刷机即可实现印刷,印刷机将油墨以适宜的速度从细小的喷嘴射到承印物上,然后通过油墨与承印物的相互作用实现图形印刷。目前国外已有专用于可食性油墨的喷墨打印机,如美国 Spectra 公司的食品成像系统,日本马斯达株式会社的可食性油墨喷绘机MMP-I300BT 等。

墨滴控制是喷墨印刷的关键,而油墨黏度则是墨滴状态的直接影响因素。孙菁梅等利用色素、树脂、酒精、蒸馏水、少量助剂为原料配制可食性喷印油墨,并对其黏度对墨滴状态的影响进行了研究。结果表明,随着油墨黏度的逐渐增加,墨滴速度减慢,出喷孔时的尾部长度增加,且高黏度油墨更容易形成圆形墨滴。油墨黏度为 10.3mPa·s 时,墨滴在 80μs 时完全喷出孔外,在 110μs 时墨滴状态达到最佳。

天津天康源生物技术有限公司研发的一种用于巧克力表面喷墨印刷的可食性油墨,其中乳糖醇含量为 15%、单甘油脂肪酸酯含量为 9%、去离子水含量为 66%、胭脂虫红色素含量为6%、类胡萝卜素色素含量为2%、紫玉米色素含量为2%,以上含量比例均为质量分数,在60℃条件下将以上组分不断搅拌至完全溶解并均一化,制得的油墨对压电式喷墨打印机适应性好,对巧克力有很好的湿润性和亲和性,墨滴不产生粘连,印字效果优良。

日本联合美加株式会社以食用着色剂、硅酮树脂、蒸馏水、脂肪酸酯、甘油为原料制成喷墨印刷可食性油墨,油墨黏度在 2.5 ~ 3.5mPa · s 之间,表面张力在 2 ~ 35mN/m 之间,其能够在药品片剂、胶囊、蛋糕、饼干、巧克力表面取得较好的印刷效果。

(二)网印油墨

丝网印刷是当前可食性油墨的主要印刷方式之一,可直接利用现有的丝网印刷设备,无须投入额外成本。其基本原理是利用感光材料制作丝网印版,将油墨倒在丝网印版一端,通过刮板来回刮动挤压,使油墨通过网孔转移到承印物上完成印刷。丝网印刷墨层厚实,印刷图案立体,不受印刷面积和形状的限制,能够在曲面完成印刷,且印刷压力小,因此,此种印刷方式能使可食性油墨较好地印刷在多类承印物表面。

马海龙等研制的一种应用于丝网印刷的可食性油墨,组分比例分别为蒸馏水20%,蔗糖35.8%、色素1%、黄原胶0.2%,大豆油43%。将制成的油墨分别印刷在铜版纸和胶版纸上进行印刷适性检测,结果证明铜版纸更适于此类油墨印刷。铜版纸表面平整,质地紧密,油墨连接料不会大量渗入纸内,使印品密度更高,同时油墨对于铜版纸的良好附着性也使其印品光泽度更好。

Hongxia Wang 等以壳聚糖、食品级二氧化钛、甲基纤维素为原料,按照 3:4.1:0.5 的比例,配备了壳聚糖—二氧化钛复合可食性抗菌油墨。该油墨表现出非牛顿特性、剪切稀化特性和温度相关特性。且抗菌性能良好,抑制圈直径可达12mm,在丝网印刷模拟中回收率达55%。适合印刷在铜版纸上,色牢度达到91%,在黑色纸板和 PET 薄膜上也可达到较好的印刷效果。

(三)3D 打印油墨

3D 打印是一种由数字控制,通过逐层沉积来构建三维物体的新兴技术,近年来,它被逐渐尝试应用于食品 3D 打印中,为个性化食品发展提供了动力。3D 食品打印的主要方法有选择性激光、热风烧结、热熔挤压、室温挤压、黏结剂喷射、喷墨打印等。用于 3D 食品打印的可食性油墨的研制引起了广泛关注。

目前,应用于 3D 食品打印的可食性油墨大致分为两类。一类是在单一食品原料中加入少量助剂,使其适应 3D 打印技术的需要。Zhenbin Liu 等将淀粉加入到马铃薯泥中以改变其流变特性及 3D 打印效果,当添加的淀粉质量分数为2%时,马铃薯泥展现出良好的挤出性和印刷性。Sylvester 等在巧克力配方中加入硬脂酸镁以提高材料润滑和沉积过程中的流动效率;另一类是将多种可食用材料按一定比例混合,得到 3D 打印效果良好的可食性油墨。Azarmidokht 等用野油菜黄单胞菌黄原胶、角朊豆胶、卡拉胶、海藻酸钠、果胶、甲基纤维素、卵磷脂等原料制得的亲水胶体可食性油墨,可应用于 3D 食品打印中。

(四)药用油墨

胶囊剂是指将药品密封在胶囊壳中而制成的固体制剂,此种药品剂型经常用于容易挥发、具有刺激性、气味难闻的药品。为了增强表面美观性,便于识别,防止错服等,胶囊表面需用特定的药用油墨进行印刷。此类油墨必须要由"药准字"批准,作为药用辅料,其各项成分都应在药典中可查,对人体无害,有良好的理化性能,耐光、耐热、抗氧化、色泽鲜艳,装饰性强。

美国马肯公司研制了一系列用于旋转式胶印机的紫胶基液体药用油墨,干燥固化速度非常快,黏附性能好,可按需要添加专用稀释剂来保持油墨黏度适当,保质期为 6~12 个月,最佳储存温度为 5~10℃。卡乐康公司研发的欧巴墨,颜色多样,印刷效果清晰,附着力极强,主要应用于胶囊、薄膜、糖衣片剂的表面装潢。印度药用油墨 Koelink 有两个系列,分别为虫胶基溶剂油墨和虫胶基水性油墨,其颜色丰富,空气干燥固化,在使用中可通过添加混合溶剂来调节黏度。

目前,我国也有多家公司研制的药用油墨获国家药监部门批准,上海延安药业有限公司研制的"延安牌"药用油墨最早获得药准字批准,其由天然胶原、食用着色剂及药用溶剂为原料制成,有黄、黑、白、红四种颜色,牢固性好,耐酸耐油性佳,适用于凹版翻版技术印刷。上海全金康馨油墨科技有限公司研发的药用油墨,配方为药用级别氧化铁、二氧化钛、炭黑等色料(含量为 10%~40%),药用级别虫胶、阿拉伯树胶、聚丙烯酸树脂等连接料(含量为 20%~50%),水、乙醇、丙三醇等溶剂(含量为 30%~60%),以上含量分数均为质量分数,将配料混合后,在磨砂机上研磨到细度≤45μm 时,油墨制备完成。武汉科亿华科技有限公司研发的一种药用油墨,以醋酸纤维素钛酸酯或醋酸纤维素琥珀酸酯为连接料,乙醇、丙醇等为溶剂,再辅之可食性颜料和吐温类、司盘类非离子表面活性剂制备而成,此类油墨成膜性好,附着力强,在药用空心胶囊、药片表面印刷性能良好。

二、可食性油墨的安全性

传统油墨含有有机溶剂和重金属元素,这些有毒物质不仅污染环境,还对人体健康有很大危害,严重时会引起癌症、神经系统疾病等。可食性油墨配方所用材料虽均为食品级,但其印刷在食品、药品表面后,会随食品、药品一起进入人体,因此其安全性不容忽视。

各种重金属元素和金属元素对人体有一定的毒性,摄入过量会造成代谢混乱,进而引发多种疾病。可食性油墨中所含有的金属元素最终将直接或间接地进入人体,因此,对可食性油墨中金属元素种类及含量的准确测定,对保障其安全性有重要意义。李浩洋等采用微波消解—电感耦合等离子体质谱法实现了同时对可食性油墨中的铬、砷、硒、镍、铁、锰、铜、铅、镉、锑、锌、钡和铝13种金属元素的含量测定。在一定范围内,各元素的浓度与其对应的信号强度呈现良好的线性关系,相关系数在0.9991~0.9999之间,满足各金属元素的分析要求。加标回收率在80%~110%之间,符合元素测定要求。各元素测定值的相对标准偏差在2.3%~7.3%之间,检测的精密度较高。此种方法简便快捷,测定精准,为可食性油墨安全性标准的建立提供了科学基础。

由于所用成分均为食品加工原料和食品添加剂等,油墨的保质期应当符合食品保质期标准。但其保质期测算难度较大,需综合考虑承印物影响、包装工艺、储存环境等,而且当前油墨配方中应用的抗菌剂的抗菌效果有限,很难预估油墨的保质期。对于自身保质期较长的承印物来说,这类油墨可能会缩短其货架寿命。但不可否认的是,随着包装印刷行业全面向绿色化转型,可食性油墨必然会在食品、药品包装等领域广泛应用。

第十一节　天然色素在智能检测中的应用

根据部分天然色素有对温度、pH等环境因素响应的特性,研究者利用这一特性,开展天然色素在智能检测方面的应用研究。

Huang等利用紫草天然色素和琼脂开发一种新的对pH变化敏感的比色指示膜。紫草是一种广泛用于中药、原产于新疆的植物,主要化学成分是萘醌类对映体,该物质有促进伤口愈合、抗菌、抗炎和抗癌的作用。实验结果表明,紫草天然色素均匀地分散在琼脂薄膜中,并与琼脂依靠彼此之间的相互作用固定到一起,形成致密的结构。该紫草比色薄膜会根据周围环境中pH的变化而产生相应的颜色,因此十分适合监测易腐坏而产生氨类物质从而影响环境pH的鱼肉等物质的新鲜度,是鱼类保鲜的智能检测包装发展的重要方向。

Zhao等提出一种选择热致变色颜料指示剂的方法,使热致变色颜料指示剂能快速、方便地显示温度,研究中选择了四种颜色的色素,在经过研究者设定的检测程序之后发现,蓝色天然色素的温致变色效果极佳。Galliani 等研究了天然色素针对不同的温度、酸值、光照情况下产生的相应颜色变化,并为之针对腐败食品检测的响应性编写了简易程序。这种研究提供了一个通用检测工具的思路,可调整程序中反应时间/温度剖面来改变标签的响应性,进而监测产品。

第七章 极具发展前景的功能性色素

开发天然色素是世界食用色素发展的总趋势。虽然我国目前还处于合成色素与天然色素并存及同时发展的状态。但是,开发天然色素,推广应用天然色素也是我国发展食用色素的主要方向。与合成色素相比,天然色素多来自动物、植物组织,一般来说对人体的安全性较高。有的天然色素本身就是一种营养素,具有营养效果,有些还具有一定的药理作用,同时天然色素能更好地模仿天然物的颜色,着色时的色调比较自然。因此,开发具有一定营养价值或药理作用的功能性天然色素,是色素工业发展的重中之重。

本章对几种具有保健功能的食用天然色素的分子结构、物理化学性质、生理功能、提取方法以及未来的研究和发展方向进行概述,以期起到抛砖引玉的作用,促进色素工业的发展。

第一节 番茄红素

番茄红素(lycopene)是类胡萝卜素的一种,存在于番茄、胡萝卜、西瓜、葡萄、葡萄柚等植物果实中。其中以番茄中的含量最高,且最早从番茄中分离得到,故名番茄红素。番茄红素晶体为红色长针状,不溶于水,难溶于甲醇等极性有机溶剂,可溶于乙醚、石油醚、乙烷、丙酮,易溶于氯仿、二硫化碳、苯、油脂等。番茄红素是一种脂溶性的不饱和碳氢化合物,具有 11 个共轭双键和 2 个非共轭双键,分子式为 $C_{40}H_{56}$,相对分子质量为 536.85,熔点在 172~175℃之间。

一、番茄红素的分子结构

天然番茄红素的分子结构如图 7-1 所示。该色素对光敏感,暗处可保存 8d,在日光下很不稳定;在 pH<6 的有机酸溶液中也不稳定,且酸性越强稳定性越差;碱性溶液与番茄红素的丙酮溶液混合立即出现浑浊;高价离子如 Fe^{2+}、Cu^{2+} 引起番茄红素的损失较大,故不宜用铁、铜容器装番茄红素;番茄红素对热较稳定,能耐 K^+、Na^+、Mg^{2+}、Fe^{3+} 等离子。

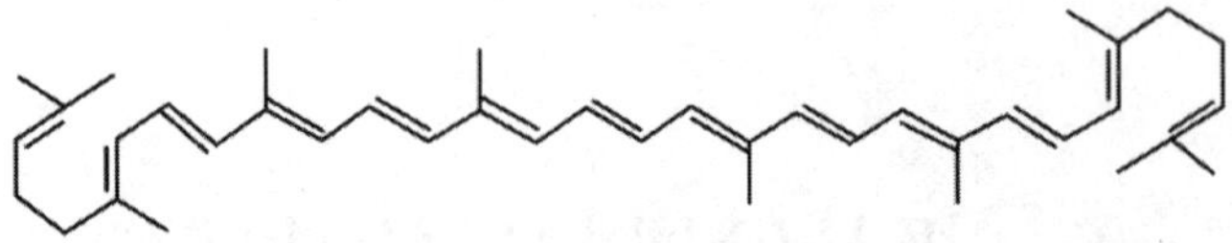

图7-1　番茄红素的分子结构

二、番茄红素的生理功能

由于番茄红素独特的分子结构,经研究证明,其具有以下生理功能:①抗氧化性。其抗氧化性是类胡萝卜素中最强的,清除线态氧的能力是目前常用抗氧化剂维生素E的100倍,是胡萝卜素的2倍多,故被称为有效的生物类胡萝卜素单线态氧清除剂;②抗癌性。实验证明,番茄红素有预防和抑制恶性肿瘤的作用;③增强机体免疫功能,提高人体免疫力;④降血脂和抗动脉粥状硬化作用,能抑制细胞氧化,修饰低密度脂蛋白(LDL),而氧化LDL在动脉粥状硬化中起重要作用;⑤保护皮肤、延缓衰老。

(一)抗氧化作用

番茄红素是一种多不饱和烃,具有最高的抗氧化能力,可通过物理和化学方式清除体内的自由基,抑制脂质过氧化的发生,保持细胞正常代谢,预防和延缓衰老。罗金凤等研究发现,番茄红素能通过清除自由基,增强超氧化物歧化酶(SOD)、谷胱甘肽过氧化物酶(GSH-Px)的活性,降低丙二醛(MDA)含量,在延缓衰老方面发挥着重要作用。郑育等探讨了番茄红素对血液透析(MHD)患者静脉铁剂诱导的氧化应激状态的干预作用,发现番茄红素可显著减轻这种氧化应激状态。HU等评估了番茄红素对大鼠T10挫伤性脊髓损伤后线粒体功能障碍和细胞凋亡的抗氧化作用,发现番茄红素可改善脊髓损伤患者的总抗氧化能力,并对脊髓损伤有一定的神经保护作用。YANG等发现番茄红素能通过核因子2相关因子(Nrf2)调节人视网膜色素上皮细胞的氧化还原状态,抑制胞间黏附分子(ICAM-1)表达和核因子(NF-kB)活化。氧化应激和炎症的增加可能在代谢综合征患者的高死亡率中起重要作用。研究表明,较高的血清番茄红素浓度与代谢综合征患者的死亡风险降低显著相关,这可能是由于番茄红素的摄入减少了氧化应激和炎症的发生。

(二)预防神经系统疾病

相关研究表明,番茄红素可通过抗氧化、抗炎和抗增殖活性,对中枢神经系统相关疾病的防治发挥一定作用,如阿尔茨海默氏病、亨廷顿氏病、脑缺血及癫痫等。番茄红素还能提高啮齿动物在不同病理条件下的认知和记忆能力。此外,番茄红素可预防由味精、三甲基锡、甲基汞、叔丁基过氧化氢及镉引起的神经毒性。在某些特殊情况下,如乙醇成瘾和氟哌啶醇引起的口面运动障碍,番茄红素显示出特殊的治疗效果,其机理主要为抑制氧化应激和神经发炎,抑制神经元凋亡和恢复线粒体功能等,发挥神经保护作用。ZHANG 等通过实验发现,番茄红素可减轻脂多糖诱导的炎症和动物的抑郁样行为。研究中发现番茄红素能减轻海马 CA1 区的神经细胞损伤,并抑制脂多糖诱导的海马中 $II-1\beta$ 和 HO-1 的表达,同时降低了血浆中 IL-6 和 TNF-α 的水平。番茄红素对高脂饮食、大鼠学习和记忆障碍具有治疗潜力。

（三）抗肿瘤作用

肿瘤是死亡率最高的疾病之一,目前主要是采用手术、放化疗再结合中医辨证论,给予不同的中医治疗。临床研究发现许多中药材(人参、黄芪、枸杞等)具有良好的防治肿瘤的功效。其机制为药材中的植物多糖通过抑制细胞增殖、诱导细胞凋亡、阻滞细胞周期、抗新生血管生成和调节免疫系统等实现抗肿瘤效果。临床研究显示,番茄红素由于具有极强的抗氧化能力,能够阻断人体细胞在外界诱变剂作用下发生的基因突变,并能抑制癌细胞增殖,加速癌细胞凋亡。因此,番茄红素对胃癌、卵巢癌、皮肤癌、肺癌、肝癌、前列腺癌等各种肿瘤均有一定的预防和抑制作用。

（四）预防心脑血管疾病

心脑血管疾病是心血管疾病和脑血管疾病的统称,严重威胁中老年人的身体健康。PETYAEV 等将番茄红素应用到冠状动脉疾病患者临床试验中,受试者每天补充 7mg 番茄红素,在试验 2 周和 4 周后,体内血清番茄红素水平分别提高了 2.9 倍和 4.3 倍,番茄红素导致体内肺炎衣原体 IgG 减少了 3 倍,炎症氧化损伤标志物减少,氧化低密度脂蛋白降低了 5 倍,这揭示了番茄红素的抗氧化和抗炎功能,证明了番茄红素对心血管系统的积极作用。

番茄红素还能通过下调原蛋白转化酶枯草杆菌素/可心 9 型(PCSK-9)表达和提高脂蛋白脂酶活性来修正脂多糖诱导的氧化应激和高甘油三酯血症。杨艳晖等选取 34 例高脂血症患者,探讨番茄红素对体内血脂水平的影响,服药(番茄红素胶囊)后试验组的总胆固醇和甘油三酯水平显著低于对照组($P<0.05$),服药后试验组患者的 TC 和 TG 水平均显著低于服药前($P<0.05$),表明番茄红素具有一定的降血脂作用。SULTAN 等首次发现番茄红素降血脂活性的分子机制,即番茄红素可显著下调肝脏 PCSK-9 和 HMGR 的表达,显著上调肝脏低密度脂蛋白受体的表达,此外番茄红素还能通过抑制炎症标志物的表达来改善炎症刺激下 PCSK-9 的表达。

(五)抑制骨质疏松

骨质疏松症是一种以骨密度降低为特征的代谢性骨病,骨微结构的破坏和骨中非胶原蛋白的改变导致更高的骨折风险。最新研究显示,番茄红素也可调节人体内骨的代谢水平,对骨质流失有潜在的保护作用。荣慧等研究发现,番茄红素可通过降低氧化应激状态对成骨细胞增殖、分化及矿化的影响而抑制骨质疏松的发生。COSTA-RODRIGUES 等发现番茄红素可促进骨骼代谢的合成代谢状态,刺激成骨细胞增殖和分化,抑制破骨细胞生成,从而改善骨组织的健康状况。KIRISCI M 等通过研究番茄红素对大鼠后肢肌肉骨骼肌急性缺血再灌注损伤模型,发现番茄红素处理后血清和组织中丙二醛和缺血修饰白蛋白水平显著降低,表明番茄红素对 I/R 损伤模型大鼠骨骼肌细胞具有保护活性。

三、番茄红素的应用前景与展望

我国是番茄生产大国,各类番茄制品生产中产生的皮、籽,目前多被用作饲料或被废弃,造成了很大的浪费。如果用来提取番茄红素,将为企业带来巨大的经济效益。当前,研究制取番茄红素的一个热点是利用转基因技术培育高番茄红素的番茄以及开发产番茄红素的微生物。当前对于番茄红素防治各种疾病的作用机制虽然取得一定的进展,但尚不明确,还需进一步研究和探讨。另外,人体临床试验案例也比较少。相信随着研究的不断深入,番茄红素将在医药保健品领域展现出更加广阔的应用前景。

第二节　玉米黄质

玉米黄质(zeaxanthin,3,3′-二羟基-β-胡萝卜素,相对分子质量为 566.88),也称玉米黄素,是带有羟基的类胡萝卜素,常与叶黄素、β-胡萝卜素、隐黄质等共存,组成类胡萝卜素混合物,如图 7-2 所示。玉米黄质是橘红色结晶粉末,有少许气味或无气味,分子式为 $C_{40}H_{56}O_2$。

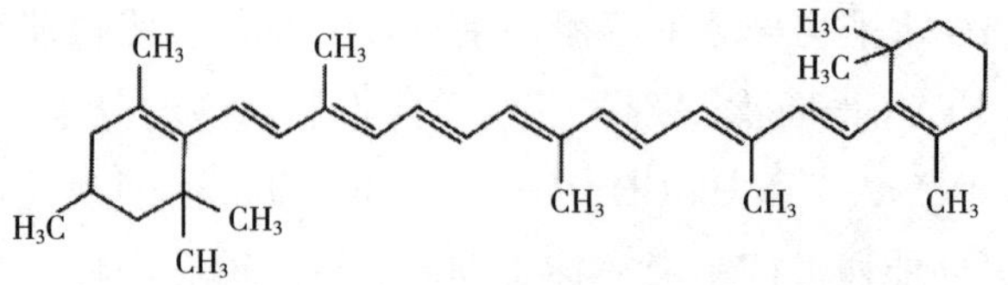

图 7-2　玉米黄质的分子结构

玉米黄质是一种新型的油溶性天然色素,在自然界中,广泛存在于绿色叶类蔬菜、花卉、水果、枸杞和黄玉米等中。除植物外,兰细菌($Cy-anobactefia$)和一些非光合细菌,如分枝杆菌($My-cobacterim$)、欧文氏菌($Ewinia$)、黄杆菌($Flavobacterim$),也产生玉米黄质。玉米黄质为脂溶性化合物,溶于有机溶剂。对Fe^{3+}和Al^{3+}的稳定性较差,但对其他离子、酸、碱及还原剂Na_2SO_3等较稳定;对光、热稳定性不佳,尤其光照对玉米黄质的影响最大。

一、玉米黄质的来源

玉米黄质因最先在玉米中发现而得名,是黄玉米的主要呈色色素。玉米黄质分布较为广泛,普遍存在于黄玉米、蔬菜、中药、水果、微藻以及蛋黄中。此外,玉米黄质也可通过菌体进行合成。Li 等将大肠杆菌改造成含有 pZSPBA-2 的重组菌株BETA-1,利用蛋白介导的底物通道使番茄红素合成玉米黄质,得到玉米黄质的含量为(11.95 ± 0.21)mg/g 的干细胞重量,且产量较高。随着玉米黄质需求的不断增长,重组细菌的异源生物合成也是其开发的新来源。除此之外,微藻也是玉米黄质的有效来源,其中小球藻是一种绿色微藻,其玉米黄质的总含量是红辣椒的 9 倍以上。

二、玉米黄质的生物学特性

1g 玉米黄质可溶于 1.5L 沸腾的甲醇中,几乎不溶于石油醚和己烷,在乙醚、氯仿、二硫化碳和吡啶中有较好的溶解性。玉米黄质溶于硫酸,可形成相当稳定的深蓝色化合物。玉米黄质是一种多烯化合物,含有 9 个交替出现的共轭双键,在其碳骨架的两个末端,各有一个含有羟基的紫罗酮环。玉米黄质与叶黄质是一对同分异构体,唯一的不同点在于紫罗酮环中双键的位置分布不同。玉米黄质与叶黄质广泛存在于人体当中,在眼、胰脏、肝脏、脾脏、肾脏、卵巢等组织器官中具有较高浓度,对人类的身体健康起着重要作用。

三、玉米黄质的生理功能

(一)对眼部的保护作用

自然界中大约有 700 种类胡萝卜素,在人类血液和组织中发现的大约有 20种,但只有玉米黄质和叶黄素在眼睛中被发现,统称为黄斑色素,其在眼部有重要作用。老年性黄斑变性(AMD)是一种黄斑变性疾病,常导致视力下降。玉米黄质对老年性黄斑变性保护作用的主要机制是减少氧化应激诱导物和蓝光介导的损伤来延缓老年性黄斑变性的发生。此外,玉米黄质也可通过提高血屏障水平来维持视网膜的正常形态。流行病学研究表示,每天坚持摄入玉米黄质可降低如 AMD 等眼病的风险,并可在出现症状的情况下缓解症状。Biswal MR 研究表明,在补充玉米黄质一个月后,小鼠的视网膜色素上皮细胞(RPE)的功能量度比未补充玉米黄质的高 28%。并可以保护 RPE 细胞免受线粒体氧化损伤,从而改善 RPE 功能。由此可知,补充玉米黄质可减轻氧化应激并保护 RPE 细胞的结构和功能。

(二)对肿瘤和癌症的预防和治疗作用

近年来,玉米黄质在肿瘤及癌症的预防和治疗方面成为研究热点。在评估类胡萝卜素的摄入是否可以降低患膀胱癌(BC)或食道癌的风险时发现,玉米黄质浓度与患膀胱癌或食道癌的风险呈负相关性。Hung R J 等通过高效液相色谱法对膀胱癌患者血浆中的微量营养素进行测定,结果发现玉米黄质对膀胱癌具有抑制作用,并且可通过营养干预来预防膀胱癌。临床试验中对 130 例前列腺癌患者进行病例对照研究,对患者的食物消费信息进行采集和评估后发现,玉米黄质的摄入与患前列腺癌的风险呈负相关。在玉米黄质对肿瘤及癌症调控的研究中,可以看出其对多种癌症具有良好的抑制和促进癌细胞凋亡作用,其中多数为医学临床试验数据,说明玉米黄质具有一定的应用效果,但目前对其具体作用机制尚不清晰。玉米黄质作为亲脂性色素,遵循与膳食脂类相同的吸收途径,需经胃部后通过小肠细胞进入淋巴系统。胃作为消化系统的主要组成器官之一,玉米黄质在消化吸收过程中,在胃部也会有一定的停留,大量研究显示,玉米黄质对其他的消化系统肿瘤或癌症具有良好的抑制效果,故其对胃部疾病甚至癌症是否也具有保护或调控作用尚未明确。

四、玉米黄质的应用

(一)天然着色剂

玉米黄质因较强的着色能力,使其作为一种天然食品着色剂而被欧美等许多国家批准为食用色素。玉米黄质用作饲料添加剂,可有效改善动物的营养状况,蛋黄、家禽肉类及皮肤等色泽。在肉禽体内,玉米黄质沉积于爪、喙及皮下脂肪中,使其着色,提高家禽胴体品质。在产蛋家禽体内,玉米黄质沉积于卵黄中,使其呈黄色,提高了蛋的品质,并增加其营养价值。在现代养禽业中,饲料公司为迎合市场需要,往饲料中添加超常量的合成商品着色剂,不仅使成本大幅增加,且对人类健康不利。与合成商品着色剂相比,玉米黄质具有天然、营养、安全、无毒等特点,同时使生产成本大幅降低,因此,它将成为理想的饲料着色剂。

(二)保鲜剂及保健营养添加剂

玉米黄质又是一种保健食品添加剂,目前,美国 FDA 已批准玉米黄质为新型营养添加剂而应用于食品中,其用量一般不超过 5%。玉米黄质对眼睛有保护作用,在预防 AMD、白内障、心血管疾病、癌症等方面具有重要作用,其作为天然功能性添加剂,将逐渐被广大消费者所熟知和青睐。此外,近些年来,由于玉米黄质的光保护能力,所以可作为光敏细胞的保护剂,这使其在化妆品领域崭露头角。

五、玉米黄质的发展前景与展望

在我国,玉米种植范围广,在以玉米为原料生产淀粉或其他产品的工厂,都可以进行玉米黄质的生产。另外,还可从玉米淀粉厂副产品的黄蛋白粉中提取玉米黄质。玉米黄质来源丰富、研究基础扎实、可产业化程度高,既有天然食用色素的作用,又有维生素营养强化剂之功效。迄今为止,国内外关于玉米黄质的研究多数注重于其保健功能,而对其生物合成的遗传控制研究和开展富含玉米黄质作物——玉米品种选育的报道还很少,为培育富含玉米黄质的玉米新品种,今后应着重开展以下研究。

(1)测定不同玉米品种的玉米黄质含量,确定玉米黄质含量的遗传变异;

(2)确定玉米黄质在籽粒灌浆过程中的积累过程及环境和栽培条件对它的影响;

(3)建立起筛选富含玉米黄质玉米材料的方法,为通过杂交或诱发突变培育高质量玉米黄质品种奠定基础;

(4)开展玉米黄质的遗传工程。像 Romer 等通过基因工程技术提高土豆的玉米黄质含量一样,开展相关研究。

目前,针对常见的含有玉米黄质的作物——玉米,相关研究人员已开展相关的富含玉米黄质玉米的研究,已利用 γ 射线处理了几个玉米的自交系,以期得到富含玉米黄质的纯合突变系或一些分离材料,然后选育出富含玉米黄质的品种,进一步开展玉米黄质的遗传育种和功能基因克隆研究。目前,美国、加拿大、欧盟等许多生物技术公司致力于开发这类产品,但远远不能满足市场需求,相信开发玉米黄质及各种玉米黄质的保健食品,在 21 世纪的食品市场上将会有更广阔的市场前景。因此,加紧玉米黄质产品的研究开发具有重要意义。

第三节　姜黄色素

姜黄是一种姜科多年生草本植物,主要栽种于四川、广西、广州、云南等地,具有较高的药用和食用价值。姜黄植物的根部富含姜黄素、去甲氧基姜黄素和双去甲氧基姜黄素,这三种化合物具有较高的抗癌性、抗氧化性和消炎抑菌活性,因此姜黄成为目前研究的热点和重点。此外,这三种活性化合物还是性质优良的天然色素,目前已被广泛应用到印染行业和化妆品行业的染发剂中。对姜黄植物姜黄色素进行提取加工,并进一步应用到彩妆膏霜配方中,可降低使用合成染料带来的危害,从而提高化妆品的安全性能。

　　姜黄色素通常称为姜黄素,主要来源于姜科姜黄属植物姜黄的根茎。实际上它包括以姜黄素为主的分子结构略有差异的三种化合物:姜黄素、去甲氧基姜黄素和双去甲氧基姜黄素,是大自然中极为稀少的二酮类有色物质。其化学结构式如图7-3所示。

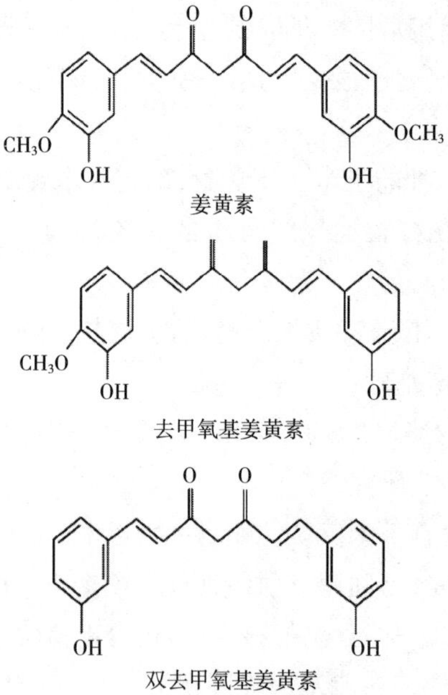

姜黄素

去甲氧基姜黄素

双去甲氧基姜黄素

图7-3　姜黄色素的化学结构式

一、姜黄色素的化学结构式

　　姜黄色素易溶于甲醇、乙醇、碱和冰醋酸,微溶于水、苯和乙醚等,但在水溶液中不稳定。在酸性和中性溶液中显黄色,在pH>9的碱性溶液中显红色。由于姜黄色素分子中含有多个双键、酚羟基及羰基等,所以其化学反应性较强。Al^{3+}、Fe^{3+}和Cu^{2+}等金属离子及强光、高温等会影响姜黄色素的稳定性,但蔗糖、淀粉以及Na^+、Cl^-和Zn^{2+}等离子对其影响不大。

二、姜黄色素的生理功能

姜黄色素是药食两用的天然资源,不仅安全性高,还具有众多的生物活性和药理作用,因此姜黄色素不仅可以作为食用色素、抗氧化剂、解酒护肝胶囊,还可以用作药品治疗炎症、皮肤损伤,抑制神经衰退、健胃、利胆等,目前美国将其列为癌症化学预防剂。自 21 世纪初以来,姜黄色素的生理作用一直是国内外研究的热点,许多文献相继报道了姜黄色素各方面的生理作用,主要有:

(一)抗氧化作用

姜黄色素分子结构中的酚羟基可以去除自由基,另外,它可作为细胞膜的抗氧化剂,防止细胞膜免受铁刺激而引起损伤;可保护血红细胞免受亚硝酸的影响而被氧化成高铁血红蛋白;可保护 DNA 免受氧化损伤。

(二)抗炎作用

姜黄素分子中的苯环上含有 3,5-供电子基、4-羟基及不饱和酮,可抑制炎症介质和转录因子,从而发挥抗炎效应,可用在心肌炎、肠道炎等炎症治疗中。

(三)抗肿瘤作用

姜黄素抗肿瘤作用机理比较复杂还有待研究,但初步证明姜黄素能影响细胞周期和细胞凋亡,所以姜黄素可作为抗癌剂和抗突变剂。美国国立肿瘤研究所已将其列为第 3 代抗癌化学预防药,姜黄素的抗肿瘤功能已经成为国内外药学研究者的探索热点。

(四)降血脂和抗动脉粥样硬化作用

姜黄素可减少脂质数量和胆固醇量,抑制胆固醇与蛋白质结合,从而抑制细胞氧化修饰低密度脂蛋白,结合降脂、抗炎、抗凝等反应,减少动脉损伤面积,抑制血管平滑肌细胞增生和新内膜的形成,达到抗动脉粥状硬化的作用。此外,姜黄素还具有保护神经、预防老年性痴呆、抑制肥胖、延缓衰老、护肝护肾、抗 HIV 等多种生理功能。据资料显示,姜黄素产物中含有人体所需的 18 种氨基酸和多种微量元素,可降压利胆,行气解郁,凉血破瘀,因此,成为天然食用色素行业中极具开发前景的黄色素之一。

此外,姜黄素还具有活血、行气、抗炎、抗凝、抗感染、防止老年斑形成等多种生理功能。

三、姜黄色素的提取方法

(一)有机溶剂提取法

这类提取方法是通过甲醇、乙醇、丙酮等有机溶剂浸提药材一段时间,过滤溶剂得到产品,从而将活性物质提取出来。用这种方法得到的姜黄素类化合物含量较高,而且提取工艺简单、操作方便,反应条件可控。但是提取消耗溶剂较大,提取温度过高会破坏姜黄素的结构。姜黄素类化合物主要为二苯基庚烃类物质,中等极性,根据相似相溶原则,应该选用合适的有机试剂来提高提取效率。刘莉等使用9种不同溶剂分别对姜黄进行加热回流,通过 HPLC 分析有机试剂对姜黄素、去甲氧基姜黄素和双去甲氧基姜黄素三者提取率的影响。结果表明,甲醇是提取三种姜黄素的最佳试剂,水或者含水量超过 50% 的乙醇溶液都不利于提取。甲醇毒性大,长期接触不利于人体健康,因此,回瑞华等探究了乙醇回流提取对总姜黄素提取率的影响,得到的最佳提取工艺为:95% 的乙醇溶液,料液比为 1∶12,在 80℃ 下回流 60min,提取 2 次,姜黄素总含量为 9.34mg/g。为了进一步研究反应条件对姜黄药材提取的影响,周美等设计了 L9(3⁴) 正交实验,对乙醇浓度(A)、溶剂用量(B)、提取温度(C)和时间(D)因素进行考察。实验结果显示,影响提取的因素从大到小分别为:A>C>B>D,且在乙醇浓度为 60%,料液比为 1∶20,提取温度为90℃,提取时间为 1h 时,可达到 3.56% 的总姜黄素提取率。

(二)酸碱提取法

姜黄素类化合物可溶于碱水,冉启良等使用 pH 为 9.0~9.5 的碱水煮沸法对姜黄药材粉末进行提取,加酸沉淀出总姜黄素,得到总姜黄素的含量为 5%~6%。使用酸碱法进行提取可通过水解除掉姜黄粗提物所含的油脂和树脂类杂质,使姜黄素容易干燥。虽然酸碱提取法工艺简单、提取成本低,但由于姜黄素为弱酸性物质,碱液提取会导致其分解、稳定性下降。当碱水 pH>7.45 时,分解速度随碱性急剧上升;pH 为 10.2 时,分解速度达到顶峰。王贤纯采用 20 倍的中性水溶液煮沸提取,并与碱水(NaOH,pH=9.0)作比较,结果发现中性水溶液的提取效果优于碱溶液。使用酸碱提取法还有一个缺陷在于得到的姜黄素粗粉含有大量淀粉,且与色素结合紧密,会影响下一步精制,使总姜黄素产量过低。因此,酸碱提取法较少用于单独提取中,而是与其他提取方法配合使用,以进行下一步的精制提纯。张连磊采用酸碱法对水蒸气提取的总姜黄素粗粉进行提纯,其中姜黄产品的色素含量达 85% 以上。

(三)酶提取法

植物细胞中细胞壁和细胞间质的主要物质是果胶、纤维素、半纤维素等,普通提取手段很难破坏细胞壁让有效物质从细胞内顺利溶出。为了提高有效组分的溶出量,目前主要使用酶解法水解果胶、纤维素,从而瓦解细胞壁结构,降低细胞壁和细胞间质制造的传质阻力。董海丽等利用纤维素酶、果胶复合酶对姜黄粉末进行降解,降解后用碱水提取。结果显示,相同条件下先酶解再用碱水提取比一般的碱水提取收率提高 8.1%,最佳酶解条件为温度为 50℃、pH 值为 4.5、酶浓度为 0.35mg/mL,酶解 120min。张有林等使用正交实验探究了淀粉酶、果胶酶和纤维素酶用量对提取姜黄色素的影响,实验结果表明,在 30g 姜黄粉末中加入 5mL 酶活力为 800U/mL 的淀粉酶液、0.5mL 酶活力为 300U/mL 的果胶酶液和 2mL 酶活力为 30u/mL 的纤维素酶液,酶解效力最高,提取率高达 5.47%。从上述例子不难发现,酶解法提取姜黄素的优势是提取效率高,但酶的活性条件要求比较苛刻,难以运用到实际生产中。

(四)超声波提取法

超声波提取法是一种常见的姜黄类化合物提取方法,超声形成的湍动效应和界面效应使界面不断更新,提高浸取的传质速率,强化提取动力学过程,从而缩短提取时间。而且超声场具有"聚能效应",只要适当输入外界能量,便可在不破坏有效成分的功效下达到较好的提取效果。张艳等采用响应面法来优化超声提取姜黄素的工艺,得到的最佳提取工艺是乙醇浓度为 85%,料液比为 1∶20,超声 50min,此时姜黄素的提取率为 1.538%。孙鹏尧等对超声的提取温度和功率进行进一步的优化,结果发现乙醇浓度为 80.4%,料液比为 1∶21.9,在 41℃、200W 的超声功率下提取 40min,姜黄素的收率达 4.43%。

(五)超临界 CO_2 萃取法

超临界流体(SCF)萃取技术是一种新型的绿色分离提取技术,它所用的超临界流体有接近液体的密度以及接近空气的扩散系数和黏度,具有溶解能力高和传质性能优良的特点。超临界 CO_2 萃取法操作温度低、与氧气隔绝,能维持热不稳定且易氧化物质的活性。罗海等利用正交实验探讨了夹带剂用量、萃取压力、萃取温度、萃取时间和 CO_2 流速对提取姜黄素的影响,发现夹带剂用量是影响提取的首要因素,最优的萃取条件为夹带剂用量为 200mL,萃取压力为 35MPa,萃取温度为 40℃,萃取时间为 3h,二氧化碳流量为 30L/h,此条件下姜黄素含量为 14.317mg/g。为了进一步进行工业应用,黄慧芳等对姜黄素提取工艺进行了中试研究,发现萃取釜的萃取压力和夹带剂用量对提取姜黄素影响较大。当萃取釜压力为 25MPa,萃取温度为 45℃,CO_2 流速为 350L/h 时,用 6 倍的夹带剂静态萃取 30min,循环萃取 4 次,姜黄素提取率高达 90% 以上。尽管超临界 CO_2 提取效果好,无溶剂残留,但该方法所需的设备昂贵,提取成本过高,不适合进行工业推广。此外,夹带剂用量消耗大,姜黄素的提取效率没有明显提高。

(六)微生物发酵法

微生物发酵法起源较早,1000 多年前我国就采用红曲霉,以粳米为原料经发酵制成紫红色米曲,近年来随着生物技术的发展,发酵工程的应用领域也在不断扩大。如焦岩等将米曲霉菌接种在粉碎后的玉米黄粉中,经发酵 6h 后得到玉米黄粉色素。目前采用微生物发酵提取的天然色素除红曲色素外,主要还有类胡萝卜素、黑色素。此外还有一些新兴技术,如超高压提取法、分子蒸馏法、双水相萃取法等,这些新技术是利用物质的新特性改善传统提取过程中的一些弊端,从而提高产品质量、产品得率和资源利用率,实现绿色生产,所以新兴技术在天然色素的研究过程中将有广阔的应用前景。

四、姜黄色素的精制方法

(一)专一性溶剂法

利用对姜黄色素溶解能力差别很大的单一型或复合型溶剂,多次处理粗制品使色素与杂质分开。

(二)酸碱法

用有机溶剂提取的姜黄色素粗产品中含有大量酯类物质,用酸碱法处理可使其水解,从而达到纯化的目的。

(三)酶水解法

用水提取的姜黄色素中含有淀粉,用淀粉酶进行水解,使淀粉与色素紧密结合的大分子降解成麦芽糖和葡萄糖等与色素吸附力较小的小分子物质,这些物质在一定的 pH 酸性溶液中保持溶解状态,故与该 pH 条件下沉淀的姜黄色素分离开来。

(四)层析法

层析法包括柱层析法和薄层层析法。用有机溶剂提取姜黄色素时,大量脂溶性杂质也进入了提取液中,让提取液通过柱层或薄层,则色素和部分杂质被吸附,然后选择不同的洗脱液分步洗脱,就可得到纯化的姜黄色素产品。

(五)树脂法

将一定浓度的粗产品溶液进行离子交换处理,利用交换树脂所具有的选择性而达到纯化的目的。

(六)分子蒸馏法

分子蒸馏技术是近年来迅速发展起来的一种高新分离技术,由于其在分离挥发性物质领域的独特优势而被广泛应用。

五、姜黄素类化合物的分离和纯化

通常提取制备的姜黄素粗提液会伴有姜黄脂肪油、姜黄树脂、淀粉等杂质,导致姜黄素纯度低,不利于干燥和进一步应用,因此需对姜黄提取液进行进一步加工、分离和纯化。姜黄素类化合物常见的分离纯化方法包括：大孔树脂吸附法、活性炭层析法、柱色谱分离法和薄层色谱分离法等。

（一）大孔树脂吸附法

李瑞敏对絮凝除杂后的姜黄素提取物进行分离纯化，探究了文献中报道的较好的 DM301 大孔树脂动态吸附和解吸过程。其中树脂的吸附率和解吸率达到 88.93% 和 69.36%，提取物中姜黄素的纯度从 11.54% 提高到 29.2%。周培培发现 NKA-9 树脂对姜黄素化合物的吸附趋向单分子层吸附，且等温曲线符合 Langmuir 方程。通过梯度洗脱，姜黄三素的纯度上升至 41.82%，回收率为 73%，工艺重复性好。冯甜华比较了六种不同类型的大孔吸附树脂（S-8、HPD-600、HPD-100、XDA-7、D101-A、AB-8）对姜黄素的吸附和解吸性能，其中吸附和解吸率最高、吸附和解吸时间最短的为 D101 大孔树脂。郑深制备出一种聚酰胺 6 改性后的苯乙烯大孔树脂，用于对姜黄素提取液进行分离纯化。实验结果显示，通过聚酰胺改性后，大孔树脂通过氢键作用提高了对姜黄素组分的吸附选择性，最终姜黄素、去甲氧基姜黄素、双去甲氧基姜黄素的纯度高达 99.28%、98.8% 和 98.2%。

（二）活性炭层析法

活性炭层析法可以选择性吸附姜黄素，除去脂质类，有利于制备纯度较高的干燥姜黄浸膏。王贤纯利用活性炭层析法对用 75% 的乙醇提取的姜黄粗体液进行分离，测得活性炭对姜黄素的吸附量为 8%。并探究了碱性水、碱性乙醇和碱性丙酮对姜黄素洗脱的效果，最后发现碱性丙酮的洗脱率明显优于前两者，得到的色素总量为 92.33%，回收率为 79.62%。这种操作的缺点在于溶剂消耗量较大，操作复杂且成本较高，因此对活性炭柱层析的研究并不多见。

（三）柱色谱分离法

大孔吸附树脂法纯化所得的姜黄素溶液普遍存在一个纯度不高的问题，为此需通过柱色谱分离法进一步除去杂质，并将主要物质一一分离出来。柱色谱分离的关键在于流动相和固定相的选择，反复利用混合物各物质在固定相和流动相的分配平衡性质的差异使物质彼此分离。田杰采用干法上样，先用氯仿洗脱姜黄素提取样品，再用氯仿：甲醇=99：1 来进一步洗脱，流出液最后通过薄层色谱法确定成分，该方法分离效果好但耗时过长。为了提高分离效率，林伊利首先利用丙酮溶解姜黄素样品并湿法上柱，再通过氯仿：乙醇=100：0~100：5 的梯度洗脱，流速为 1.5mL/min，最终分离出纯度非常高的姜黄三素。同样地，方颖等用氯仿和甲醇对超声法姜黄素粗提物分三个梯度进行洗脱，第一梯度为 99：1、第二梯度为 95：5、第三梯度为 80：20，最终测得提取液的姜黄素、去甲氧基姜黄素、双去甲氧基姜黄素的含量分别为 6.42mg、1.94mg 和 1.57mg。崔语涵等对经乙酸乙酯萃取的姜黄素浸膏采用多次硅胶柱色谱、Sephadex LH-20 凝胶柱色谱和高效液相色谱进行分离纯化,最后分离出芳姜黄酮、14-羟基芳姜黄酮、姜黄酮等 6 种化合物。

(四)薄层色谱分离法

薄层色谱分离法与柱色谱、纸色谱分离原理相似,是一种微量、高效、快速、准确的分离方法。薄层色谱法的分离量在 0.01μg ~ 500mg 之间,适用于分离组分简单的混合物。杨模坤等用丙酮溶解索氏提取法提取的姜黄浸膏,以氯仿:无水乙醇=100:25 的比例在硅胶 G 制备薄层色谱板展开 2 次,最后获得 3 种纯物质,其中一种具有降低大鼠血脂的作用。聂小安等以氯仿:乙醇=25:1 作为展开剂,对柱层析纯化后的姜黄粉末进行 2 次展开分离,得到的 3 条色谱带分别对应姜黄色素的 3 种单体。

六、姜黄素类化合物的应用

(一)在食品行业的应用

姜黄素颜色鲜艳、有光泽,可作为一种天然的食品添加色素为罐头、方便面、汽水上色。1981 年,我国的《食品添加剂使用卫生标准》中规定,姜黄素为食品添加剂,1995 年成为联合国粮农组织食品法典委员会批准的食品添加剂。同时姜黄类化合物气味浓郁芳香,是一种辛香料化合物,可用作制备咖喱粉等调味料。另外,姜黄素具有非常好的抗氧化活性,可防止富脂或油脂类食品氧化酸败,是性质优良的防腐剂。加入姜黄素还能使食品附加更多的保健、营养等功能性价值,从而增加产品价值,降低成本。

(二)在印染工业的应用

姜黄是一种传统的纺织品天然染料,无毒无害,颜色端庄典雅,着色力强,且具有抗菌消炎的功效,是合成染料不可比拟的。姜黄染料目前已广泛应用在棉、麻、蚕丝、涤纶纤维等织物的染色上,不少报道对其上染工艺和上染机理做出研究。柯俊对姜黄上染 PLA 纤维的染色机理进行了研究,结果表明,PLA 对姜黄素的吸附符合 Nernst 吸附模型,姜黄素在 PLA 上的含量与染料的质量浓度遵循亨利定律,随着温度升高上染率增加,最终上染率为90%。尽管姜黄素有较好的上染效果,但它对日光敏感,容易见光分解,耐晒能力差。赵宝艳通过物理改性对织物进行姜黄/活性黄复合染色,提高了染色织物的耐晒牢度,降低了姜黄素的光敏感性。陈莉等利用姜黄素染色织物对 pH 的敏感度,探索出一种从中性到碱性过渡时,颜色从黄色变成红色的敏感型棉织物,以此用于创可贴监察伤口的愈合情况。

(三)在医药行业的应用

姜黄从我国唐朝开始就被列为活血化瘀的一味药材,明朝李时珍的《本草纲目》称其为"宝鼎香",具有破血行气、通经止痛之功效。正因为姜黄功效显著,国内外不少学者都开始研究它的药理以及医疗价值。Sharmin 等对姜黄素提取液的杀菌活性进行评价,发现其具有优异的抵抗枯草杆菌、金黄色葡萄球菌、绿脓杆菌、宋内氏痢疾杆菌等人体致病菌的能力,最低抑菌浓度在 0.03~0.5mg/mL 之间。姜黄素还有很好的抗癌活性,Chung 等通过实验证实姜黄素和绿茶提取物可以降低 STAT 3-NFk B 信号通道的信号,从而减少乳腺癌干细胞的增殖。Huang 等对温郁金中的姜黄醇阻止癌症细胞株增长的机制进行研究,实验证明这种药物可以激活 p73 的基因表达,缓解三阴性乳腺癌细胞增殖导致的 p53 基因突变,从而抑制肿瘤细胞的增殖以及肿瘤的增长。陈璇等利用蜂胶配伍姜黄对高尿酸血症模型小鼠进行治疗,发现该药物具有降低血清尿酸(SUA)水平和黄嘌呤氧化酶(XOD)活性的作用,能有效缓解症状。

(四)在化妆品行业的应用

姜黄类化合物具有抑菌、抗氧化、抗皱、紫外修复等功效,是一种不可多得的化妆品功能性原料。Saraf 等 2011 年研制了装载姜黄素的球形双层转换体,是膏霜姜黄素的研究重点,由于姜黄素存在特殊的辛辣味,可能会限制其在食品染色方面的应用。不过,在今后的应用中,我们可以利用这一点,将着色剂与调味剂这两个功能综合应用,达到"变废为宝"。另外,应对姜黄素的生理功能及机制作进一步研究和探讨,进一步提高姜黄素的稳定性,以便于其在食品加工中应用,此外,更加高效、简便的提取方法等也是今后的研究重点。

参考文献

[1]杨桂枝,孙之南. 天然色素提取及海藻中的天然色素[J]. 海湖盐与化工,2005,34(3):30.

[2]刘新民. 茜草色素——有待于化妆品界挖掘利用的古老色素[J]. 广西轻工业,1995(3):789.

[3]SIGURDSON G T,TANG P,GIUSTI M M. Natural colorants:food colorants from natural sources[J]. Annual Review of Food Science and Technology,2017,8(1):261-280.

[4]索全伶,黄延春,翁林红,等. 天然姜黄素的纯化和分子与晶体结构研究[J]. 食品科学,2006(4):27-30.

[5]WALLACE T C,GIUSTI M M. Anthocyanins natures bold,beautiful,and health promoting colors[J]. Foods,2019,8(11):550-554.

[6]惠秋沙. 天然色素研究概况[J]. 北方药学,2011,8(5):3.

[7]DING J S,WU X M,QI X N,et al.Impact of nano /micron vegetable carbon black on mechanical,barrier and anti-photooxidation properties of fish gelatin film[J]. Journal of the Science of Food and Agriculture,2018,98(7):2632-2641.

[8]韩晓岚,胡云峰,赵学志,等. 辣椒中辣椒红素稳定性的研究[J]. 中国食物与营养,2010(9):27-29.

[9]CHEN CHIN-CHIA,LIN CHI,CHEN MIN-HUNG,et al. Stability and quality of anthocyanin in purple sweet potato extracts[J]. Foods,2019,8(9):393.

[10]孙建霞,张燕,胡小松,等. 花色苷的结构稳定性与降解机制研究进展[J]. 中国农业科学,2009,42(3):996-1008.

[11]蒋新龙. 黑米花色苷降解特性研究[J]. 中国粮油学报,2013,28(4):27-31.

[12]梁泽明,余祥雄,余以刚. 玫瑰茄花色苷的降解动力学及抗氧化性[J]. 食品工业科技,2019,40(3):39-47,53.

[13]张晓圆. 黑豆红花色苷提取纯化、结构鉴定及稳定性研究[D]. 天津:天津科技大学,2017.

[14]汪慧华,赵晨霞.花青素结构性质及稳定性影响因素研究进展[J].农业工程技术(农产品加工业),2009(9):32-35.

[15]赵欣,王爱里,袁园,等.姜黄中姜黄素、去甲氧基姜黄素、双去甲氧基姜黄素的光稳定性分析[J].中草药,2013,44(10):1338-1341.

[16]连喜军.红曲色素光稳定性的研究[D].天津:天津科技大学,2005.

[17]HORTENSTEINER S. Chlorophyll degradation during senescence[J]. Annual Review of Plant Biology,2006,57(1):55-77.

[18]Wei-Sheng Lin,Pei Hua He,Chi-Fai Chau,et al. The feasibility study of natural pigments as food colorants and seasonings pigments safety on dried tofu coloring[J]. Food Science and Human Wellness,2018,7(3):220-228.

[19]JESPERSEN L,STRØMDAHL L D,OLSEN K,et al. Heat and light stability of three natural blue colorants for use in confectionery and beverages[J]. European Food Research & Technology,2005,220(3-4):261-266.

[20]EMILIO MARENGO, MARIA CRISTINA LIPAROTA, ELISA ROBOTTI, et al. Monitoring of paintings under exposure to UV light by ATR-FT-IR spectroscopy and multi variate control charts[J]. Vibrational Spectroscopy,2005,40(2):225-234.

[21]KEARSLEY M W,KATSABOXAKIS K Z. Stability and use of natural colours in foods red beet powder,copper chlorophyll powder and cochineal[J]. International Journal of Food Science & Technology,2010,15(5):501-514.

[22]JIANG HUI YU,HU XIAO DONG,ZHU JUN JIANG,et al. Studies on the photofading of alizarin,the main component of madder[J]. Dyes and Pigments, 2021(185):108940.

[23]OLSON C R ,et al. Significance of vitamin A to brain func-tion,bihavior and learing[J]. Mol. Nutr. Food Res. ,2010,54(4):489-495.

[24]SASAKI M,et al. Neuroprotective effect of an antioxidant, lutein, during retinal inflammation[J]. Invest Ophthalmol Vis Sci,2009,50(3):1433-1439.

[25]KAMOSHITA M,et al. Lutein acts via multiple antioxidant pathways in the photo-etressed retina[J]. Sci Rep,2016(6):30226.

[26]DU S Y,et al. Lutein prevents alchol-induced liver diseasse in rats by modula-ting oxidative stress and inflammation[J]. Int J Clin Exp Med,2015,8(6):8785-8793.

[27]徐伟,范志诚,马思慧.柱层析分离红曲色素及其组分的抑菌性对比[J].酿酒,2010,37(6):49-52.

[28]宫慧梅,赵树欣.红曲中橙色素的研究[J].食品研究与开发,2002(3):

24-26.

[29]CHI D P,HYUCK J J,HANG W L,et al. Antioxidant activity of monascus pigment of monascus purpureus P-57 mutant[J]. Korean J Microbiol,2005,41(2):135-139.

[30]AKIHISA T,TOKUDA H,YASUKAWA K,et al. Azaphilones,furanoisoph-thalides,amino acids from the extracts of monascus pilosus-fer-mented rice(red-mold rice)andtheir chemopreventive effects[J]. A-gric Food Chem,2005(53):562-565.

[31]连喜军,刘金福,罗庆丰,等. 化学发光法分析红曲色素中各成分的抗氧化性[J]. 化学与生物工程,2005(4):43-44.

[32]屈炯. 红曲色素组分分离及其抗氧化活性研究[J]. 现代食品科技,2008,24(6):527-531.

[33]YASUKAWA K,TAKAHASHI M,NATORI S,et al. Azaphilones inhibit tumor promotion by 12-O-tetradeca-noylphorbol-13-acetate in two-stage carcinogenesis in mice[J]. Oncology,1994(51):108-112.

[34]AKIHISA T,TOKUDA H,UKIYA M,et al. Antitumor-initiating effects of monascin,an azaphilonoid pigment from the extract of monascus pi-losus fermented rice(red-mold rice)[J]. Chem Biodivers,2005(2):1305-1309.

[35]SU N W,LIN Y L,LEE M H,et al. An kaflavin from monascus-fermented red rice exhibits selective cytotoxic effect and induces cell death on hepG2 cells[J]. J. Agric. Food Chem,2005(53):1949-1954.

[36]成晓霞,陈泽雄. 红曲抗肿瘤活性研究进展[J]. 中国现代中药,2011,13(3):43-45.

[37]黄谚谚,毛宁,陈松生. 红曲霉发酵产物抗疲劳作用的研究[J]. 食品科学,1998,19(9):9-11.

[38]林赞峰. 利用红曲菌的传统工艺及其最新发展[C]. 国际酒文化学术研讨会论文集[C]. 杭州:浙江大学出版社,1994.

[39]王炎焱. 红曲抗炎作用的实验研究[J]. 中国新药杂志,2006,15(2):96-98.

[40]李桂兰,凌文华,郎静,等. 我国常见蔬菜和水果中花色素含量[J]. 营养学报,2010,32(6):592-597.

[41]刘波. 蓝莓采后生理与贮藏技术的探讨[J]. 北方园艺,2009(2):224-225.

[42]WU X,PRIOR R L. Identification and characterization of anthocyanins by

high-per-formance liquid chromatogra-phy-electrospray ionization-tandem mass spectrometry in common foods in the United States:vegetables,nuts and grains[J]. J. Agric. Food Chem. ,2005(53):3101-3113.

[43]WU X,BEECHER G R,HOLDEN J M,et al. Concentrations of anthocyanins in common foods in the United States and estimation of normal consumption[J]. J. Agric. Food Chem. ,2006(54):4069-4075.

[44]MATTILA P,HELLSTROM J,TORRONEN R. Phenolic acids in berries, fruits,and beverages[J]. J. Agric. Food Chem. ,2006(54):7193-7199.

[45]CREASY L L,CREASY M T. Grape chemistry and significance of resveratrol: an overview[J]. Pharm. Biol. 1998(36):8-13.

[46]郭长江,徐静,韦京豫,等. 我国常见蔬菜类黄酮物质的含量[J]. 营养学报,2009,31(1):185-190.

[47]刘福振,李宜峰,刘波,等. 蓝莓葡萄复合白兰地优化工艺的试验研究[J]. 酿酒技,2018(1):87-90.

[48]邓涛. 柑橘皮色素的提取工艺优化与稳定性研究[D]. 长沙:湖南农业大学,2014.

[49]段文凯,尹涛,解玲琴. 草莓花青素的微波提取工艺研究[J]. 现代食品,2016(20):79-84.

[50]刘波. 甜型野生蓝莓酒澄清优化试验研究[J]. 食品研究与开发,2016,37(5):91-95.

[51]胡雅馨,李京,惠伯棣. 蓝莓果实中主要营养及花青素成分的研究[J]. 食品科学,2006,27(10):600-603.

[52]战伟伟,魏晓宇,高本杰,等. 蓝靛果椰子复合酵素发酵工艺优化[J]. 中国酿造,2017,36(1):191-195.

[53]徐文泱,刘漾伦. 蓝靛果提取物分析与应用研究进展[J]. 中国食品添加剂,2021,32(11):208-214.

[54]刘波. 野生山里红与山楂复合果酒的优化工艺[J]. 食品研究与开发,2015,36(8):61-64.

[55]焦中高,刘杰超,王思新. 甜樱桃采后生理与贮藏保鲜[J]. 果树学报,2003,20(6):498-502.

[56]刘孟军. 中国枣产业发展报告[M]. 北京:中国林业出版社,2008.

[57]刘亚昕,闫桦,唐玲,等. 红甜菜和甜菜红素的综合应用研究进展[J]. 中国农学通报,2022,38(13):157-164.

[58]王倩,朱士农,崔群香,等.茄子果实性状遗传及其分子育种研究进展[J].湖北农业科学.2016,55(5):1089-1094.

[59]邹敏,王永清,杨洋,等.茄子果实植物学性状与品质性状相关分析[J].江苏农业科学,2019,4(13):171-174.

[60]王晓艳.红辣椒微粉和松针微粉在蛋鸡饲养中的应用[D].大连:大连理工大学,2008.

[61]杨利,刘水琳,张程,等.紫甘蓝水溶性色素不同提取方法的比较研究[J].食品科技,2014(8):216-219.

[62]张东峰.超声波辅助提取紫甘蓝色素及抗氧化性研究[J].粮食与油脂,2020(3):96-100.

[63]邹敏,王永清,杨洋,等.茄子果实植物学性状与品质性状相关分析[J].江苏农业科学,2019,4(13):171-174.

[64]冯长根,吴捂贤,刘霞,等.洋葱的化学成分及药理作用研究进展[J].上海中医药杂志,2003,37(7):63-65.

[65]于维晶.紫甘薯色素的提取及在羊毛面料染色中的应用[J].上海纺织科技,2019,47(8):22-25.

[66]倪达丽,纪漫,黄卫东,等.紫甘薯中天然色素的提取及应用的研究[J].广州化工,2015,43(9):15-17.

[67]张丽.揭示心里美萝卜花青苷合成的新机制[J].蔬菜,2020(4):24.

[68]LI H Y,DENG Z Y,LIU R H,et al. Carotenoid compositions of coloured tomato cultivars and contribution to antioxidant activities and protection against H₂O₂-induced cell death in H9C2[J]. Food Chemistry,2013,136(2):878-888.

[69]QUE F,HOU X L,WANG G L,et al. Advances in research on the carrot,an important root vegetable in the apiaceae family[J]. Horticulture Research,2019(6):69-73.

[70]李涛,姚全才,赵媛媛.黑胡萝卜色素的稳定性、提取及生物学活性研究进展[J].中国调味品,2018,43(11):174-178.

[71]王洪伟,徐雅琴.南瓜功能成分研究进展[J].食品与机械,2004,20(4):55-57.

[72]张拥军,沈晓春.南瓜的药用价值及其开发利用前景[J].中国计量学院学报,2003,14(3):204-206.

[73]张拥军,沈晓春,朱龙华,等.天然降糖食品——南瓜的最新研究进展[J].食品科技,2002(9):68-70.

[74]王杰,张名位,刘兴华,等.苦瓜的保健功能及其应用研究进展[J].湖北农学院学报,2004,24(4):321-325.

[75]李颖,李庆典,张厚森.苦瓜色素的提取及稳定性的研究[J].当代生态农业,2004(1):53-55.

[76]E THAN BASCH,STEVEN GABARDL,Catherine ubricht. bitter melon momordicacharantia):a review of efficacy and safety[J]. Am J health syst Pham,2003(6):356-359.

[77]KAKOURI ELENI,AGALOU ADAMANTIA,KANAKIS CHARALABOS,et al. Crocins from *Crocus Sativus* L. in the management of hyperglycemia in vivo evidence from zebrafish[J]. Molecules,2020(22):5223.

[78]梁艳,石丹,王艳萍.含藏红花乳饮品的研制[J].食品工程,2016(1):40-42.

[79]耿磊,武刚,刘少清.响应面分析法优化藏红花口服液配方参数及其抗疲劳效果研究[J].食品科技,2018(2):156-160.

[80]SAANI M,LAWRENCE R,LAWRENCE K. Evaluation of pigments from methanolic ex-tract of tagetes erecta and beta vulgaris as antioxidant and antibacterial a-gent[J]. Natural Product Research,2018,32(10):1208-1211.

[81]KANG C H,RHIE S J,KIM Y C. Antioxidant and skin anti-aging effects of marig-old methanol extract[J]. Toxicological Research,2018,34(1):31-34.

[82]DIXIT A. A review on potential pharmacological uses of carthamus tinctorius L.[J]. World Journal of Pharmaceutical Research,2015,3(8):1741-1746.

[83]田志梅.中国红花产业现状、发展优势及对策[J].云南农业科技,2014(4):57-59.

[84]YI F P,SUN J,BAO X L,et al. Influence of molecular distillation on antioxidant and antimicrobial activities of rose essential oils[J]. LWT-Food Science and Technology,2019(102):310-316.

[85]彭子模,程伟,刘晓云.一串红红色素提取方法的研究[J].中国林副特产,2002,62(3):42-43.

[86]周耀军.鸡冠花子的化学成分研究[J].中国新药杂志,2011,20(19):1916-1919.

[87]SUN Z L,GAO G L,XIA Y F,et al. A new hepoprotective saponin from Semen celosia-cristatae[J]. Fitoterapia,2011(82):591-594.

[88]李菲,杨元霞.玫瑰花和月季花挥发油成分的比较[J].中国药师,2016,

19(1):182-184.

[89]曾晓艳,刘应蛟,喻亚飞,等.玫瑰花与月季花的性状鉴别及GC—MS分析[J].湖南中医药大学学报,2015,35(6):21-26.

[90]周幸知,曹婷婷,吴嘉玺,等.天然色素的研究进展概述[J].农技服务,2015,32(9):10-13.

[91]杨宁,周成江,文荣.中药提取分离技术的研究进展[J].包头医学院学报,2015,31(4):143-145.

[92]张志健,李新生.橡子壳色素提取技术研究[J].中国食品添加剂,2010,99(2):105-110.

[93]文赤夫,向小奇,刘旋,等.银杏叶黄色素提取及稳定性研究[J].食品科学,2010,31(8):43-45.

[94]时海香,仲山民,吴峰华.超临界二氧化碳萃取常山胡柚外果皮中天然色素的工艺研究[J].浙江林学院学报,2008,25(5):639-643.

[95]温志英,姜如意.花生壳黄色素微波辅助提取工艺[J].中国农学通报,2010,26(9):91-96.

[96]赵丹,尹洁.超临界流体萃取技术及其应用简介[J].安徽农业科学,2014,42(15):4772-4780.

[97]白亮,陶永清,肖传作,等.超临界CO_2萃取天然产物的应用现状[J].中国酿造,2015,34(5):16-20.

[98]郭燕,郭利,胡奇林.超声波法结合响应曲面法优化葡萄籽中原花青素的提取工艺研究[J].山西大学学报(自然科学版),2015,38(1):133-141.

[99]马倩雯,王晓军.微波法提取番茄红素的研究[J].应用化学,2016,45(1):101-103,106.

[100]王华,刘艳飞,彭东明,等.膜分离技术的研究进展及应用展望[J].应用化工,2013,42(3):532-534.

[101]唐伯辰,梁华正,贺玉兰,等.共固定化酶催化栀子苷水解制备栀子蓝色素[J].食品科技,2013,38(2):229-233.

[102]赵镇雷,展康华,徐菡,等.大孔树脂对花生衣红色素的吸附与解吸研究[J].中国食品添加剂,2015(6):97-103.

[103]SOWBHAGYA H B,SATHYENDRA RAO,KRISHNAMURTHY N. Evaluation of size reduction and expansion on the yield and quality of cumin(cuminum cyminum) seed oil[J]. Food Eng,2008(84):595-600.

[104]齐晓东,刘娟娟,唐欣,等.食品着色剂行业发展及存在问题[J].粮油

食品科技,2011,19(2):57-60.

[105]马永刚. 天然色素在休闲食品中的优势与不足[N]. 中国食品报,2013-7-10.

[106]苗璇. 食用天然色素研究应用现状及其发展前景展望[J]. 化工管理,2013(10):5-7,9.

[107]陈来荫,陈荣山,叶陈英,等. 茶色素的提取、功效及应用研究进展[J]. 茶叶通讯,2013,40(2):31-35.

[108]黄韬睿,王鑫,童光森,等. 天然色素替代亚硝酸盐在腊肉着色和护色中的应用研究[J]. 食品科技,2019,44(2):134-137.

[109]廖远东,刘顺字,陈文田. 两种天然红色色素的稳定性及其在果汁饮料中的应用效果探析[J]. 饮料工业,2019,22(6):28-31.

[110]BONTEMPO PAOLA,MASI LUIGI DE,CARAFA VINCENZO,et al. Anticancer acti-vities of anthocyanin extract from genotyped solanum tuberosum L. "Vitelotte"[J]. Journal of Functional Foods,2015(19):584-593.

[111]JIA Q W,SHI S W,CHU P,et al. Investigating into anti-cancer potential of lycopene: molecular targets[J]. Biomedicine & Pharmacotherapy, 2021 (138): 111-546.

[112]SHARIATI A,ASADIAN E,FALLAH F,et al. Evaluation of nano-curcumin effects on expression levels of virulence genes and biofilm production of multidrug-resistant pseudomonas aeruginosa isolated from burn wound infection in tehran,iran[J]. Infection and Drug Resistance,2019(12):2223-2235.

[113]孔祥东,袁绍峰,潘良明,等. 红花黄色素对乳腺癌细胞增殖和迁移的抑制作用及其分子机制[J]. 昆明医科大学学报,2018,39(1):20-25.

[114]唐立明,白云,陈梅芳. 注射用红花黄色素治疗冠心病心绞痛100例临床观察[J]. 中医临床研究,2017,9(1):69-71.

[115]路艳华,程万里,陈宇岳,等. 高粱红天然染料对羊毛织物的媒染色研究[J]. 毛纺科技,2007(2):22-24.

[116]柯贵珍,于伟东,徐卫林. 药用植物染料的特征和功能实现(Ⅱ):染色效果及抗菌性能[J]. 武汉科技学院学报,2006(3):9-12.

[117]王男,王晓敏,王文生. 天然染料生产彩色纸浆模塑包装制品染色性能的研究[J]. 包装工程,2006,27(6):126-128.

[118]骆雪萍,欧升辉,等. 天然色素在卷烟纸染色中的影响因素[J]. 包装工程,2007,28(11):19-21.

[119]卢秀娟.食用色素在彩色食品包装纸中的应用研究[D].天津:天津科技大学,2012.

[120]汪晓鹏,贺建梅.皮革染色技术的绿色环保发展方向[J].西部皮革,2019,41(23):20,23.

[121]蔡道龙,罗京,刘德才,等.兔毛皮染色的研究进展[J].皮革与化工,2020,37(1):34-38.

[122]于凤,游涛,张梦洁,等.杨梅栲胶用于兔毛皮染色的研究[J].皮革与化工,2018,35(2):1-6.

[123]任燕飞,巩继贤,张健飞,等.茶色素染液 pH 值对羊毛织物染色效果及抗菌性的影响[J].纺织学报,2016,37(11):86-91.

[124]CISOWSKA A,WOJNICZD,HENDRICH A B. Anthocyanins as antimicrobial agents of natural plant origin [J]. Natural Product Communications, 2011, 6 (1): 149-156.

[125]YE MEI-DAN,WEN XIAO-RU,WANG MENG-YE,et al. Recent advances in dye-sensitized solar cells:from photoanodes,sensitizers and electrolytes to counter e-lectrodes[J]. Materials Today,2015,18(3):155-162.

[126]尹细明,范润洲,卢志雄,等.基于植物色素染料敏化太阳电池的制备[J].电源技术,2017,41(1):100-102,106.

[127]袁晓玲,施俊华,徐杰彦,等.计及天气类型指数的光伏发电短期出力预测[J].中国电机工程学报,2013,33(34):57-64.

[128]张春,李其峰,张杰涛.食品包装印刷技术及安全卫生性探讨[J].科学技术创新,2020(2):180-181.

[129]武秋敏,郭文龙.浅析喷墨印刷发展新技术[J].今日印刷,2020(6):67-69.

[130]刘俊.浅谈油墨及其应用[J].广东印刷,2020(3):32-37.

[131]WANG H,QIAN J,LI H,et al. Rheological characterization and simulation of chitosan-TiO$_2$ edible ink for screen-printing[J]. Progress in Organic Coatings,2018,120(2018):19-27.

[132]王琪,李慧,王赛,等.3D 打印技术在食品行业中的应用研究进展[J].粮食与油脂,2019,32(1):16-19.

[133]AZARMIDOKHT G,IAN T,TOM M. Designing hydrocolloid based food-ink formulations for extrusion 3D printing [J]. Food Hydrocolloids, 2019, 95 (2019): 161-167.

［134］邹倩,邱宝伟,梁雪,等. 壳聚糖、大豆油、栀子黄可食性抗菌油墨的制备及性能测定［J］. 现代化工,2018,38(6):69-72.

［135］李建军. 印刷行业 VOCs 深度治理之路任重道远［J］. 印刷工业,2020,15(3):53-59.

［136］HUANG S,XIONG Y,ZOU Y,et al. A novel colorimetric indicator based on agar incorporated with arnebia euchroma root extracts for monitoring fish freshness［J］. Food Hydrocolloids,2019(90):198-205.

［137］ZHAO Y,LI L. Colorimetric properties and application of temperature indicator thermochromic pigment for thermal woven textile［J］. Textile Research Journal,2018,89(15):1-14.

［138］GALLIANI D,MASCHERONI L,SASSI M,et al. Thermochromic latent-pigm-ent-based time-temperature indicators for perishable goods［J］. Advanced Optical Materials,2015,3(9):1164-1168.

［139］沈安,邹斌,邓仪卿,等. 皮肤衰老的生物学特征和研究模型［J］. 江西中医药,2018,49(10):69-72.

［140］RASHEED H A,AL-NAIMI M S,HUSSIEN N R,et al. New insight into the effect of lycopene on the oxidative stress in acute kidney injury［J］. International Journal of Criticalillness and Injury Science,2020,10(5):113-119.

［141］张菁华. 中医药治疗老年痴呆患者的研究进展［J］. 医疗装备,2020,33(4):203-204.

［142］MORSY E E,AHMED M. Protective effects of lycopene on hippocampal neurotoxicity and memory impairment induced by bisphenol a in rats［J］. Human & Experimental Toxicology,2020,39(8):12090988.

［143］王姣,于佳,胡万福,等. 临床常用抗肿瘤中药的作用机制及抗肿瘤方剂分析［J］. 癌症进展,2020,18(9):884-886.

［144］PARK B,LIM J W,KIM H. Lycopene treat-ment inhibits activation of Jak1/Stat3 and Wnt/β-catenin signaling and attenuates hyperproliferation in gastric epithelial cells［J］. Nutrition Research,2019(70):70-81.

［145］XU J,LI Y F,HU H Y. Effects of lycopene on ovarian cancer cell line SK-OV3 in vitro:suppressed proliferation and enhanced apoptosis［J］. Molecular and Cellular Probes,2019(26):10419.

［146］毕素云,李莉,徐松,等. 番茄红素对人皮肤鳞状细胞癌 COLO16 细胞关键信号受体调控研究［J］. 中华皮肤科杂志,2018,51(6):421-424.

[147]KAREN E B,ZHOU X Y,WANG Y Y,et al. Dietary lycopene protects SKH-1 mice against ultraviolet b-induced photo carcinogenesis[J]. Journal of Drugs in Dermatology:JDD,2019,18(12):1244-1254.

[148]王贵刚,董跃华,杨燕君. 番茄红素对体外肺癌细胞及荷肺癌裸小鼠移植瘤生长的影响[J]. 国际呼吸杂志,2018,38(18):1367-1372.

[149]柴旭泽,魏凯,王贵方. 番茄红素对人骨肉瘤细胞顺铂增敏作用及机制研究[J]. 医学研究杂志,2018,47(4):167-170.

[150]冯学轩,钟志勇,汪玉芳,等. 番茄红素蜂胶胶囊改善大鼠前列腺增生的实验研究[J]. 中医药导报,2018,24(12):19-23.

[151]XU A R,WANG J Y,WANG H Y,et al. Protective effect of lycopene on testicular toxicity induced by benzo[a]pyrene intake in rats[J]. Toxicology,2019(427):152301.

[152]文媳贤,杨玮春,申子宜,等. 番茄红素对高脂血症模型大鼠脑血管和神经元的保护作用[J]. 中国药理学与毒理学杂志,2019,33(2):93-101.

[153]ZENG J Y,ZHAO J J,DONG B,et al. Lycopene protects against pressure overload induced cardiac hypertrophy by attenuating oxidative stress[J]. The Journal of Nutritional Biochemistry,2019(66):70-78.

[154]于冬冬,赵丹阳,杨芳,等. 中药复方鹿角胶丸防治绝经后骨质疏松症的机制研究[J]. 中国骨质疏松杂志,2020,26(11):1668-1673.

[155]荣慧,薛文利,龙燕鸣,等. 番茄红素对氧化应激状态下成骨细胞增殖和功能的影响[J]. 中国组织工程研究,2019,23(27):4275-4279.

[156]LIU S Q,YAND D,YU L,et al. Effects of lycopene on skeletal muscle-fiber type and high-fat dietinduced oxidative stress[J]. The Journal of Nutritional Biochemistry,2020(87):108523.

[157]刘波. 坠玉灯笼果果酒优化工艺研究[J]. 酿酒科技,2015(9):82-85.

[158]张恺容,解铁民. 超临界流体萃取技术及其在食品中的应用[J]. 农业科技与装备,2020(6):48-49,52.

[159]魏雅雯,靳玲侠. 辣椒红色素的提取方法及应用的研究进展[J]. 中国调味品,2017,42(8):142-147.

[160]RADZALI S A,MARKOM M,BAHARIN B S,et al. Optimisation of supercritical fluid extraction of astaxanthin from penaeus monodon waste using ethanol-modified carbon dioxide[J]. Journal of Engineering Science & Technology,2016,11(5):722-736.

［161］张晔,刘志伟,谭兴和．响应面法优化复合酶提取雨生红球藻中虾青素的工艺［J］．食品工业科技,2019,40(22):87-92.

［162］李昌宝,辛明,唐雅园,等．超声协同复合酶法提取番茄红素及体外模拟消化对抗氧化活性的影响［J］．南方农业学报,2020,51(6):1416-1425.

［163］宋思圆．黄秋葵花多糖的超声提取及其结构和抗氧化活性研究［D］．杭州:浙江大学,2017:5-6.

［164］LEUNG H H,GALANO J M,CRAUSTE C,et al. Combination of lutein and zeaxanthin,and DHA regulated polyunsaturated fatty acid oxidation in H_2O_2-stressed retinal cells［J］. Neurochem Res,2020,45(5):1007-1019.

［165］YING C,CHEN L,WANG S,et al. Zeaxanthin ameliorates high glucose-induced mesangial cell apoptosis through inhibiting oxidative stress via activating AKT signalling-pathway［J］. Biomed Pharmacother,2017(90):796-805.

［166］BO HYUN LEE,HYUN A CHOI,MI-RI KIN,et al. Changes in chemical stability and bioactivities of curcumin by ultraviolet radiation［J］. Food Sci. Biotechol,2013,22(1):279-282.

［167］袁鹏,陈莹,肖发,等.姜黄素的生物活性及在食品中的应用［J］．食品工业科技,2012,33(14):371-375.

［168］袁英耄,曹雁平．超声场作用下姜黄素的降解研究［J］．食品工业科技,2013,34(16):287-290.

［169］马志东,黄先铜,刘波．红菇莴复合饮料工艺配方的研究［J］．现代园艺,2021,44(15):5-7.

［170］安托卡伦．天然食用香料与色素［M］．许学勤,译．北京:中国轻工业出版社,2014.

［171］陈运中．天然色素的生产及应用［M］．北京:中国轻工业出版社,2007.

［172］项斌,高建荣．天然色素［M］．北京:化学工业出版社,2004.

［173］马自超,陈文由,李海霞．天然食用色素化学［M］．北京:中国轻工业出版社,2016.

［174］凌关庭．天然食品添加剂手册［M］．北京:化学工业出版社,2008.